信息科学技术学术著作丛书

# 交织多址原理及其关键技术

熊兴中　胡剑浩　著

科学出版社

北　京

## 内 容 简 介

本书对IDMA的迭代信号检测、信道估计、功率分配、同步技术、交织器的设计,以及TDR-IDMA传输技术、混合多址技术等关键技术进行了阐述。使读者可以从IDMA迭代检测的基本原理入手,认识IDMA系统各项关键技术和设计分析方法,进而在工程实践中使用IDMA的基本设计思想和关键技术,解决无线通信信号检测及工程中的具体问题。

本书可供从事无线通信及其信号处理的研究开发人员和工程技术人员阅读,也可作为信息与通信工程类研究生的参考书。

**图书在版编目(CIP)数据**

交织多址原理及其关键技术/熊兴中,胡剑浩著.—北京:科学出版社,2015

(信息科学技术学术著作丛书)

ISBN 978-7-03-045697-7

Ⅰ.交… Ⅱ.①熊… ②胡… Ⅲ.多址通信-通信技术-研究 Ⅳ.TN914.5

中国版本图书馆CIP数据核字(2015)第220652号

责任编辑:魏英杰 孙伯元/责任校对:郭瑞芝
责任印制:张 倩/封面设计:陈 敬

**科学出版社** 出版
北京东黄城根北街16号
邮政编码:100717
http://www.sciencep.com
**源海印刷有限公司** 印刷
科学出版社发行 各地新华书店经销
*

2015年9月第 一 版 开本:720×1000 1/16
2015年9月第一次印刷 印张:11
字数:218 000

**定价:80.00元**

# 《信息科学技术学术著作丛书》序

21世纪是信息科学技术发生深刻变革的时代，一场以网络科学、高性能计算和仿真、智能科学、计算思维为特征的信息科学革命正在兴起。信息科学技术正在逐步融入各个应用领域并与生物、纳米、认知等交织在一起，悄然改变着我们的生活方式。信息科学技术已经成为人类社会进步过程中发展最快、交叉渗透性最强、应用面最广的关键技术。

如何进一步推动我国信息科学技术的研究与发展；如何将信息技术发展的新理论、新方法与研究成果转化为社会发展的新动力；如何抓住信息技术深刻发展变革的机遇，提升我国自主创新和可持续发展的能力？这些问题的解答都离不开我国科技工作者和工程技术人员的求索和艰辛付出。为这些科技工作者和工程技术人员提供一个良好的出版环境和平台，将这些科技成就迅速转化为智力成果，将对我国信息科学技术的发展起到重要的推动作用。

《信息科学技术学术著作丛书》是科学出版社在广泛征求专家意见的基础上，经过长期考察、反复论证之后组织出版的。这套丛书旨在传播网络科学和未来网络技术，微电子、光电子和量子信息技术、超级计算机、软件和信息存储技术，数据知识化和基于知识处理的未来信息服务业，低成本信息化和用信息技术提升传统产业，智能与认知科学、生物信息学、社会信息学等前沿交叉科学，信息科学基础理论，信息安全等几个未来信息科学技术重点发展领域的优秀科研成果。丛书力争起点高、内容新、导向性强，具有一定的原创性；体现出科学出版社"高层次、高质量、高水平"的特色和"严肃、严密、严格"的优良作风。

希望这套丛书的出版，能为我国信息科学技术的发展、创新和突破带来一些启迪和帮助。同时，欢迎广大读者提出好的建议，以促进和完善丛书的出版工作。

中国工程院院士

原中国科学院计算技术研究所所长

# 序

以迭代信号处理为核心技术的交织分多址(IDMA)技术,在消除用户端符号间干扰、共道干扰和多址干扰、最大编码增益和多径增益等方面具有优异的性能,而且其迭代检测的复杂度比传统方法大幅度降低。在IDMA系统中,交织器作为区分用户的唯一手段,对不同的用户采用不同的交织图案,交织器输出序列的相邻码片之间近似无关,从而使逐码片的迭代多用户检测得以实现。IDMA作为一种新的迭代信号处理技术和多址接入技术,由于其独特的优势,在无线通信中具有广泛的应用前景,已引起研究人员的广泛关注。

作者所在团队近年来对交织分多址技术进行了深入的研究,本书是相关科研成果的积累和总结,也是国内外第一本系统全面地介绍交织分多址技术及其关键技术的专著,包括交织分多址技术的迭代信号检测技术、信道估计技术、功率分配技术、同步技术、交织器设计技术,以及快速收敛的传输检测技术和混合多址技术等基本原理和关键技术。书中涉及的许多研究工作具有一定的开拓性,如快速收敛的TDR-IDMA传输检测技术、非数据辅助的时间同步技术、SC-FDMA-IDMA系统架构、一维和二维交织器的设计方法等。该书一方面可以使读者从IDMA迭代检测的基本原理和基本思想入手,全面而系统地认识IDMA系统各项关键技术和设计分析方法,进而在无线及移动通信工程实践中使用IDMA的关键技术和基本设计思想,解决工程中的实际问题;另一方面,也为有兴趣在交织分多址技术及其工程应用中从事研究工作的人员提供新思路、新方法和新途径。

交织分多址技术作为一种新的迭代信号处理技术和多址接入技术,其中的迭代检测是一项非常重要的信号处理技术,也是Turbo码、LDPC码等常用码中非常重要的一项处理技术。该书对交织分多址技术在应用中可能遇到的困难和问题,为设计者提供了一种新的思路和方法,从而为该技术在工程中的应用起到积极的推动作用。

李　坪
香港城市大学

# 前　言

多址技术一直是个人通信领域，尤其是基于蜂窝架构的无线移动通信系统中的关键技术之一。目前在3G系统中采用的是直接序列扩频（direct sequence spread spectrum，DSSS）技术，这种DS-CDMA系统在实际应用中并没有完全发挥出CDMA在容量上的潜在优势。在CDMA系统中，用户位置及接入的随机性，使得用户间很难做到严格正交，从而引起各用户间的相互干扰，即多址干扰（MAI）。随着CDMA系统容量的扩大，MAI问题日益严重，影响到3G及未来移动通信系统容量及频谱效率的进一步提高，因此多用户检测技术成为当前和未来移动通信的关键技术之一。

为了以较低的复杂度解决CDMA系统中日益严重的多用户干扰（MUI）问题，交织分多址（interleave-division multiple access，IDMA），简称为交织多址，就应运而生。在IDMA系统中，交织器作为区分用户的唯一手段，对不同的用户采用不同的交织图案。交织器输出序列的相邻码片之间近似无关，从而使逐码片（chip-by-chip，CBC）的迭代多用户检测（multi-user detection，MUD）得以实现，这也是IDMA的关键所在。IDMA作为一种新兴的无线多址接入技术，由于其独特的优势，在未来的无线移动通信中具有广泛的应用前景，已经引起国内外研究人员的广泛关注。

我们近年来对交织多址技术进行了比较深入的研究，其中包括交织多址技术的迭代信号检测技术、快速收敛的TDR-IDMA传输技术、基于IDMA的混合多址技术、IDMA系统中的信道估计及功率分配技术、IDMA系统中的同步技术以及交织器的设计及优化等关键技术。本书也是有关研究成果的积累和总结，特别是快速收敛的TDR-IDMA传输技术、非数据辅助的时间同步技术、二维交织器的设计方法和SC-FDMA-IDMA系统架构等是具有开拓性的研究。这些研究成果可以为有兴趣在交织多址技术及其工程应用领域从事研究工作的读者起到抛砖引玉的作用。

全书共分为八章。第一章介绍在无线通信中常见的多址接入技术，进而引出交织多址的由来及发展研究现状。第二章介绍IDMA系统的基本工作原理，并且将IDMA系统的结构与CDMA系统的结构进行对比，在此基础上重点分析IDMA系统的逐码片迭代多用户检测技术及其性能评估机制。第三章介绍TDR-IDMA传输体制，该传输体制主要是为提高IDMA系统基站接收端逐码片迭代多用户检测的收敛速度、简化用户端接收设备、提高发射端发射功率的效率而提出，本章对有关算法及性能进行分析讨论。第四章介绍基于交织多址技术的混合多址技术，包括 OFDM-IDMA、SC-FDMA-IDMA 等，着重对 OFDM-IDMA、SC-FDMA-IDMA 的系统模型及基本原理和频偏分析及补偿方法进行讨论。第五章介绍交织多址技术中的信道估计及功率分配方法，传统的基于导频训练序列的信道估计是将导频训练符号和数据符号以时分复用的方式发射出去。该方法信道资源浪费比较严重，频谱利用率较低。利用导频训练序列叠加的信道估计方法，在数据传输过程中，训练序列不占用专门的时隙，有利于提高估计的性能和资源利用率，而其中的功率分配就是一个关键问题。此外，还对 IDMA 系统的信道估计及序列叠加信道估计方法中训练序列与信息序列的功率分配进行分析讨论。第六章介绍交织多址技术的时间同步技术，研究时偏对于 IDMA 系统性能的影响，并通过系统仿真得到定时同步技术应该达到的矫正标准。基于此，讨论一种无数据辅助方式时间捕获算法，同时又在 CDMA 系统同步方式的基础上，将 PN 码同步方法应用在 IDMA 系统中。第七章介绍交织多址技术的交织器的性能分析及设计，从矩阵的角度建立交织器的数学模型，并在此基础上分析交织器算法以及交织器与解交织器的相互关系，提出设计一维交织器和二维交织器的设计方法，并给出相关的仿真结果及分析。第八章是全书的总结。

全书共分八个章节，其中熊兴中博士完成第一～四章的撰写和全书的内容组织、审查和统稿工作；第五～七章由胡剑浩博士撰写完成。此外，兰天、张承海、宋杰、王钊、骆忠强等五位先生和杨凤女士为本书有关章节的程序编写和仿真也做了大量工作。

本书内容主要源自国家自然科学基金项目(NO. 60872030)、中国博士后基金面上项目(NO. 20100471672)、四川省杰出青年基金项目(NO. 2011JQ0034)和四川省高校科研创新团队建设基金项目(NO. 13TD0017)等项目的创新成果，是近年来部分科研成果的积累和总结。作者在从事研究和本书的写作过程中得到许多同行、老师和同学的支持和帮助，特别是其中的许多结果是作者与合作者共同完成的，作者在此表示衷心的感谢。感谢香港城市大学李坪教授审阅了全书，并提出了许多宝贵的修改意见。感谢兰天、张承海、宋杰、王钊、骆忠强等五位先生和杨凤女士为本书提供的支持和帮助。感谢电子科技大学通信抗干扰技术国家级重点实验室以及四川理工学院人工智能四川省重点实验室的支持。感谢科学出版社对本书出版所给予的大力支持。本书也凝聚了国内外从事 IDMA 研究的广大科研人员的智慧和见解，在此也对这些专家表示衷心的感谢。

由于作者阅历及研究水平有限，不妥之处在所难免，敬请专家和读者谅解，并欢迎批评指正。

作　者

# 目　录

# 第一章　多址技术概述

多址技术一直是个人通信领域，尤其是基于蜂窝架构的无线移动通信系统中的关键技术之一。理论分析与实践经验均证明基于非正交分割时频资源的CDMA能够取得比正交分割时频资源的时分多址和频分多址更高的频谱效率，因此CDMA技术成为第三代移动通信系统(3G)的核心技术。在CDMA系统中，用户位置及接入的随机性，使得用户间很难做到严格正交，从而引起各用户间相互干扰，即多址干扰(MAI)。随着CDMA系统容量的扩大，MAI问题日益严重，影响到3G及未来移动通信系统容量及频谱效率的进一步提高。2002年香港城市大学的研究人员提出交织分多址(interleave-division multiple access，IDMA)的概念，简称为交织多址。其目的在于以较低的复杂度解决CDMA移动通信系统中日益严重的多用户干扰问题。本章将在介绍多址技术的基础上，给出交织多址的由来及其研究和应用现状。

## 1.1　多址技术

蜂窝系统是以信道来区分通信对象，一个信道只能容纳一个用户进行通话，多个用户同时通话时，相互之间以信道来区分，这就是多址。移动通信系统是一个多信道同时工作的系统，具有广播和大面积覆盖的特点。在移动通信环境的电波覆盖区内，如何建立用户之间无线信道的连接，是多址接入方式的问题。解决多址接入问题的方法叫多址接入技术。当以传输信号的载波频率不同来区分信道建立多址接入时，称为频分多址(FDMA)；当以传输信号存在的时间不同来区分信道建立多址接入时，称为时分多址(TDMA)；当以传输信号的码型不同来区分信道建立多址接入时，称为码分多址(CDMA)。除了FDMA、TDMA和CDMA，还有三种多址接入技术用于无线通信，它们分别是分组无线电(PR)、空分多址(SDMA)、正交频分多址(OFDMA)[1]。其中最典型的多址方式是FDMA、TDMA和CDMA。

### 1. 频分多址

频分多址技术按照频率来分割信道，即给不同的用户分配不同的载波频率以共享同一信道，如图1.1所示。频分多址技术是模拟载波通信、微波通信、卫星通信的基本技术，也是第一代模拟移动通信的基本技术。在FDMA系统中，信道总频带被分割成若干个间隔相等且互不相交的子频带(地址)，每个子频带分配给一个用户，每个子频带在同一时间只能供给一个用户使用，相邻子频带之间无明显的干扰。

每个用户分配一个信道，即一对频谱，较高的频谱用作前向信道，即基站向移动台方向的信道：较低的频谱用作反向信道，即移动台向基站方向的信道。一个用户必须同时占用 2 个信道(2 对频谱)才能实现双工通信。基站必须同时发射和接收多个不同频率的信号，任意两个移动用户之间进行通信都必须经过基站的中转。

FDMA 系统主要存在的干扰包括互调干扰、邻道干扰、同频干扰。互调干扰是系统内非线性器件产生的各种组合频率成分落入本频道接收机通带内。可以通过提高系统的线性度和通过选用无互调的频率集解决。邻道干扰是相邻波道信号中存在的寄生辐射落入本频道接收机带内，克服邻道干扰除了严格规定发射机的寄生辐射和和接收机的中频选择外，还可以通过加大频带间隔。同频干扰是相邻区群中同信道小区信号造成的干扰，通过合理选择蜂窝结构和频率划分来减少。

FDMA 的技术特点如下：每信道占用一个载频，信道的相对带宽较窄，即通常在窄带系统中实现；符号时间远大于平均延迟扩展，所以码间干扰较少，无需自适应均衡；基站复杂庞大，易产生信道间的互调干扰；FDMA 中每个载波单个频率设计，必须使用带通滤波器来限制邻道干扰；越区切换复杂，必须瞬时中断传输，进行频率的改变，对于数据传输将带来数据的丢失。

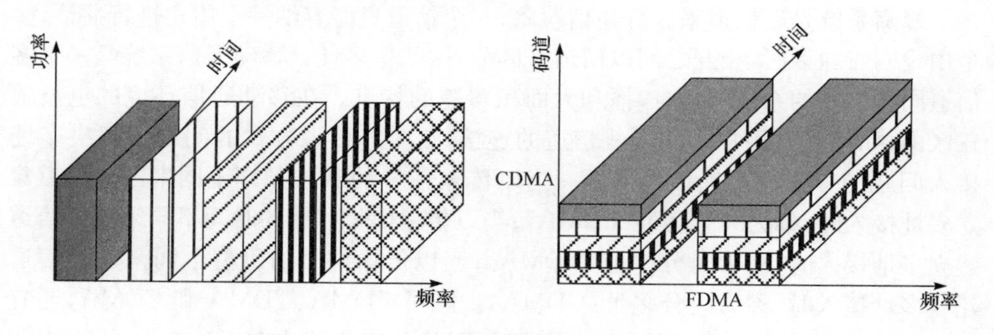


图 1.1　频分多址示意图

2. 时分多址

时分多址技术按照时隙来划分信道，即给不同的用户分配不同的时间段来共享同一信道，如图 1.2 所示。在 TDMA 系统中，时间被分割成周期性的帧，每一帧再分割成若干个时隙(地址)。无论帧或时隙都是互不重叠的，根据一定的时隙分配原则，使各个移动台在每帧内只能按指定的时隙向基站发送信号。

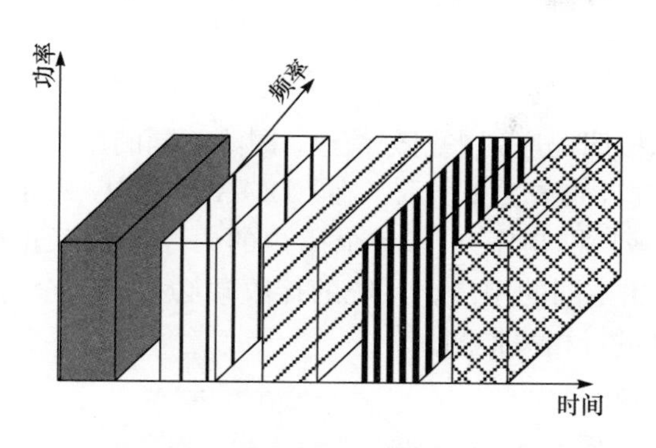


图 1.2　时分多址示意图

系统按一定的时隙分配原则，使各个移动台在每个帧内按指定的时隙向基站发射信号，在满足定时和同步的情况下，基站可以接收移动台的信号而互不干扰。同时，基站向移动台也按事先约定的顺序安排在预定的时隙中传输，各个移动台在指定的时间接收。

TDMA 系统的特点：突发传输的速率高，远大于语音编码速率，因为在 TDMA 系统中可以占用多个时隙传输大速率信息；发射信号速率随时隙数 $N$ 的增大而提高，引起码间串扰加大，所以必须采用自适应均衡；在不同时隙收和发不需要双工器；多个用户共用一个载波，带宽相同，只需要一部收发机，基站复杂性小，互调干扰小；抗干扰能力强，频率利用率高，系统容量大；可以在无信息传输时进行，不会丢失数据，越区切换简单。GSM 系统中时分多址和频分多址的组合示意图如图 1.3 所示。

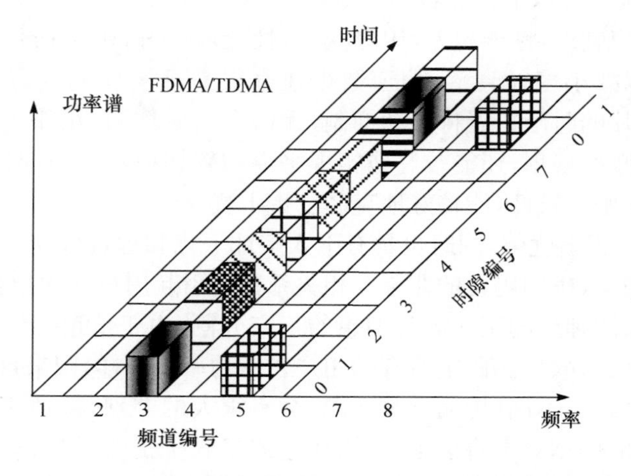


图 1.3　GSM 系统中时分多址和频分多址的组合示意图

3. 码分多址

码分多址技术按照码序列来划分信道，即给不同的用户分配一个不同的编码序列来共享同一信道，如图 1.4 所示。在 CDMA 系统中，每个用户被分配给一个唯一的伪随机码序列(扩频序列)，各个用户的码序列相互正交，因而相关性很小，由此可以区分出不同的用户。系统的接收端必须有完全一致的本地地址码，才能对接收的信号进行相关检测。

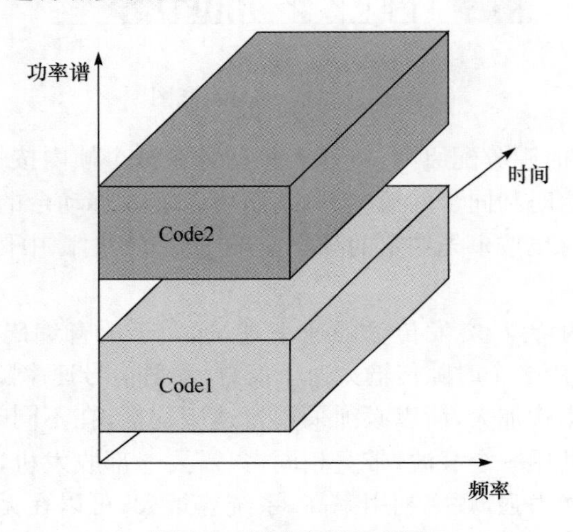


图 1.4　码分多址示意图

CDMA 系统具有以下特点:用户共享一个频率,无需频率规划;通信容量大,容量软特性,用户越多,性能越差,用户减少,性能就变好;由于信号被扩展在一较宽频谱上而可以减小多径衰落;信道数据速率很高,PN 序列具有很好的自相关性,大于一个码片的时延扩展将自动抑制,无需自适应均衡;相邻小区使用相同的频率,不仅简化频率规划,还能较好地实现平滑的软切换不会引起通信中断;扩频后信号的功率谱密度较低,能较好地克制窄带干扰。

CDMA 具有很多优势,同时也具有引入多址干扰和远近效应。不同用户的扩频序列不完全正交,扩频码集的非零互相关系数会引起用户间的相互干扰,称为多址干扰。即使采用理想的正交码和理想的正交分割,由于信道传输及同步电路的不理想,会产生码型噪声。假定所有的用户发送功率都一样,则来自不同地址的码型噪声由于传输距离不同(传输衰减不同)会有很大的差别,特别对于那些距离很近的用户,产生的码型噪声将会很大,因而造成接收干扰的提高、有效用户数的降低。这就是 CDMA 系统的远近效应。解决远近效应的方法之一是功率控制。蜂窝移动通信系统由基站来提供功率控制,以保证基站覆盖内的每一个用户给基站提供相同的功率控制。

4．空分多址

空分多址通过空间的分割来区别不同的用户，常与 FDMA、TDMA 和 CDMA 结合使用。实现 SDMA 的基本技术就是采取自适应式阵列天线，在不同的用户方向上形成不同的波束。如图 1.5 所示，SCDMA 使用定向波束天线来服务于不同用户。相同的频率（TDMA 或 CDMA）或不同的频率（FDMA）用于服务于天线波束覆盖的范围。扇区天线可以看作 SDMA 的一个基本方式。

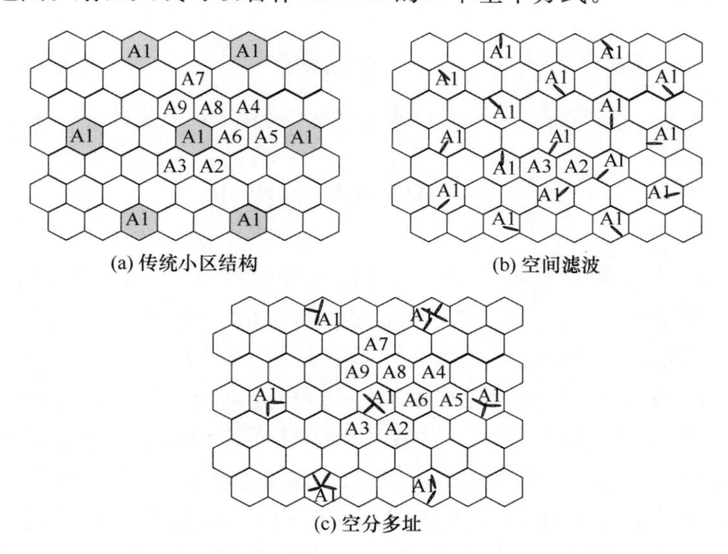


图 1.5　传统蜂窝模式、空间滤波以及空分多址示意图

5．分组无线电（PR）

分组无线电可以看成是 TDMA 的一种特殊形式，在分组无线电中分配给每一个用户的时隙是自适应的。

6．正交频分多址（OFDMA）

OFDMA 是 OFDM 技术在多用户通信中的演进，是一种多址接入技术，其本质可以看成是 OFDM 与 FDMA 的组合，它将传输带宽划分成正交的互不重叠的一系列子载波集，将不同的子载波集分配给不同的用户实现多址。OFDMA 系统可动态地把可用带宽资源分配给需要的用户，易于实现系统资源的优化利用。不同的用户分配不同的子载波，其中有三种典型的分配子载波方法，即连续分配法、均匀分配法和随机分配法，如图 1.6 所示。图 1.6 中线条位置代表子载波的位置，同一类型线条就是一个子载波集。

图 1.6　正交频分多址的子载波分配方法示意图

## 1.2　IDMA 的提出

自从 1897 年马可尼演示了无线电能够传输信息以来,无线通信技术在 20 世纪发生了革命性的变化。1948 年,香农发表的通信的数学理论[2],更是促使通信理论蓬勃发展并取得巨大的成就。尤其是在最近二十多年里,超大规模集成电路技术、前向纠错编码技术、计算机技术、数字信号处理技术以及信息技术的飞速发展,极大地促进了无线通信技术的发展。无线蜂窝移动通信系统已经经历了从第一代移动通信系统(1G)的模拟通信到第二代移动通信系统(2G)的数字通信,而第三代移动通信系统(3G)也已投入商用,人们正在逐步迈向第四代移动通信系统(4G)的时代。其中模拟通信的代表就是 20 世纪 70 年代末美国 AT&T 开发的先进移动电话服务(AMPS)系统;另一个与其类似的是欧洲在 1985 年开发的 ETACS 系统。AMPS 系统和 ETACS 系统均采用频分复用(FDD),频分多址(FDMA)的工作频率为 900MHz。这两个模拟系统不久便被第二代数字蜂窝移动通信系统替代,其中的典型就是暂时标准 95(IS-95: Interim Standard 95)和全球移动通信系统(GSM)[1]。IS-95 采用的是码分多址(CDMA),GSM 主要采用的是时分多址(TDMA)。

目前,三种主要的 3G 标准,即 CDMA2000、WCDMA 、TD-SCDMA 均采用码分多址技术,所以 CDMA 一直是人们研究的热点。从 TDMA、FDMA 到 CDMA,多址技术一直是个人通信领域,尤其是基于蜂窝架构的无线移动通信系统的关键技术之一。理论分析与实践经验均证明,基于非正交分割时频资源的 CDMA 能够取得比正交分割时频资源的时分多址和频分多址更高的频谱效率[3],因此 CDMA 技术成为第三代移动通信系统(3G)的核心技术,并得到了广泛的应用。目前在 3G 系统中采用的是直接序列扩频 (direct sequence spread spectrum,DSSS)技术,这种 DS-CDMA 系统在实际应用中并没有完全发挥出 CDMA 在容量上潜在的优势。在 CDMA 系统中,用户位置及接入的随机性,使得用户间很难做到严格正交,从而引起各用户间相互干扰,即多址干扰(MAI)。随着 CDMA 系统容量的扩大,MAI 问题日益严重,影响到 3G 及未来移动通信系统容量和频谱效率的进一步提高,因此多用户检测技术成为当前和未来移动通信的关键技术之一。近几年来,为了消除这些干扰,许多研究人员对迭代多用户检测进行了广泛的研究[4-11]。从 1996 年起,编码多用户检测技术受到越来越多的关注,提出了使用不同交织图案区分不同用户的思想。理论分析表明当整个带宽都用于编码的时候,可以获得最佳的多址接入信道容量[12,13]。文献[14]-[17]提出交织分多址的概念,简称为交织多址。其目的在于以较低的复杂度解决 CDMA 移动通信系统中日益严重的多用户干扰问题。香港城市大学的 Liping 教授领导的研究团队,在用于交织多址技术的编码、迭代多用户检测算法[14-17]、功率分配方法[15,31]、信干噪比的演化评估算法[17,26]、交织器的设计及选择[24]、性能评估[14,15,20]等方面进行了很多有益的研究工作,对推广“交织多址”技术起到了积极的作用。在 IDMA 系统中,交织器作为区分用户的唯一手段,对不同的用户采用不同的交织图案。把 CDMA 系统中的扩频码使用的全部带宽释放出来用于信道编码,或者将扩频器放在编码器和交织器之间。此时扩频码的功能只是频谱扩展,并且所有用户可以使用同一个简单扩频码,这就避免了随着用户数的增加扩频码也随之增长的困境。交织器输出序列的相邻码片间近似无关,从而使逐码片(chip-by-chip)的迭代多用户检测得以实现,这也是 IDMA 的关键所在[14,15]。IDMA 系统继承了 CDMA 系统的许多优势,特别是在抗干扰性能和抗多径衰落方面。在一定意义上可以这样理解,交织多址属于码分多址,但它与传统的码分多址(DS-CDMA 或 MC-CDMA)又有所不同,其特点可以归纳如下[14-17,29,30]。

① IDMA 中的交织器使其输出序列相邻码片间近似无关,从而使逐码片迭代多用户检测得以实现,发挥出分集阶数高、编码增益大的优势,取得比 DS-CDMA 更优的性能。

② IDMA 多用户检测的计算复杂度随用户数量呈线性增长,而不是 CDMA 系统中的指数增长,易于实现。

③ IDMA 是码片级交织(chip-level interleaving),与比特交织编码调制(BICM)类似,都具有高的分集阶数(diversity order),但 IDMA 是线性叠加,而 BICM 是映射叠加,BICM 的计算复杂度随用户数量呈指数增长。

④ 在 IDMA 解调中,用不同的交织图案作用户的标识特征,不受信道编码等码资源的限制。

⑤ IDMA 具有高的频谱效率、高的数据传输效率和低功耗等。

## 1.3 IDMA 的研究现状

IDMA 作为一种新兴的无线多址接入技术，由于独特的优势，在下一代无线移动通信中具有广泛的应用前景[18,19]，已引起国内外研究人员的广泛关注。

目前，国内也有许多研究人员在进行交织多址技术相关的研究工作。文献[19]研究了交织多址的应用，文献[29]研究了交织多址的频谱效率，文献[42]研究了小区间的干扰消除等内容，文献[25]，[30]对交织多址的多用户检测、迭代接收机的优化和交织器设计等进行了研究，文献[25]提出了基于 LDPC 渐近边增长的算法的交织器设计。此外，文献[23]，[24]从可实现性的角度出发讨论了移存型交织器的实现以及与其他交织器的对比分析，文献[34]对交织多址的信道估计、空时编码等进行了研究。

交织多址技术在德国、法国、澳大利亚、日本、韩国等也有积极的研究活动，文献[18]，[40]对交织多址中的信道估计进行了讨论及研究，其中文献[18]的半盲信道估计的算法就是充分利用了逐码片迭代多用户检测中的外信息来辅助信道的估计。文献[21]，[22]对交织多址系统的接收器进行了简化，但该方案主要针对的还是基站端接收器，也是以逐码片迭代多用户检测为前提，需要知道其他用户交织器的信息，只是对信号估计器的算法作了一定的简化。

另外，文献[35]，[36]提出了 MIMO-IDMA 传输方案，该方案充分发挥天线的分集增益，从而进一步增强 IDMA 的工作性能。文献[37]-[39]提出了 OFDM-IDMA 传输方案，该方案充分利用了 IDMA 的逐码片迭代多用户检测能有效克服小区内及小区间的多址干扰（MAI），以及 OFDM 在充分宽的时隙时，能完全消除多径引起的符号间干扰（ISI），两者紧密结合以达到克服多址干扰和符号间干扰，并提高系统的数据传输速率。文献[41]讨论了 IDMA 在单载波和多载波中的应用。

上述研究工作主要集中于交织多址技术的信道估计、交织器设计、功率分配及其应用方面，并且也主要集中在上行链路的多用户检测方面。目前的研究表明，虽然 IDMA 系统的迭代信号检测算法较为简单，但是信号收敛速度非常缓慢，通常需要 50～100 次迭代才能收敛。而 IDMA 系统迭代检测的收敛速度直接影响着系统的数据传输速度，未来移动通信系统具有更高的数据传输速率，如何进一步提高 IDMA 系统迭代检测的收敛速度具有重要意义。因此，信号收敛速度是 IDMA 系统应用的瓶颈之一。对用户端信号传输检测及优化算法的研究，以及如何有效消除用户端符号间干扰、共道干扰（CCI）和多址干扰的研究还少有涉及。在 IDMA 系统中，交织器作为区分用户的唯一手段，虽然上行链路与下行链路具有对称的特点，将上行链路的信号处理方法应用到下行链路中[19]，从理论上是可行的，但实际上并不可取，毕竟下行链路中的用户端对复杂度、安全性、经济性等方面有很高的要求。因此,我们对上述问题进行了深入的研究工作,并利用时分双工(time-division duplexing,TDD)及时间反转(time reversal,TR)技术研究了新的 IDMA 传输方法。我们将这种传输体制称为时分双工时间反转 IDMA,即 TDR-IDMA (time-division duplexing and reversal IDMA)[42]。

符号间干扰是无线通信系统设计常常需要考虑的问题,特别是高速传输的环境。消除 ISI 的典型手段有基于正交频分复用的多载波系统和采用接收机均衡技术的单载波系统等[41,43-46],在 IDMA 系统中也就随之而出现了 OFDM-IDMA[37-39]、SC-IDMA[41]。由于 OFDM 信号是多个正弦波叠加而成,当子载波个数比较大时,根据中心极限定理,OFDM 符号波形将是一个高斯随机过程,它的包络极不稳定。当离散傅里叶反变换(IDFT)输入端的数据同相时,其输出就会产生很大的峰值,使其信号峰均功率比(peak to average power ratio,PAPR)较大。OFDM 信号峰均功率比的这种特性,对 A/D、D/A 转换器及功率放大器都提出了很高的要求。因此,必须降低 OFDM 系统中的 PAPR,否则就难以发挥其优势。同时,在基于 OFDM 的多载波系统中,为了取得多径环境下的信道容量,常常应用注水原理对不同的子载波根据相应的工作条件分配不同的码率。这种方法理论上可行,但实际上会有许多困难。例如,不同的码率需要不同的编码器及译码器,从而增加了系统的负担。另外,实际编码都有一个最小长度的限制,一个 OFDM 块可能无法容纳一个码字,这就不得不将一个码字分配在多个块中进行传输,而分块传输在快衰落信道中就比较困难。近年来,随着频域均衡技术的发展[47],单载波通信系统受到越来越多的关注,由于它与 OFDM 系统相比具有信号 PAPR 较小和受频偏影响小的优点,而且单载波系统通过合理的设计也能取得注水增益,因此已经成为现代无线通信系统的关键技术之一,已被 IEEE 802.16 标准[48]和 3GPP LTE 计划[49]确定为上行链路的传输标准。

目前,有关单载波频域均衡系统的研究主要集中在接收机低复杂度、高性能的均衡算法上[50]。文献[50]-[52]将线性最小均方误差(LMMSE)准则应用于频域均衡器提出一种基于迭代的频域均衡算法,该算法的性能几乎与最大后验概率(MAP) 均衡算法的性能一致。为了解决单载波 IDMA 系统的注水增益问题,文献[53]-[56]针对单载波通信系统在多径环境下提出一种基于迭代 LMMSE 均衡的优化预编码(有些文献也称为预处理器)技术,即优化预编码[53,54]和注水预编码[55-58],从而通过预编码的编码增益达到注水增益的效果。然而由于要通过一定的优化算法才能搜寻出相应的优化预编码,过程比较繁琐,为此我们提出了在发射端采用时间反转预编码,接收端采用迭代 LMMSE 频域均衡的传输检测算法,即单载波 TDR-IDMA 系统频域均衡的传输检测算法[59],从而使单载波 IDMA 系统的发射端预编码更简单,易于实现。

## 1.4 本书内容结构

本书分为八章,其中内容安排如下。

第二章介绍 IDMA 系统的基本工作原理,重点分析 IDMA 系统的逐码片迭代多用户检测技术。

第三章介绍 TDR-IDMA 传输体制。该传输体制主要是为提高 IDMA 系统基站接收端逐码片迭代多用户检测的收敛速度,简化用户端接收设备,提高发射端效率而提出,本章将对有关算法及性能进行分析和讨论。

第四章介绍基于交织多址技术的混合多址技术,其中包括 OFDM-IDMA、SC-FDMA-IDMA 等多址技术。

第五章介绍交织多址技术中的信道估计和功率分配方法。

第六章介绍交织多址技术的时间同步技术。

第七章介绍交织多址技术的交织器的性能分析及设计。

最后是全书总结。

### 参考文献


[1] Rappaport T S. 无线通信原理与应用(2 版). 周文安,付秀花,王志辉,等译. 北京:电子工业出版社,2006.

[2] Shannon C E. The mathematical theory of communications. BSTJ, 1948, 27(1): 379-423, 623-656.

[3] Wang P, Yuan X J, Li P. Comparison of orthogonal and non-orthogonal approaches to future wireless cellular systems. IEEE Vehicular Technology Magazine, 2006, 1(3): 4-11.

[4] Moher M, Guinand P. An iterative algorithm for asynchronous coded multi-user detection. IEEE Communication Letters, 1998, 2(1): 229-231.

[5] Aulin T, Espineira R. Trellis coded multiple access (TCMA). IEEE International Conference on Communications, 1999, 2: 1177-1181.

[6] Wang X, Poor H V. Iterative (turbo) soft interference cancellation and decoding for coded CDMA. IEEE Transactions on Communications, 1999, 47(7): 1046-1061.

[7] Mahadevappa R H, Proakis J G. Mitigating multiple access interference and intersymbol interference in uncoded CDMA systems with chip-level interleaving. IEEE Transactions on Wireless Communications, 2002, 1(4): 781-792.

[8] Artes H, Hlawatsch F. Fast iterative decoding of linear dispersion codes for unknown mimo channels//Proc. 36th Asilomar Conf. Signals, Systems, Computers, Pacific Grove (CA), IEEE, 2002,1: 284-288.

[9] Boutros J, Carie G. Iterative multi-user joint decoding: unified framework and asymptotic analysis. IEEE Transactions on Information Theory, 2002, 50(9): 1772-1793.

[10] Li J Q, Letaief K B, Cao Z Q. Reduced-complexity map-based iterative multiuser detection for coded multicarrier CDMA systems. IEEE Transactions on Communications, 2004, 52(11): 1909-1915.

[11] Wang R S, Li H B. Multiuser detection for multi-carrier CDMA//Proceedings of the 2006 IEEE International Conference on Networking, Sensing and Control, IEEE, 2006, 1: 463-467.

[12] Viterbi A J. Very low rate convolutiona codes for maximum theoretical performance of spread spectrum multiple-access channels. IEEE Journal on Selected Areas in Communications, 1990, 8(4): 641-649.

[13] Verdus S. Spectral efficiency of CDMA with random spreading. IEEE Transactions on Information Theory, 1999, 45(2): 622-640.

[14] Li P, Liu L H, Leung W K. A simple approach to near-optimal multiuser detection: interleave-division multiple-access//IEEE International Conference on Wireless Communications and Networking, IEEE, 2003: 391-396.

[15] Li P, Liu L H, Wu K Y, et al. Interleave-division multiple-access. IEEE Transactions on Wireless Communications, 2006, 5(4): 938-947.

[16] Li P, Liu L H, Wu K Y, et al. Approaching the capacity of multiple access channels using interleaved low-rate codes. IEEE Communications Letters, 2004, 8(1): 4-6.

[17] Leung W K, Liu L H, Li P. Interleaving-based multiple access and iterative chip-by-chip multi-user detection. IEICE Transactions on Communications, 2003, E86-B: 3634-3637.

[18] Schoeneich H, Hoeher P A. Semi-blind pilot-layer aided channel estimation with emphasis on interleave-division multiple access systems. IEEE Global Telecommunications Conference, IEEE, 2005: 3513-3517.

[19] Zhou S D, Li Y Z, Zhao M, et al. Novel techniques to improve downlink multiple access capacity for beyond 3G. IEEE Communications Magazine, 2005, 43(1): 61-69.

[20] Li K, Wang X D, Li P. Analysis and optimization of interleave-division multiple-access communication systems. IEEE International Conference on Acoustics, Speech, and Signal Processing, 2005, 3: 917-920.

[21] Shi Z N, Reed M C, Nagy O. Optimal detection of IDMA signals. 2007 IEEE Wireless Communications and Networking Conference, 2007: 1236 -1240.

[22] Mahafeno I M, Langlais C, Christophe J. Reduced complexity iterative multi-user detector for IDMA (interleave-division multiple access) system//2006 IEEE Global Telecommunications Conference, GLOBECOM'06, IEEE, 2006: 1-5.

[23] Zhang C H, Hu J H. The shifting interleaver design based on PN sequence for IDMA systems//IEEE International Conference on Future Generation Communication and Networking, IEEE, 2007, 2: 279-284.

[24] Pupeza K A, Li P. Efficient generation of interleavers for IDMA//Proc. IEEE International Conference on Communications, IEEE, 2006: 1508-1513.

[25] Bie Z S, Wu W L. PEG algorithm based interleavers design for IDMA system//41st Annual Conference on Information Sciences and Systems, IEEE, 2007: 480-483.

[26] Li P，Liu L. Analysis and design of IDMA systems based on SNR evolution and power allocation//Proc. IEEE VTC 2004-Fall，IEEE，2004：1068-1072.

[27] Kusume K，Bauch G. CDMA and IDMA：iterative multiuser detections for near-far asynchronous communications//IEEE 16th International Symposium on Personal，Indoor and Mobile Radio Communications，IEEE，2005，1：426-431.

[28] Li K，Wang X D，Li P. Analysis and optimization of interleave-division multiple-access communication systems. IEEE Transactions on Wireless Communications，2007，6(5)：1973-1983.

[29] 李云洲，周世东，王京. IDMA-OFDM 系统的频谱效率. 清华大学学报：自然科学版，2005，45(03)：341-343.

[30] 别志松. 基于因子图的迭代接收机设计与优化. 北京：北京邮电大学博士学位论文，2007.

[31] Wang P，Li P，Liu L H. Power allocation for multiple access systems with practical coding and iterative multi-user detection. 2006 IEEE International Conference on Communications，IEEE，2006，11：4971-4976.

[32] Rosberg Z. Optimal transmitter power control in interleave division multiple access (IDMA) spread spectrum uplink channels. IEEE Transactions on Wireless Communications，2007，6(1)：192-201.

[33] Butt M M. Provision of guaranteed QoS with Hybrid automatic repeat request in interleave division multiple access systems//10th IEEE Singapore International Conference on Communication systems，IEEE，2006：1-5.

[34] 徐巧勇，陈浩珉，王宗欣. MIMO 系统中基于交织的联合迭代信道估计和多用户检测. 复旦学报：自然科学版，2005，44(1)：128-134.

[35] 金奕丹，张峰，吴伟陵. 交织分多址 MIMO 系统的迭代多用户检测. 北京邮电大学学报，2006，29(5)：125-129.

[36] Novak C，Hlawatsch F，Matz G. MIMO-IDMA：uplink Multiuser MIMO communications using interleave-division multiple access and low-complexity iterative receivers//IEEE International Conference on Acoustics. Speech and Signal Processing，IEEE，2007，3：225-228.

[37] Bie H X，Bie Z S. A hybrid multiple access scheme：OFDMA-IDMA//First International Conference on Communications and Networking in China，IEEE，2006：1-3.

[38] Li P，Guo Q H，Tong J. The OFDM-IDMA approach to wireless communication systems. IEEE Transactions on Wireless Communications，2007，14(3)：18-24.

[39] Mahafeno I，Langlais C，Jego C. OFDM-IDMA versus IDMA with ISI cancellation for quasi-static rayleigh fading multipath channels//Proc. Int. Symp. on Turbo Codes and Related Topics，2006：56-61.

[40] Zhou X Y，Shi Z N，Reed M C. Iterative channel estimation for IDMA systems in time-varying channels. IEEE Global Telecommunications Conference，IEEE，2007：4020-4024.

[41] Guo Q H，Yuan X J，Li P. Single and multi-carrier IDMA schemes with cyclic prefixing and zero padding techniques. European Transaction on Telecommunications，Special Issue on IDMA and Related Techniques，Published Online in Wiley InterScience，2008：15-26.

[42] Xiong X Z, Hu J H, Ling X. A cooperative transmission and receiving scheme for IDMA with time-reversal technique. Wireless Personal Communications. Springer Netherlands, 2011, 58(4): 637-656.

[43] 佟学俭,罗涛. OFDM移动通信技术原理与应用. 北京:人民邮电出版社. 2003.

[44] Ahmad R R, Bahai B R, Saltzberg M E. Multi-Carrier Digital Communications: Theory and Applications of OFDM. New York: Kluwer Academic/Plenum, 1999.

[45] Ramjee P. OFDM for Wireless Communications Systems. Boston: Artech House, 2004.

[46] 王文博. 宽带无线通信OFDM技术(2版). 北京:人民邮电出版社,2007.

[47] Falconer D, Ariyavisitakul S L, Benyamin S A, et al. Frequency domain equalization for single-carrier broadband wireless systems. IEEE Communication Magazine, 2002, 40(4): 58-66.

[48] IEEE 802. 16t-01/01. Frequency Domain Equalization for 2-11 GHz. 2009.

[49] 3GPP TR 25. 814 V1. 0. 1. Physical Layer Aspects for Evolved UTRA (Release 7). 2005.

[50] Kavcie A, Ma X, Varnica N. Matched information rate codes for partial response channels. IEEE Transactions on Information Theory, 2005, 51(3): 973-989.

[51] Yuan X J, Guo Q H, Wang X D, et al. Evolution analysis of low-cost iterative equalization in coded linear systems with cyclic prefixes. IEEE Journal on Selected Areas in Communications, 2008, 26(2): 301-310.

[52] Tüchler M, Koetter R, Singer A. Turbo equalization: principles and new results. IEEE Transactions on Communications, 2002, 50(5): 754-767.

[53] Yuan X J, Li H T, Li P, et al. Precoder design for ISI channels based on iterative LMMSE equalization//5th International Symposium on Turbo Codes and Related Topics, IEEE, 2008: 198-203.

[54] Yuan X J, Li H T, Li P, Lin X K. Optimized spectrum-shaping strategy for coded single-carrier transmission. IEEE Signal Processing Letters, 2008, 15(1): 809-812.

[55] Li H T, Yuan X J, Lin X K, et al. On water-filling precoding for coded single-carrier systems. IEEE Communications Letters, Jan. 2009, 13(1): 34-36.

[56] 李海涛, 林孝康. 单载波通信系统中的注水预编码技术. 西安电子科技大学学报: 自然科学版, 2008, 35(6):1105-1109.

[57] Cover M C, Thomas J A. Element s of Information Theory. New York: Wiley, 1991.

[58] Doan N D, Narayanan K R. Design of good low rate coding schemes for ISI channels based on spectral shaping. IEEE Transactions on Wireless Communications, 2005, 4(5): 2309-2317.

[59] Xiong X Z, Hu J H. A precoding technique based on time reversal for single-carrier IDMA systems//IEEE,WOCC2011, 2011, 1: 1-5.

# 第二章　IDMA 迭代检测技术

本章将介绍 IDMA 系统的基本工作原理，并将 IDMA 系统的结构与 CDMA 系统的结构进行对比，在此基础上重点分析 IDMA 系统的逐码片迭代多用户检测技术及其性能评估机制。

## 2.1　IDMA 系统的结构

### 2.1.1　IDMA 系统与 CDMA 系统的结构对比

为了方便，图 2.1 给出了传统 CDMA 系统的发射及迭代接收结构，图 2.2 给出了 IDMA 系统的发射及迭代接收结构[1-4]。

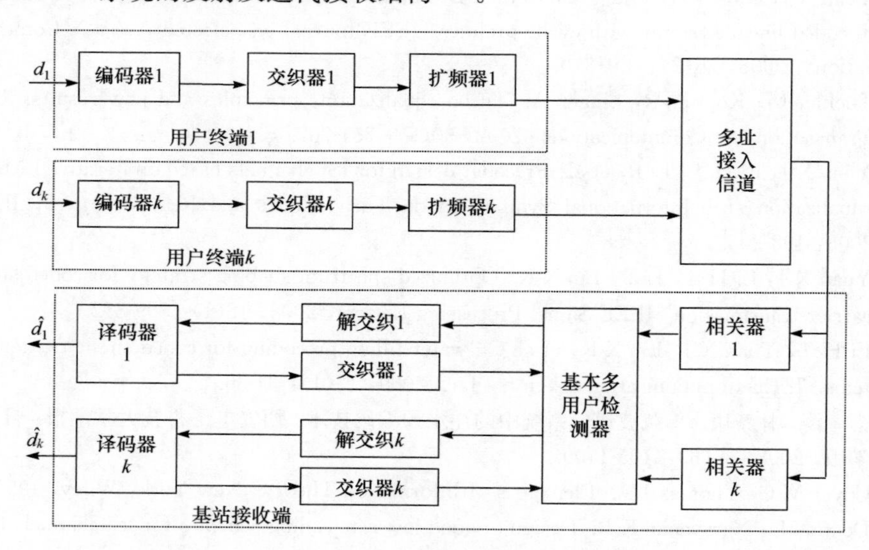


图 2.1　传统 CDMA 系统的发射及迭代接收结构

如图 2.2 所示，在 CDMA 系统中，发射端的用户数据首先经过前向纠错编码，然后送入交织器，最后经过扩频产生发射信号。在接收端，接收信号首先经过一组相关器（解扩器），然后进行迭代检测。其中涉及两个功能模块，一个是基本多用户检测器（elementary multi-user detector，EMUD），另一个是一组译码器（DEC）。在迭代检测时必须考虑两种约束，即前向纠错编码（forward error coded，FEC）约束和各用户码字间相关性的约束，其中用户波形间相关性带来了 MAI。EMUD

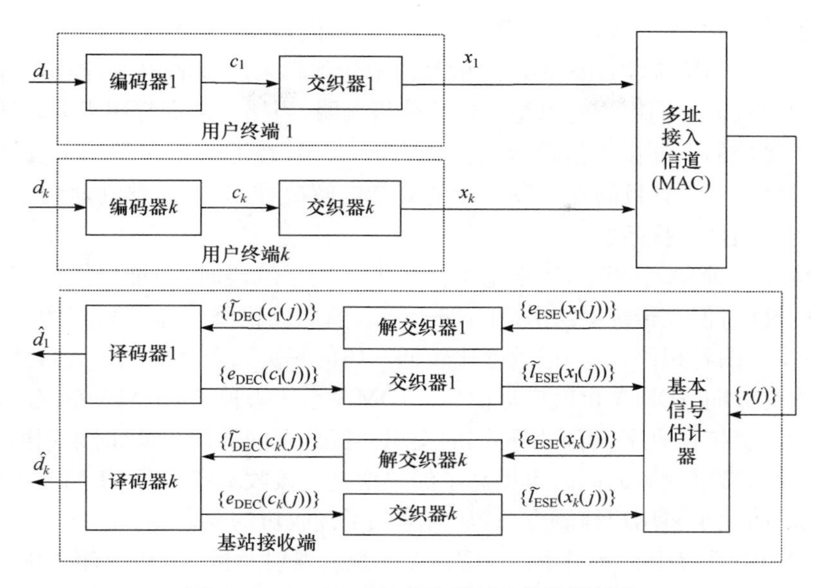


图 2.2　IDMA系统的发射及迭代接收结构

和DEC分别处理MAI和FEC。EMUD处理MAI时不考虑编码约束，EMUD的输出送入DEC中，DEC利用编码约束作进一步处理，此时DEC不考虑各用户码字间相关性约束。DEC采用软入软出（soft in soft out，SISO），其输出反馈到EMUD中用于改善在下一次迭代中用到的估计值。迭代到一定的次数或满足一定的迭代准则后，将DEC的软输出值作硬判决输出，得到判决信息比特。

在迭代检测器中，每个DEC只处理相应用户的数据而忽略其他用户的数据。因此，每个用户DEC的复杂度和用户数无关。另一方面，EMUD采用多用户联合处理方法来处理所有用户的信息。在有$K$个用户时，采用普通的迭代最小均方误差（minimum mean square error，MMSE）算法时，对单个用户而言，MUD的算法复杂度是$O(K^2)$。如果采用最大比合并（maximal-ratio-combining，MRC）算法，对单个用户而言，MUD的算法复杂度也达到了$O(LK)$，其中$L$为多径信道的记忆长度。当$K$很大时，复杂度是一个很大的问题。

CDMA是采用不同的正交扩频码来区分不同的用户，用户数据比特经过前向纠错编码和交织后，再经过扩频处理变成了一串码片序列。这样一串码片序列只代表一个比特信息，与没有经过扩频处理的信号相比，自然就引入冗余。但是，引入冗余的同时并没有带来编码增益的好处，所以这种扩频处理的方式并不是一种最佳的选择。虽然在多小区环境下，CDMA有很多优势，但是在单一小区中CDMA的吞吐量受限，因为CDMA是一个自干扰系统，它的系统容量主要受限于MAI。

为了消除多址干扰，许多研究人员对迭代多用户检测进行了广泛的研究[5-12]。从 1996 年起，编码多用户检测技术受到越来越多的关注，提出了使用不同交织图案区分不同用户的思想。理论分析表明，当整个带宽都用于编码的时候，可以获得最佳的多址接入信道容量[13,14]。2002 年，香港城市大学的 Li 提出了交织多址的概念[1-4]，其目的在于以较低的复杂度解决在 CDMA 移动通信系统中日益严重的多用户干扰问题。

虽然在 CDMA 系统中，当把整个扩频带宽用于编码时，多址接入信道可以达到最佳的性能，但在传统 CDMA 中，如 IS-95，前向纠错编码通常采用的编码码率是 1/2～1/3 的卷积码，其频谱效率比较低。如何解决二者之间的矛盾自然就成为人们探索的方向，IDMA 也就应运而生。IDMA 系统去掉了 CDMA 系统中用来区分用户的正交扩频码字，而采用不同的交织器区分不同的用户，同时采用低码率的编码，在提高频谱效率的同时也提高了编码增益。接收端省去了 CDMA 中的解扩部分，同时简化了多用户检测方法，从而降低了接收机的复杂度。

假设一个系统中有 $K$ 个用户，IDMA 系统的发射及接收器的结构如图 2.2 所示。用户 $k$ 的输入数据序列 $d_k$ 经过低码率编码器 $C$ 编码，产生编码序列 $c_k=[c_k(1)\cdots c_k(j)\cdots c_k(J)]^{\mathrm{T}}$，其中 $J$ 为帧长。然后，将 $c_k$ 送入一交织器 $\Pi_k$ 生成 $x_k=[x_k(1)\cdots x_k(j)\cdots x_k(J)]^{\mathrm{T}}$。根据 CDMA 的习惯，我们称 $x_k$ 中的 $x_k(j)$ 为码片，$\{r(j)\}$ 为接收端的接收信号。接收信号送入基本信号估计器（elementary signal estimator，ESE），ESE 利用接收到的信道观测值和其他码片（不包括码片 $x_k(j)$）的先验信息得到 $x_k(j)$ 的对数似然比外信息 $e_{\mathrm{ESE}}(x_k(j))$。不同的用户利用不同的交织器进行区分。

IDMA 的关键是不同用户的交织器 $\Pi_k$ 必须各不相同，假设这组交织器是独立且随机的。数据经过交织器后，交织器输出序列相邻码片间近似无关，从而使逐码片的迭代多用户检测得以实现，这也是 IDMA 的关键所在。这一特性将有助于下面即将讨论的 IDMA 逐码片迭代多用户检测。

### 2.1.2 IDMA 的逐码片迭代多用户检测

为了简化分析，首先假设信道是无记忆且为单径。基站接收的信号可以表示为

$$r(j)=h_k x_k(j)+\sum_{k'\neq k} h_{k'} x_{k'}(j)+n(j),\quad j=1,2,\cdots,J \tag{2.1}$$

其中，$J$ 为帧长；$x_k(j)$ 为用户 $k$ 的第 $j$ 个码片；$h_k$ 为用户 $k$ 的信道系数；$\{n(j)\}$ 是方差为 $\sigma^2=N_0/2$ 的加性高斯白噪声的采样。

不失一般性，我们采用二进制相移键控（binary phase shift key，BPSK）调制，即 $x_k(j)\in\{+1,-1\}$ 进行分析。

IDMA 系统接收端的迭代检测是基于多址接入信道约束和编码器的编码约束,在两个约束同时作用下寻找优化的解决方法通常是很困难的。根据迭代原理,在接收端采用次优的迭代检测结构,如图 2.2 所示。该接收器由一个 ESE 和 $K$ 个单用户后验概率(a posteriori probability,APP)译码器(DEC)组成。多址接入信道约束和编码器的编码约束分别在 ESE 和 DEC 中考虑,从而将两种约束各个击破便于处理,通过迭代检测将两种约束结合在一起,这种处理使系统的复杂度得以极大地简化。DEC 在最后一次迭代中产生信息比特$\{d_k\}$的硬判决值$\{\hat{d}_k\}$。

由于应用了码片级交织器,交织器输出序列的相邻码片间近似无关,从而使逐码片的迭代多用户检测得以实现,避免了处理相关性问题时所用的最大后验概率(MAP) 或矩阵操作。这也是 IDMA 的关键所在,所以 IDMA 的计算复杂度比传统 CDMA 多用户检测的复杂度低,如 MAP 检测器、MMSE 检测器、概率数据关联(PDA)检测器等。

ESE 关于$\{x_k(j), \forall k, j\}$的先验对数似然比(log-likelihood ratios,LLRs)外信息定义为

$$\widetilde{l_{\mathrm{ESE}}}(x_k(j)) \equiv \log\left(\frac{\Pr(x_k(j)=+1)}{\Pr(x_k(j)=-1)}\right), \quad \forall k, j \tag{2.2}$$

同样,DEC 关于$\{c_k(j), \forall k, j\}$的先验 LLRs 外信息定义为

$$\widetilde{l_{\mathrm{DEC}}}(c_k(j)) \equiv \log\left(\frac{\Pr(c_k(j)=+1)}{\Pr(c_k(j)=-1)}\right), \quad \forall k, j \tag{2.3}$$

其中,$\{x_k(j), j=1,2,\cdots,J\}$是$\{c_k(j), j=1,2,\cdots,J\}$经过交织后的相应码片。

ESE 模块以$\{r(j)\}$和$\{\tilde{l}_{\mathrm{ESE}}(x_k(j))\}$作为输入,而且在 ESE 模块的检测中只考虑多址接入信道的约束。当信道状态信息(CSI)$h=\{h_k, \forall k\}$已知时,则对应$\{x_k(j), \forall k, j\}$的后验概率对数似然比定义为

$$\log\left(\frac{\Pr(x_k(j)=+1|r(j),h)}{\Pr(x_k(j)=-1|r(j),h)}\right)=\underbrace{\log\left(\frac{p(r(j)|x_k(j)=+1,h)}{p(r(j)|x_k(j)=-1,h)}\right)}_{e_{\mathrm{ESE}}(x_k(j))}+\tilde{l}_{\mathrm{ESE}}(x_k(j)), \quad \forall k, j \tag{2.4}$$

其中,$e_{\mathrm{ESE}}(x_k(j))$是 $x_k(j)$的外信息对数似然比,是基于信道观测值和其他码片先验信息而得到的。

对于单径信道,$x_k(j)$只与$\{r(j)\}$有关,ESE 的输出在此时可以表示为

$$e_{\mathrm{ESE}}(x_k(j))=\log\left(\frac{p(r(j)|x_k(j)=+1)}{p(r(j)|x_k(j)=-1)}\right) \tag{2.5}$$

类似的道理,定义$(\tilde{L}_{\mathrm{DEC}})_k \equiv \{\tilde{l}_{\mathrm{DEC}}(c_k(j)), \forall j\}$作为用户 $k$ 的 DEC 模块的输入。基于编码约束的 $c_k(j)$的后验概率对数似然比可写为

$$\log\left(\frac{\Pr(c_k(j)=+1|C,(\tilde{L}_{\text{DEC}})_k)}{\Pr(c_k(j)=-1|C,(\tilde{L}_{\text{DEC}})_k)}\right)=\underbrace{\log\left(\frac{\Pr(c_k(j)=+1|C,(\tilde{L}_{\text{DEC}})_k\backslash\tilde{l}_{\text{DEC}}(c_k(j)))}{\Pr(c_k(j)=-1|C,(\tilde{L}_{\text{DEC}})_k\backslash\tilde{l}_{\text{DEC}}(c_k(j)))}\right)}_{e_{\text{DEC}}(c_k(j))}+\tilde{l}_{\text{DEC}}(c_k(j)) \tag{2.6}$$

其中，$(\tilde{L}_{\text{DEC}})_k\backslash\tilde{l}_{\text{DEC}}(c_k(j))$是在$(\tilde{L}_{\text{DEC}})_k$中令$\tilde{l}_{\text{DEC}}(c_k(j))$为零时得到的结果；用户$k$的DEC的输出构成外信息对数似然比$\{e_{\text{DEC}}(c_k(j)),\forall j\}$。

在迭代过程中，由ESE/DEC产生的外信息（经过适当的解交织/交织）作为DEC/ESE的先验信息，即$\{e_{\text{ESE}}(x_k(j))\}\Rightarrow\{\tilde{l}_{\text{DEC}}(c_k(j))\}$和$\{e_{\text{DEC}}(c_k(j))\}\Rightarrow\{\tilde{l}_{\text{ESE}}(x_k(j))\}$，其过程如图2.2所示。在ESE最初工作时，所有的$\{\tilde{l}_{\text{ESE}}(x_k(j))\}$初始化为0，即第一次迭代时，ESE将只利用接收信息$\{r(j)\}$进行处理，没有先验信息可利用。

## 2.2 单径信道下的迭代检测算法

### 2.2.1 MAP算法

由式(2.1)可知，当传输信号为$\{x_1(1),x_2(j),\cdots,x_K(j)\}$时，接收信息$r(j)$服从高斯分布，其对应的概率密度函数为

$$p(r(j)\mid x_1(j),\cdots,x_K(j))=\frac{1}{\sqrt{2\pi\delta^2}}\exp\left(-\frac{\left(r(j)-\sum_{k=1}^{K}h_k x_k(j)\right)^2}{2\delta^2}\right) \tag{2.7}$$

其中，$\sigma^2$是加性高斯白噪声的方差，根据贝叶斯准则及式(2.7)，我们可以按式(2.5)计算ESE的输出，即

$$\begin{aligned}e_{\text{ESE}}(x_k(j))&=\log\left(\frac{p(r(j)\mid x_k(j)=+1)}{p(r(j)\mid x_k(j)=-1)}\right)\\&=\log\frac{\sum_{X_j^+}p(r(j)\mid x_1(j),\cdots,x_K(j))\prod_{k'\neq k}\Pr(x_{k'}(j))}{\sum_{X_j^-}p(r(j)\mid x_1(j),\cdots,x_K(j))\prod_{k'\neq k}\Pr(x_{k'}(j))}\end{aligned} \tag{2.8}$$

其中，$\Pr(x_k(j))$是$x_k(j)$的先验概率；$X_j^+$表示$\{[x_1(1),x_2(j),\cdots,x_K(j)]\}$中$x_k(j)=+1$时的情形，$X_j^-$的定义也类似。

尽管式(2.8)根据MAP给出了最佳估计，然而其复杂度与用户数的$2^K$成正比，即$O(2^K)$，所以有必要寻找一种次优的算法从而降低运算的复杂度。

### 2.2.2 高斯算法

为了降低MAP运算的复杂度，文献[14]-[17]给出了ESE的高斯近似算法。

当 $x_k(j)$是随机变量时,由于$\{e_{\text{ESE}}(x_k(j))\}\Rightarrow\{\tilde{l}_{\text{DEC}}(x_k(j))\}$,结合式(2.2),有

$$e^{\tilde{l}_{\text{ESE}}(x_k(j))}=\frac{\Pr(x_k(j)=+1)}{\Pr(x_k(j)=-1)},\quad \forall k,j \tag{2.9}$$

又由于

$$\Pr(x_k(j)=+1)+\Pr(x_k(j)=-1)=1 \tag{2.10}$$

则有

$$\Pr(x_k(j)=+1)=\frac{e^{\tilde{l}_{\text{ESE}}(x_k(j))}}{e^{\tilde{l}_{\text{ESE}}(x_k(j))}+1} \tag{2.11}$$

$$\Pr(x_k(j)=-1)=\frac{1}{e^{\tilde{l}_{\text{ESE}}(x_k(j))}+1} \tag{2.12}$$

又根据均值的数学表达式,即

$$E(x_k(j))=\Pr(x_k(j)=1)\times 1+\Pr(x_k(j)=-1)\times(-1) \tag{2.13}$$

由式(2.9)～式(2.13)可得

$$E(x_k(j))=\tanh\left(\frac{\tilde{l}_{\text{ESE}}(x_k(j))}{2}\right) \tag{2.14}$$

$$\text{Var}(x_k(j))=1-(E(x_k(j)))^2 \tag{2.15}$$

其中,$E(x_k(j))$和 $\text{Var}(x_k(j))$分别是 $x_k(j)$的均值及方差。

由式(2.14) 和式(2.15)可以看出 ESE 的更新过程就是通过$\tilde{l}_{\text{ESE}}(x_k(j))$来更新 $E(x_k(j))$和 $\text{Var}(x_k(j))$。

为便于讨论,重写式(2.1)为

$$r(j)=h_k x_k(j)+\zeta_k(j),\quad j=1,2,\cdots,J \tag{2.16}$$

$$\zeta_k(j)=r(j)-h_k x_k(j)=\sum_{k\neq k'}h_{k'}x_{k'}(j)+n(j) \tag{2.17}$$

由式(2.17)可知,$\zeta_k(j)$为相对于用户 $k$ 的多用户干扰与高斯白噪声之和,这里统一将其称为第 $k$ 个用户的噪声。假设$\{x_k(j),\forall k\}$是独立同分布的随机变量,根据中心极限定理,$\zeta_k(j)$可以近似为高斯随机变量,其均值和方差为

$$E(\zeta_k(j))=\sum_{\substack{k'=1\\k'\neq k}}^{K}h_{k'}E(x_{k'}(j)) \tag{2.18}$$

$$\text{Var}(\zeta_k(j))=\sum_{\substack{k'=1\\k'\neq k}}^{K}|h_{k'}|^2\text{Var}(x_{k'}(j))+\sigma^2 \tag{2.19}$$

对式(2.16)应用中心极限定理,则有

$$p(r(j)|x_k(j)=\pm 1)=\frac{1}{\sqrt{2\pi\text{Var}(\zeta_k(j))}}\exp\left(-\frac{(r(j)-(\pm h_k+E(\zeta_k(j))))^2}{2\text{Var}(\zeta_k(j))}\right) \tag{2.20}$$

将式(2.20)代入式(2.5),可得

$$\begin{aligned} e_{\mathrm{ESE}}(x_k(j)) &= \log\left(\frac{P(r(j)\mid x_k(j)=+1,\mathrm{h})}{P(r(j)\mid x_k(j)=-1,\mathrm{h})}\right) \\ &= \log\left(\frac{\exp\left(-\frac{(r(j)-E(\zeta_k(j))-h_k)^2}{2\mathrm{Var}(\zeta_k(j))}\right)}{\sqrt{2\pi\mathrm{Var}(\zeta_k(j))}}\right) \\ &\quad -\log\left(\frac{\exp\left(-\frac{(r(j)-E(\zeta_k(j))+h_k)^2}{2\mathrm{Var}(\zeta_k(j))}\right)}{\sqrt{2\pi\mathrm{Var}(\zeta_k(j))}}\right) \end{aligned} \tag{2.21}$$

简化后可得

$$e_{\mathrm{ESE}}(x_k(j)) = 2h_k\frac{r(j)-E(r(j))+h_kE(x_k(j))}{\mathrm{Var}(r(j))-|h_k|^2\mathrm{Var}(x_k(j))} = 2h_k\frac{r(j)-E(\zeta_k(j))}{\mathrm{Var}(\zeta_k(j))} \tag{2.22}$$

所以 ESE 模块的计算过程可归纳如下,即

$$E(r(j)) = \sum_k h_kE(x_k(j)) \tag{2.23}$$

$$\mathrm{Var}(r(j)) = \sum_k |h_k|^2\mathrm{Var}(x_k(j)) + \sigma^2 \tag{2.24}$$

$$E(\zeta_k(j)) = E(r(j)) - h_kE(x_k(j)) \tag{2.25}$$

$$\mathrm{Var}(\zeta_k(j)) = \mathrm{Var}(r(j)) - |h_k|^2\mathrm{Var}(x_k(j)) \tag{2.26}$$

$$e_{\mathrm{ESE}}(x_k(j)) = 2h_k\frac{r(j)-E(\zeta_k(j))}{\mathrm{Var}(\zeta_k(j))} \tag{2.27}$$

ESE 计算出的外信息$\{e_{\mathrm{ESE}}(x_k(j))\}$经过解交织送入 DEC 中,如图 2.2 所示,作为 DEC 的先验对数似然比$\{\tilde{l}_{\mathrm{DEC}}(c_k(j))\}$,DEC 接着按照标准的 APP 算法进行译码。上述讨论针对单径信道得到结论,对于多径环境下的算法将在下一节讨论。

## 2.3　多径信道下的迭代检测算法

### 2.3.1　实多径信道下的算法

总的来说,准静态实多径信道下的迭代检测算法与单径信道条件下类似。由于 IDMA 的迭代检测算法主要体现在 ESE 的算法,所以下面将集中讨论如何产生$e_{\mathrm{ESE}}(x_k(j))$。考虑由 $K$ 个用户组成的多址接入系统。信道记忆长度为 $L$,$\{h_{k,0}, h_{k,1},\cdots,h_{k,L-1}\}$是第 $k$ 个用户的信道系数,经过匹配滤波与抽样后,接收信号可写为

$$r(j) = \sum_{k=1}^{K}\sum_{l=0}^{L-1}h_{k,l}x(j-l)+n(j),\quad j=1,2,\cdots,J+K-1 \tag{2.28}$$

可进一步写为

$$r(j+l)=h_{k,l}x_k(j)+\zeta_{k,l}(j), \quad j=1,2,\cdots,J \tag{2.29}$$

$$\zeta_{k,l}(j)=r(j+l)-h_{k,l}x_k(j) \tag{2.30}$$

比较式(2.29) 和式(2.1) ,二者具有相同的表达形式,所以由单径条件下的表达式可直接有

$$E(r(j)) = \sum_{k,l} h_{k,l} E(x_k(j-l)) \tag{2.31}$$

$$\mathrm{Var}(r(j)) = \sum_{k,l} |h_{k,l}|^2 \mathrm{Var}(x_k(j-l)) + \sigma^2 \tag{2.32}$$

$$E(\zeta_{k,l}(j))=E(r(j+l))-h_{k,l}E(x_k(j)) \tag{2.33}$$

$$\mathrm{Var}(\zeta_{k,l}(j))=\mathrm{Var}(r(j+l))-|h_{k,l}|^2\mathrm{Var}(x_k(j)) \tag{2.34}$$

可以看出式(2.31)～式(2.34) 是针对第 $k$ 个用户的第 $j$ 个比特的第 $l$ 条径而言的,其相应的外信息为

$$e_{\mathrm{ESE}}(x_k(j))_l=2h_{k,l}\frac{r(j+l)-E(\zeta_{k,l}(j))}{\mathrm{Var}(\zeta_{k,l}(j))} \tag{2.35}$$

根据式(2.35)可以得到 ESE 计算的第 $j$ 个比特的外信息为

$$e_{\mathrm{ESE}}(x_k(j)) \approx \sum_{l=0}^{L-1} e_{\mathrm{ESE}}(x_k(j))_l \tag{2.36}$$

在信道记忆长度为 $L$ 的多径信道下,$x_k(j)$的信息包含于连续的 $L$ 个 $r(j)$中,即$\{r(j),r(j+1),\cdots,r(j+L-1)\}$中。对于连续的 $L$ 个 $r(j)$中相对于 $x_k(j)$的干扰,即 $\zeta_{k,0}(j),\zeta_{k,1}(j),\cdots,\zeta_{k,L-1}(j)$,由中心极限定理可近似认为是弱相关的。因此,$x_k(j)$的对数似然比信息可以直接按式(2.36),将 $L$ 条径的对数似然比信息直接相加。称这种方法为对数似然比合并(LLR combing,LLRC)。LLRC 表示在 IDMA 系统中可以不作帧同步,因为非同步帧可以看作是不同的多径延迟。

需要指出的是,由于 $\zeta_{k,0}(j),\zeta_{k,1}(j),\cdots,\zeta_{k,L-1}(j)$之间的弱相关性,所以在后来的表达式中作了近似处理,而式(2.36)也仅仅是个近似。正是由于这种近似,可以极大地简化计算复杂度。其复杂度只是单径条件下的 $L$ 倍,即 $O(L)$。对于常用的用于处理多径情况的最大比合并(maximal ratio combing,MRC)算法,接收到的信号 $r(j)$要先通过 $K$ 个 MRC 滤波器,而每个滤波器含有 $L$ 个抽头。并且还需要在 MRC 之后计算干扰方差。因此,在方差可以正确计算的情况下,其算法复杂度为 $O(LK)$。文献[15]对 MRC 采用了近似处理,其复杂度为 $O(L)$,性能与 MRC 相似。不过这两种方法在高码率 $C$ 的情况下性能都不好[16]。对于用户数较多或高码率,联合高斯合并(joint Gaussian combing,JGC)算法由于考虑了 $\zeta_{k,0}(j),\zeta_{k,1}(j),\cdots,\zeta_{k,L-1}(j)$之间的相关性,其性能表现优良,但是其算法复杂度为 $O(L^2)$。所以,文献[16]提出了混合合并策略,在低码率情况下采用 LLRC 方法,在高码率情况下,采用 JGC 方法。

### 2.3.2　复数信道下的算法

在讨论了实数单径和实数多径两种情况后，我们可以推广到更一般的情况，即复数信道。考虑使用四相正交相移键控(quadrature-phase-shift-key，QPSK)。以上标“Re”和“Im”或者“Re()”和“Im()”分别表示实部和虚部。发射信号可以表示为

$$x_k(j)=x_k^{\mathrm{Re}}(j)+\mathrm{i}x_k^{\mathrm{Im}}(j) \tag{2.37}$$

其中，$x_k^{\mathrm{Re}}(j)$和$x_k^{\mathrm{Im}}(j)$是来自$c_k$的两个比特；$x_k(j)$为码片，此时的一个码片含有两比特的信息。

考虑多径情况，那么此时的信道系数可写为

$$h_{k,l}=h_{k,l}^{\mathrm{Re}}+\mathrm{i}h_{k,l}^{\mathrm{Im}} \tag{2.38}$$

同样，接收信号经过匹配滤波和抽样后可写为

$$\begin{aligned} r(j) = &\sum_{k,l}(h_{k,l}^{\mathrm{Re}}x_k^{\mathrm{Re}}(j-l)-h_{k,l}^{\mathrm{Im}}x_k^{\mathrm{Im}}(j-l)) \\ &+\mathrm{i}\sum_{k,l}(h_{k,l}^{\mathrm{Re}}x_k^{\mathrm{Im}}(j-l)-h_{k,l}^{\mathrm{Im}}x_k^{\mathrm{Re}}(j-l)) \end{aligned} \tag{2.39}$$

同样，$\{n(j)\}$为虚部和实部方差$\sigma^2$为$N_0/2$的复高斯白噪声过程的采样值；$\overline{h_{k,l}}$为$h_{k,l}$的共轭，那么由$h_{k,l}$引入$r(j)$的相位旋转可以通过乘以$\overline{h_{k,l}}$消除。因此，$\overline{h_{k,l}}r(j+l)$中没有相位偏移量，即$\mathrm{Im}(\overline{h_{k,l}}r(j+l))$不是$x_k^{\mathrm{Re}}(j)$的函数。所以，在检测$x_k^{\mathrm{Re}}(j)$时，只需要如下表达式，即

$$\mathrm{Re}(\overline{h_{k,l}}r(j+l))=|h_{k,l}|^2x_k^{\mathrm{Re}}(j)+\mathrm{Re}(\overline{h_{k,l}}\zeta_{k,l}(j)) \tag{2.40}$$

可直接有以下表达式

$$E(r^{\mathrm{Re}}(j))=\sum_{k,l}h_{k,l}^{\mathrm{Re}}E(x_k^{\mathrm{Re}}(j-l))-h_{k,l}^{\mathrm{Im}}E(x_k^{\mathrm{Im}}(j-l)) \tag{2.41}$$

$$E(r^{\mathrm{Im}}(j))=\sum_{k,l}h_{k,l}^{\mathrm{Re}}E(x_k^{\mathrm{Im}}(j-l))-h_{k,l}^{\mathrm{Im}}E(x_k^{\mathrm{Re}}(j-l)) \tag{2.42}$$

$$\begin{aligned} \mathrm{Var}(r^{\mathrm{Re}}(j)) = &\sum_{k,l}(h_{k,l}^{\mathrm{Re}})^2\mathrm{Var}(x_k^{\mathrm{Re}}(j-l)) \\ &+\sum_{k,l}(h_{k,l}^{\mathrm{Im}})^2\mathrm{Var}(x_k^{\mathrm{Im}}(j-l))+\sigma^2 \end{aligned} \tag{2.43}$$

$$\mathrm{Var}(r^{\mathrm{Im}}(j))=\sum_{k,l}(h_{k,l}^{\mathrm{Im}})^2\mathrm{Var}(x_k^{\mathrm{Re}}(j-l))+\sum_{k,l}(h_{k,l}^{\mathrm{Re}})^2\mathrm{Var}(x_k^{\mathrm{Im}}(j-l))+\sigma^2 \tag{2.44}$$

$$E(\mathrm{Re}(\overline{h_{k,l}}\zeta_{k,l}(j)))=h_{k,l}^{\mathrm{Re}}E(r^{\mathrm{Re}}(j+l))+h_{k,l}^{\mathrm{Im}}E(r^{\mathrm{Im}}(j+l))-|h_{k,l}|^2E(x_k^{\mathrm{Re}}(j)) \tag{2.45}$$

对式(2.40)，同时取方差运算有

$$\mathrm{Var}(\mathrm{Re}(\overline{h_{k,l}}r(j+l)))=|h_{k,l}|^4x_k^{\mathrm{Re}}(j)+\mathrm{Var}(\mathrm{Re}(\overline{h_{k,l}}\zeta_{k,l}(j))) \tag{2.46}$$

由式(2.39)有

$$
\begin{aligned}
&\mathrm{Re}(\overline{h_{k,l}}r(j+l)) \\
&= h_{k,l}^{\mathrm{Re}}r^{\mathrm{Re}}(j+l) + h_{k,l}^{\mathrm{Im}}r^{\mathrm{Im}}(j+l) \\
&= h_{k,l}^{\mathrm{Re}}\Big(\sum_{k',l'}(h_{k',l'}^{\mathrm{Re}}x_{k'}^{\mathrm{Re}}(j+l-l') - h_{k',l'}^{\mathrm{Im}}x_{k'}^{\mathrm{Im}}(j+l-l'))\Big) \\
&\quad + h_{k,l}^{\mathrm{Im}}\Big(\sum_{k',l'}(h_{k',l'}^{\mathrm{Im}}x_{k'}^{\mathrm{Re}}(j+l-l') - h_{k',l'}^{\mathrm{Re}}x_{k'}^{\mathrm{Im}}(j+l-l'))\Big) \\
&\quad + \mathrm{Re}(\overline{h_{k,l}}n(j+l)) \\
&= \sum_{k',l'}(h_{k,l}^{\mathrm{Re}}h_{k',l'}^{\mathrm{Re}} + h_{k,l}^{\mathrm{Im}}h_{k',l'}^{\mathrm{Im}})x_{k'}^{\mathrm{Re}}(j+l-l') \\
&\quad + \sum_{k',l'}(-h_{k,l}^{\mathrm{Re}}h_{k',l'}^{\mathrm{Im}} + h_{k,l}^{\mathrm{Im}}h_{k',l'}^{\mathrm{Re}})x_{k'}^{\mathrm{Im}}(j+l-l') \\
&\quad + \mathrm{Re}(\overline{h_{k,l}}n(j+l))
\end{aligned}
\tag{2.47}
$$

$$
\begin{aligned}
\mathrm{Var}(\mathrm{Re}(\overline{h_{k,l}}r(j+l))) &= \sum_{k',l'}(h_{k,l}^{\mathrm{Re}}h_{k',l'}^{\mathrm{Re}} + h_{k,l}^{\mathrm{Im}}h_{k',l'}^{\mathrm{Im}})^2\mathrm{Var}(x_{k'}^{\mathrm{Re}}(j+l-l')) \\
&\quad + \sum_{k',l'}(-h_{k,l}^{\mathrm{Re}}h_{k',l'}^{\mathrm{Im}} + h_{k,l}^{\mathrm{Im}}h_{k',l'}^{\mathrm{Re}})^2\mathrm{Var}(x_{k'}^{\mathrm{Im}}(j+l-l')) \\
&\quad + |h_{k,l}|^2\sigma^2 \\
&= (h_{k,l}^{\mathrm{Re}})^2\sum_{k',l'}((h_{k',l'}^{\mathrm{Re}})^2\mathrm{Var}(x_{k'}^{\mathrm{Re}}(j+l-l')) \\
&\quad + (h_{k',l'}^{\mathrm{Im}})^2\mathrm{Var}(x_{k'}^{\mathrm{Im}}(j+l-l'))) \\
&\quad + (h_{k,l}^{\mathrm{Im}})^2\sum_{k',l'}((h_{k',l'}^{\mathrm{Im}})^2\mathrm{Var}(x_{k'}^{\mathrm{Re}}(j+l-l')) \\
&\quad + (h_{k',l'}^{\mathrm{Re}})^2\mathrm{Var}(x_{k'}^{\mathrm{Im}}(j+l-l'))) \\
&\quad + 2h_{k,l}^{\mathrm{Re}}h_{k,l}^{\mathrm{Im}}\sum_{k',l'}h_{k',l'}^{\mathrm{Re}}h_{k',l'}^{\mathrm{Im}}(\mathrm{Var}(x_{k'}^{\mathrm{Re}}(j+l-l')) \\
&\quad - \mathrm{Var}(x_{k'}^{\mathrm{Im}}(j+l-l')) + ((h_{k,l}^{\mathrm{Re}})^2 + (h_{k,l}^{\mathrm{Im}})^2)^2
\end{aligned}
\tag{2.48}
$$

定义 $\psi(j)$如下，即

$$
\psi(j) = \sum_{k,l}h_{k,l}^{\mathrm{Re}}h_{k,l}^{\mathrm{Im}}(\mathrm{Var}(x_k^{\mathrm{Re}}(j-l)) - \mathrm{Var}(x_k^{\mathrm{Im}}(j-l)))
\tag{2.49}
$$

将式(2.43)，式(2.44)和式(2.49)代入式(2.48)，有

$$
\begin{aligned}
\mathrm{Var}(\mathrm{Re}(\overline{h_{k,l}}r(j+l))) &= (h_{k,l}^{\mathrm{Re}})^2\mathrm{Var}(r^{\mathrm{Re}}(j+l)) + (h_{k,l}^{\mathrm{Im}})^2\mathrm{Var}(r^{\mathrm{Im}}(j+l)) \\
&\quad + 2h_{k,l}^{\mathrm{Re}}h_{k,l}^{\mathrm{Im}}\psi(j+l) - |h_{k,l}|^4\mathrm{Var}(x_k^{\mathrm{Re}}(j))
\end{aligned}
\tag{2.50}
$$

类似实多径情况下的算法，可得

$$
e_{\mathrm{ESE}}(x_k^{\mathrm{Re}}(j))_l = 2\,|h_{k,l}|^2\,\frac{\mathrm{Re}(\overline{h_{k,l}}r(j+l)) - E(\mathrm{Re}(\overline{h_{k,l}}\zeta_{k,l}(j)))}{\mathrm{Var}(\mathrm{Re}(\overline{h_{k,l}}r(j+l)))}
\tag{2.51}
$$

经过 LLRC 合并，可得 ESE 产生的外信息，即

$$
e_{\mathrm{ESE}}(x_k^{\mathrm{Re}}(j)) = \sum_{l=0}^{L-1}e_{\mathrm{ESE}}(x_k^{\mathrm{Re}}(j))_l
\tag{2.52}
$$

可以证明，$\psi(j)$是 $r^{\mathrm{Re}}(j)$和 $r^{\mathrm{Im}}(j)$的协方差。引入 $\psi(j)$是因为它可以被所有用户

共用,因此可以节约资源。由于每个码片中有两个比特,所以 $\psi(j)$ 对于单一用户的单个比特只消耗 $L$ 次乘法和 $L/2$ 次加法。如果忽略 $\psi(j)$ 消耗的资源,那么复信道条件下的算法复杂度只是实多径信道情况下的两倍。如果考虑 $\psi(j)$ 的消耗,其复杂度也只是轻微的有所上升,但同样也是 $O(L)$。

对于 $x_k^{\mathrm{Im}}(j)$,也可以由 $\mathrm{Im}(\overline{h_{k,l}}r(j+l))$ 得到。其过程类似于由 $\mathrm{Re}(\overline{h_{k,l}}r(j+l))$ 计算 $x_k^{\mathrm{Re}}(j)$。需要注意的是,虽然 $\mathrm{Im}(\overline{h_{k,l}}r(j+l))$ 中不包含 $x_k^{\mathrm{Re}}(j)$,$\mathrm{Re}(\overline{h_{k,l}}r(j+l))$ 中不包含 $x_k^{\mathrm{Im}}(j)$,由式(2.40)~式(2.52)知,在译码过程中只单独考虑 $x_k^{\mathrm{Re}}(j)$ 和 $x_k^{\mathrm{Im}}(j)$,但是在迭代计算时,却需要将 $x_k^{\mathrm{Re}}(j)$ 和 $x_k^{\mathrm{Im}}(j)$ 并行计算,并行更新。

## 2.4 IDMA 系统的性能评估

在分析 CDMA 的多用户检测性能时,常常需要知道扩频序列之间的相关特性。这是一个很复杂的问题,一般采用大规模的随机矩阵理论来处理。由于 IDMA 中没有扩频序列,因此需要引入新的方法以评估 IDMA 系统的性能。文献[2],[17]引入了信噪比演进的方法,该方法极大地简化了多用户检测性能的分析过程。下面采用这种简单有效的方法进行 IDMA 系统的性能评估。这里只讨论单径和复数多径环境下的性能,而实多径可以理解为复数多径情况下的特例。

### 2.4.1 单径信道下 IDMA 系统的性能评估

可以将式(2.26)中的 $\mathrm{Var}(\zeta_k(j))$ 近似的表示为

$$\mathrm{Var}(\zeta_k(j)) \approx V_{\zeta_k} \equiv \sum_{k' \neq k} |h_{k'}|^2 V_{x_{k'}} + \sigma^2 \tag{2.53}$$

$$V_{x_k} \equiv \frac{1}{J} \times \sum_{j=1}^{J} \mathrm{Var}(x_k(j)) \tag{2.54}$$

其中,$\mathrm{Var}(x_k(j))$ 是由 $e_{\mathrm{DEC}}(x_k(j))$ 反馈得到;$V_{x_k}$ 和 $V_{\zeta_k}$ 分别是 $\mathrm{Var}(x_k(j))$ 和 $\mathrm{Var}(\zeta_k(j))$ 的算术平均。

将式(2.53)代入式(2.27),可得

$$e_{\mathrm{ESE}}(x_k(j)) = \frac{2h_k}{V_{\zeta_k}}(h_k x_k(j) + \zeta_k(j) - E(\zeta_k(j))) \tag{2.55}$$

可以看到,式(2.55)同式(2.27)相比,$\mathrm{Var}(\zeta_k(j))$ 中关于 $\zeta_k(j)$ 的信息比 $V_{\zeta_k}$ 多,所以实际上式(2.55)会有性能上的损失,但是这种近似可以大大的简化后续的分析过程。

在式(2.55)中,$h_k x_k(j)$ 和 $\zeta_k(j) - E(\zeta_k(j))$ 分别表示 $e_{\mathrm{ESE}}(x_k(j))$ 中的信号和噪声。由于 $x_k(j) = \pm 1$,因此信号功率可写为

$$E(|h_k x_k(j)|^2) = |h_k|^2 \tag{2.56}$$

而噪声功率由式(2.53)可以近似写为

$$E(|\zeta_k(j)-E(\zeta_k(j))|^2)\approx V_{\zeta_k} \tag{2.57}$$

系数 $2h_k/V_{\zeta_k}$ 是常数因子，它不影响信噪比(signal to noise ratio，SNA)的大小。$e_{\mathrm{ESE}}(x_k(j))$中的第 $j$ 比特的 SNR 表示为 $\mathrm{SNR}_k$，因此 $\mathrm{SNR}_k$ 可以表示为

$$\mathrm{SNR}_k=\frac{E(|h_k x_k(j)|^2)}{V_{\zeta_k}}=\frac{|h_k|^2}{\sum_{k'}|h_{k'}|^2 V_{x_{k'}}-|h_k|^2 V_{x_k}+\sigma^2} \tag{2.58}$$

又由于 $e_{\mathrm{ESE}}(x_k(j))$经过解交织后，送入 DEC 做 APP 译码运算，送出的外信息再经过交织器可得到 $e_{\mathrm{DEC}}(x_k(j))$，并且由式(2.12)和式(2.13)可以看出 $\mathrm{SNR}_k$ 同 $V_{x_k}$ 存在函数关系，即

$$V_{x_k}=f(\mathrm{SNR}_k) \tag{2.59}$$

一般来讲，$f(\cdot)$没有严格的显示表达式，但是可以通过蒙特卡罗逼近的方法得到二者的曲线[2,17]。同样，可以得到 DEC 中的 BER 也是 $\mathrm{SNR}_k$ 的一个函数，即

$$\mathrm{BER}=g(\mathrm{SNR}_k) \tag{2.60}$$

将式(2.59)代入式(2.58)中有

$$\mathrm{SNR}_{k\_\mathrm{new}}=\frac{|h_k|^2}{\sum_{k'}|h_{k'}|^2 f(\mathrm{SNR}_{k'\_\mathrm{old}})-|h_k|^2 f(\mathrm{SNR}_{k\_\mathrm{old}})+\sigma^2} \tag{2.61}$$

其中，$\mathrm{SNR}_{k_\mathrm{old}}$和 $\mathrm{SNR}_{k_\mathrm{new}}$分别代表 $\mathrm{SNR}_k$ 迭代更新前后的值。

第一次迭代时，初始化条件为

$$f(\mathrm{SNR}_{k\_\mathrm{old}})=1 \tag{2.62}$$

式(2.62)与式(2.12)和式(2.13)的初始条件等价，即在第一次迭代时没有信息从 DEC 反馈到 ESE。在迭代更新过程中可以跟踪 $\mathrm{SNR}_k$ 的演进过程，以及 $\mathrm{Var}(x_k(j))$和 BER 的相应变化。

### 2.4.2　多径信道下 IDMA 系统的性能评估

现在考虑复多径信道下的情况。由于采用的是 QPSK 调制，所以 $x_k(j)$在实部和虚部上分别包含一个码字比特。因此，式(2.54)中的 $V_{x_k}$ 可以改写为

$$V_{x_k}\equiv\frac{1}{2J}\times\sum_{j=1}^{J}(\mathrm{Var}(x_k^{\mathrm{Re}}(j))+\mathrm{Var}(x_k^{\mathrm{Im}}(j))) \tag{2.63}$$

类似于式(2.53)，可以有以下的近似处理，即

$$\mathrm{Var}(x_k^{\mathrm{Re}}(j))\approx\mathrm{Var}(x_k^{\mathrm{Im}}(j))\approx V_{x_k} \tag{2.64}$$

在式(2.43)～式(2.50)中，用 $V_{x_k}$ 代替 $\mathrm{Var}(x_k^{\mathrm{Re}}(j))$和 $\mathrm{Var}(x_k^{\mathrm{Im}}(j))$可得

$$V_{\zeta_{k,l}}=|h_{k,l}|^2\sum_{k',l'}|h_{k',l'}|^2 V_{x_{k'}}-|h_{k,l}|^4 V_{x_k}+|h_{k,l}|^2\sigma^2 \tag{2.65}$$

将其代入式(2.51)中有

$$e_{\mathrm{ESE}}(x_k^{\mathrm{Re}}(j))_l=2\frac{|h_{k,l}|^2}{V_{\zeta_{k,l}}}(|h_{k,l}|^2x_k^{\mathrm{Re}}(j)+\mathrm{Re}(\overline{h_{k,l}}\zeta_{k,l}(j))-E(\mathrm{Re}(\overline{h_{k,l}}\zeta_{k,l}(j)))) \tag{2.66}$$

同样,可近似的有

$$E(|\mathrm{Re}(\overline{h_{k,l}}\zeta_{k,l}(j))-E(\mathrm{Re}(\overline{h_{k,l}}\zeta_{k,l}(j)))|^2)\approx V_{\zeta_{k,l}} \tag{2.67}$$

所以,可以得到 $e_{\mathrm{ESE}}(x_k^{\mathrm{Re}}(j))_l$ 中的SNR,以 $\mathrm{SNR}_{k,l}$ 表示

$$\begin{aligned}\mathrm{SNR}_{k,l}&=\frac{E((|h_{k,l}|^2x_k^{\mathrm{Re}}(j))^2)}{V_{\zeta_{k,l}}}\\&=\frac{|h_{k,l}|^2}{\sum\limits_{k',l'}|h_{k',l'}|^2V_{x_{k'}}-|h_{k,l}|^2V_{x_k}+\sigma^2}\end{aligned} \tag{2.68}$$

将式(2.66)代入式(2.52)中有

$$e_{\mathrm{ESE}}(x_k^{\mathrm{Re}}(j))=2\sum_l\frac{|h_{k,l}|^2}{V_{\zeta_{k,l}}}(|h_{k,l}|^2x_k^{\mathrm{Re}}(j)+\mathrm{Re}(\overline{h_{k,l}}\zeta_{k,l}(j))-E(\mathrm{Re}(\overline{h_{k,l}}\zeta_{k,l}(j)))) \tag{2.69}$$

同样,可以将 $|h_{k,l}|^2x_k^{\mathrm{Re}}(j)$ 和 $\mathrm{Re}(\overline{h_{k,l}}\zeta_{k,l}(j))-E(\mathrm{Re}(\overline{h_{k,l}}\zeta_{k,l}(j)))$ 分别视为 $e_{\mathrm{ESE}}(x_k^{\mathrm{Re}}(j))_l$ 中的信号和噪声。$e_{\mathrm{ESE}}(x_k^{\mathrm{Re}}(j))_l$ 的信噪比可以由 $\mathrm{SNR}_{k,l}$ 给出。因此,除去乘上的常数因子2,$e_{\mathrm{ESE}}(x_k^{\mathrm{Re}}(j))$ 可以看成是一个由 $L$ 个独立信号 $\{|h_{k,l}|^2x_k^{\mathrm{Re}}(j)+\mathrm{Re}(\overline{h_{k,l}}\zeta_{k,l}(j))-E(\mathrm{Re}(\overline{h_{k,l}}\zeta_{k,l}(j))),l=0,1,\cdots,L-1\}$ 组成的一个最大比合并。因此,总的信噪比 $\mathrm{SNR}_k$ 可写为

$$\mathrm{SNR}_k=\sum_l\mathrm{SNR}_{k,l} \tag{2.70}$$

迭代过程中的 $\mathrm{SNR}_k$ 更新式为

$$\mathrm{SNR}_{k\_\mathrm{new}}=\sum_l\frac{|h_{k,l}|^2}{\sum\limits_{k',l'}|h_{k',l'}|^2f(\mathrm{SNR}_{k'\_\mathrm{old}})-|h_{k,l}|^2f(\mathrm{SNR}_{k'\_\mathrm{old}})+\sigma^2} \tag{2.71}$$

在AWGN信道情况下,文献[2],[17]表明随着SNR的升高,$V_{x_k}$ 和BER都会单调降低。

## 2.5 小　结

本章主要讨论了IDMA系统的基本工作原理,可以发现IDMA在迭代多用户检测的复杂度方面确实具有独特的优势。但IDMA是一项新技术,其理论研究及应用还有待完善,其中比较典型的有IDMA系统迭代检测的收敛速度问题以及用

户端设备的复杂度问题和安全性问题。上述问题可以归结为对多址干扰、共道干扰和码间干扰的抗干扰问题，即如何有效地对各种干扰进行抑制或消除。为此，下一章将对时间反转的抗干扰技术加以介绍，同时给出TDR-IDMA传输体制的基本原理及评估机制。

## 参考文献


[1] Li P, Liu L H, Leung W K. A simple approach to near-optimal multiuser detection: interleave-division multiple-access//IEEE International Conference on Wireless Communications and Networking, IEEE, 2003: 391-396.

[2] Li P, Liu L H, Wu K Y, et al. Interleave-division multiple-access. IEEE Transactions on Wireless Communications, 2006, 5(4): 938-947.

[3] Li P, Liu L H, Wu K Y, et al. Approaching the capacity of multiple access channels using interleaved low-rate codes. IEEE Communications Letters, 2004, 8(1): 4-6.

[4] Leung W K, Liu L H, Li P. Interleaving-based multiple access and iterative chip-by-chip multi-user detection. IEICE Transactions on Communications, 2003, E86-B: 3634-3637.

[5] Gearhart W B, Koshy M. Acceleration schemes for the method of alternating projections. Journal of Computational and Applied Mathematics, 1989, 26(2): 235-249.

[6] Moher M, Guinand P. An iterative algorithm for asynchronous coded multi-user detection. IEEE Communication Letters, 1998, 2(1): 229-231.

[7] Wang X, Poor H V. Iterative (turbo) soft interference cancellation and decoding for coded CDMA. IEEE Transactions on Communications, 1999, 47(7): 1046-1061.

[8] Mahadevappa R H, Proakis J G. Mitigating multiple access interference and intersymbol interference in uncoded CDMA systems with chip-level interleaving. IEEE Transactions on Wireless Communications, 2002, 1(4): 781-792.

[9] Artes H, Hlawatsch F. Fast iterative decoding of linear dispersion codes for unknown mimo channels//Proc. 36th Asilomar Conf. Signals, Systems, Computers, Pacific Grove (CA), IEEE, 2002: 284-288.

[10] Boutros J, Carie G. Iterative multi-user joint decoding: unified framework and asymptotic analysis. IEEE Transactions on Information Theory, 2002, 50(9): 1772-1793.

[11] Li J Q, Letaief K B, Cao Z Q. Reduced-complexity MAP-based Iterative multiuser detection for coded multicarrier CDMA systems. IEEE Transactions on Communications, 2004, 52(11): 1909-1915.

[12] Wang R S, Li H B, Robust. Multiuser detection for multi-carrier CDMA//Proceedings of the 2006 IEEE International Conference on Networking, Sensing and Control, IEEE, 2006: 463-467.

[13] Viterbi A J. Very low rate convolutiona codes for maximum theoretical performance of spread spectrum multiple-access channels. IEEE Journal on Selected Areas in Communications, 1990, 8(4): 641-649.

[14] Verdus S. Spectral efficiency of CDMA with random spreading. IEEE Transactions on Information Theory，1999，45(2)：622-640.

[15] Reed M C，Alexander P D. Iterative multi-user detection using antenna arrays and FEC on multi-path channels. IEEE Journal on Selected Areas in Communications，1999，17(1)：2082-2089.

[16] Liu L，Leung W K，Li P. Simple chip-by-chip multi-user detection for CDMA systems//Proceedings IEEE VTC'2003-Spring，2003：2157-2161.

[17] Li P，Liu L. Analysis and design of IDMA systems based on SNR evolution and power allocation//Proceedings IEEE VTC 2004-Fall，IEEE，2004：1068-1072.

# 第三章　TDR-IDMA 传输检测技术

TDR-IDMA 传输检测方法能有效地解决 IDMA 迭代多用户检测的收敛速度随用户数增长而减慢的问题，以及用户端接收设备复杂度比较高的问题。TDR-IDMA 传输检测方法通过上行链路时分双工获得信道冲激响应的时间反转，基站接收机利用信道冲激响应的时间反转预处理接收信号。借助于时间反转处理的空间和时间压缩特性以及不同用户信道冲激响应间的弱相关性和同一用户不同路径间的弱相关性，经过预处理，IDMA 迭代多用户检测的初始信干噪比远高于传统 IDMA 的初始信干噪比。从而加快了 IDMA 迭代多用户检测的收敛速度，有效解决了 IDMA 迭代多用户检测的速度瓶颈问题。同时，下行链路通过时分双工获得信道冲激响应，基站发射端利用信道冲激响应的时间反转预处理发射信号。在时间反转及多输入单输出技术作用下，利用不同用户信道冲激响应之间的弱相关性以及时间反转处理的空间和时间压缩特性，削弱多用户干扰、共道干扰和符号间干扰。从而使用户接收端只需一个简单的单径接收机就可完成信号的检测，避免了复杂的逐码片迭代多用户检测，同时将信道估计器也从用户端转移到基站端，进而使用户端接收设备复杂度大大简化。本章将对 TDR-IDMA 传输检测方法的基本原理及性能评估进行相关的探讨和介绍。

## 3.1　时间反转技术

### 3.1.1　无线通信系统中的常见干扰及抗干扰措施

无线通信系统由于自身的特点，其传播环境相当复杂，常常遭受各种干扰的影响，其中比较典型的有多址干扰、共道干扰和码间干扰等。为了提高无线通信系统信息传输的可靠性，对抗和减少这些由不同机理产生的有害干扰的影响，人们提出各种通信抗干扰抑制技术，保护通信系统在干扰环境下能准确、实时和不间断地传输信息，其中比较典型的有以下三类技术。

① 频域干扰抑制技术，如直接序列扩频通信和跳频通信。

② 时域干扰抑制技术，如自适应时变和处理技术。

③ 空域干扰抑制技术，如自适应天线调零技术。

除了上述三类干扰抑制技术单独使用外，将其进行组合而演变出多种干扰抑制技术，如空域和时域相结合的技术、空域与跳频相结合的技术等。直接序列扩频通信和跳频通信是抗干扰通信中最关键的技术，但直接序列扩频通信存在明显的远近效应。对此,需要在系统中采用自动功率控制以保证远端和近端电台到达接收机的有用信号是同等功率的。这一点,增加了系统在移动通信环境中应用的复杂性。系统的处理增益受限于码片速率和信源的比特率,即码片速率的提高和信源比特率的下降都存在困难。处理增益受限,意味着抗干扰能力受限,多址能力受限。而跳频通信是战术通信抗干扰技术中应用最广泛、最有效的技术,但信号的隐蔽性差,跳频系统抗多频干扰及跟踪式干扰能力有限,快速跳频器的速度受限。

CDMA 技术是第三代移动通信系统(3G)的核心技术,得到了广泛的应用。目前在 3G 系统中采用的是直接序列扩频技术,这种 DS-CDMA 系统在实际应用中并没有完全发挥出 CDMA 在容量上的潜在优势。在直接序列扩频通信系统中,由于多个用户的随机接入,各个用户使用的扩频码一般不能保证严格正交,且与用户间也很难做到严格同步,从而使非零互相关系数引起各用户间的相互干扰,这种干扰我们称为多址干扰(MAI)[1,2]。多址干扰严重影响了接收性能与系统容量,在 DS-CDMA 系统的接收端,通常应用匹配滤波器来尽量减少多址干扰。随着 CDMA 系统容量的扩大,问题日益严重,影响到 3G 及未来移动通信系统容量及频谱利用效率的进一步提高。因此,多用户检测技术成为当前和未来移动通信的关键问题之一。近几年来,为了消除这种干扰,许多研究人员对迭代多用户检测进行了广泛的研究。2002 年,香港城市大学的研究人员提出了交织多址,在 IDMA 系统中,交织器作为区分用户的唯一手段,对不同的用户采用不同的交织图案。在逐码片迭代多用户检测的作用下进行软干扰抵消,从而实现抑制或消除 MAI。但是,IDMA 迭代多用户检测的收敛速度随着用户数的增加变得非常缓慢,这不利于高速数据传输,成为 IDMA 迭代多用户检测的速度瓶颈。

此外,在无线通信系统中,各种物体对传输信号的反射导致了多径传播,由于不同传播路径具有不同的、随机的延迟特性,因而信号到达的时间就不一致,这样使发射端发射的一个脉冲信号,在接收端接收的信号中不仅包含该脉冲,而且还包含各个时延信号,产生码间干扰(ISI)。ISI 是无线通信系统设计必须考虑的问题,特别是高速传输的环境中。消除 ISI 的典型手段有信道均衡技术和正交频分复用(OFDM)技术等。其中信道均衡的复杂度随归一化信道色散长度 $L$($L$=最大多径时延/符号周期)的增加而增加,当数据速率较低时,$L$ 较小,均衡器的实现是可行的;当数据速率较高时,$L$ 较大,均衡器将变得复杂而难以实现。多载波传输技术是解决上述问题的途径之一,其中又以 OFDM 最为常用。但在 OFDM 中,由于信道的多径扩展,OFDM 信号的各个子载波在接收端不再正交,产生 ISI 和 CCI。解决多径扩展的一个有效办法就是在 OFDM 符号中加入足够宽的时间保护间隔,以全部或部分消除 ISI 的影响,但随之而来的就是数据速率的降低。

对来自不同网络但与感兴趣信号工作在相同频带的信号所产生的干扰通常称为共道干扰(CCI)。例如,蜂窝移动通信系统中来自相邻蜂窝的干扰,这是蜂窝系统中使用 FDMA 的主要限制，也是第二代系统中不使用 FDMA 的主要原因。目前比较典型的抑制的技术手段是智能天线[3,4]。

针对上述的三种干扰的抑制，为了应对不同的干扰常常要将多种技术有机结合，但会使系统的复杂度大增，不利于设备的简化及成本的降低。时间反转技术作为一种具有空间信道匹配功能的新技术，充分利用信道状态信息来抑制干扰，时间反转不但实现简单，而且同时具有抑制码间干扰、共道干扰和多址干扰的能力[5-12]，在抗干扰方面性能突出。

### 3.1.2　时间反转的基本原理

时间反转是光学中相位共轭法的引申，频域中的相位共轭可用时域中的时间反转来实现。根据收发单元的特点，将时间反转分为无源时间反转和有源时间反转，它们的区别是无源时间反转只需要接收单元，不用再发射，而有源时间反转需要收发配合。无线通信系统使用的时间反转一般可称为无源时间反转[13]。以无线通信系统的下行链路为例，其基本工作过程是，首先在基站接收端估计信道冲激响应，然后得到信道冲激响应时间反转（TR-CIR）的共轭形式，最后用信道冲激响应时间反转的共轭形式作为预处理器的传输函数，如图 3.1 所示。

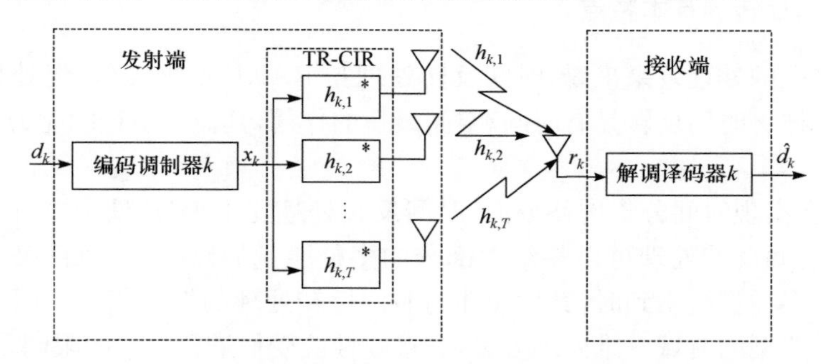


图 3.1　基于时间反转的多发单收结构

为了简化讨论，仅考虑一维时域空间，假设 $h_k(t)$ 为信道冲激响应，$h_k^*(-t)$ 为信道冲激响应的时间反转的共轭形式，则有

$$y(t)=h_k(t)*h_{k'}^*(-t) \tag{3.1}$$

其中，“$*$”表示线性卷积，当 $k=k'$，$y(t)$ 就是 $h_k(t)$ 的自相关函数；否则，$y(t)$ 就是 $h_k(t)$ 与 $h_{k'}(t)$ 的互相关函数。

不同用户间的信道冲激响应一般是不相关或弱相关的，利用这一特性时间反转技术可以削弱多址干扰和共道干扰。

假设某一多径信道具有三条径，其延迟时间分别为 0、$\tau_1$ 和 $\tau_2$，码片宽度为 $T_c$，其中 $0<\tau_1<T_c<\tau_2$，其信道冲激响应及其时间反转的共轭形式为

$$h_k(t)=h_{k0}\delta(t)+h_{k1}\delta(t-\tau_1)+h_{k2}\delta(t-\tau_2) \tag{3.2}$$

$$h_k^*(-t)=h_{k0}^*\delta(t)+h_{k1}^*\delta(t+\tau_1)+h_{k2}^*\delta(t+\tau_2) \tag{3.3}$$

则有

$$\begin{aligned}
y(t)&=h_k(t)*h_{k'}^*(-t)\\
&=[h_{k0}\delta(t)+h_{k1}\delta(t-\tau_1)+h_{k2}\delta(t-\tau_2)]*[h_{k0}^*\delta(t)+h_{k1}^*\delta(t+\tau_1)+h_{k2}^*\delta(t+\tau_2)]\\
&=h_{k0}h_{k2}^*\delta(t+\tau_2)+h_{k0}h_{k1}^*\delta(t+\tau_1)+h_{k1}h_{k2}^*\delta(t-\tau_1+\tau_2)\\
&\quad+(h_{k0}h_{k0}^*+h_{k1}h_{k1}^*+h_{k2}h_{k2}^*)\delta(t)+h_{k2}h_{k1}^*\delta(t-\tau_2+\tau_1)\\
&\quad+h_{k1}h_{k0}^*\delta(t-\tau_1)+h_{k2}h_{k0}^*\delta(t-\tau_2)
\end{aligned} \tag{3.4}$$

式(3.4)是在单入单出情况下得出的结果，可见 $y(t)$ 的主瓣较强。第四项($h_{k0}h_{k0}^*+h_{k1}h_{k1}^*+h_{k2}h_{k2}^*)\delta(t)$中各条径均对其有贡献，与时延大小无关，且能将所有的多径加以利用。在多径信道中，如果增加天线数也有助于增强时间反转处理的空间及时间压缩，即表现为 $h_k(t)$ 的自相关函数的主瓣得以增强，旁瓣得以削弱，因为多径的影响，各天线的信道冲激响应的旁瓣出现的位置不同，天线数增加时，各天线旁瓣通常不能同相相干叠加，而所有天线接收信号的最大值在同一时刻到达并同相相干叠加，幅度远大于旁瓣。这就是在使用时间反转时通常配置为多入单出(MISO)的天线结构，即 TR-MISO 技术。

### 3.1.3　时间反转的基本特点

从对多径的处理效果来看，时间反转处理与 RAKE 处理类似，但处理效果及结构并不一样。时间反转具有时间、空间聚焦的作用，其捕获多径的能力优于传统 RAKE。

首先，在实现时间分集增益方面，时间反转处理比 RAKE 处理更有效。从时域观点看，时间反转处理可以将绝大部分的多径能量加以利用，当且仅当 RAKE 处理将所有多径都搜索到时，其性能才与时间反转处理的性能相当。因为 RAKE 处理是一种典型的时域一维处理方案，其接收性能受信道分辨率的限制，只能分离时延超过一个码片宽度的不相关多径信号，对时延小于一个码片宽度的相关多径信号却无法分辨，而时间反转处理对多径之间的时延间隔没有要求，时间反转处理可以利用更多的多径信息。如式(3.2)所示，其中时延小于一个码片宽度的多径 $h_{k1}\delta(t-\tau_1)$ 在 RAKE 处理中无法分辨，就不能加以利用，在时间反转处理中则可充分利用，如式(3.4)中的第四项所示。

其次，在空间分集增益方面，一个时域多径分量实际上是由多个多径信号组成的，尽管这些多径信号在时域上是不可分辨的，但它们的空域特征却是有差别的，即它们的到达方向(direction of arrival，DOA)是不同的。对不同 DOA 的多径信号在式(3.4)中虽未能表现，但这些多径信号用 RAKE 处理无法利用，而用时间反转处理则可充分利用。

最后，RAKE 接收采用的是先分离多径信号，分别接收然后加权合并的工作模式，随着多径数的增加 RAKE 的实现结构非常复杂，时间反转处理的结构相对简单且不存在路径搜索。

从空间聚焦效果来看，时间反转处理的空间聚焦与空间匹配滤波或数字波束形成、智能天线技术[3,4]类似，时间反转处理与智能天线技术对通信系统性能改善的共性主要表现在以下几个方面。

① 减轻时延扩展及多径衰落。

② 减小共道干扰。

③ 提高频谱利用效率增大系统容量。

④ 扩大小区的覆盖范围。

⑤ 提高发射效率、降低发射功率、节省系统成本。

但是，时间反转处理的空间聚焦与空间匹配滤波或数字波束形成、智能天线技术并不一样。

从结构上来看，时间反转处理比空间匹配滤波简单，其中空间匹配滤波在蜂窝移动通信系统的使用，为从空间角度上区分用户信号提供了可能，智能天线技术利用数字波束形成技术产生空间定向波束，使天线波束主瓣对准期望用户信号到达方向，旁瓣或零点对准干扰信号到达方向，达到高效利用期望信号并消除或抑制干扰信号的目的，从而提高系统容量和通信质量，因此成为适应第三代移动通信系统要求的重要技术。利用智能天线技术形成数字波束时存在加权系数的调控，以方便产生空间定向波束，而时间反转处理只是根据时分复用的特点进行信道冲激响应的跟踪。从处理效果看，时间反转处理具有时间分集和空间分集，而空间匹配滤波主要是空间分集。

一般来说，时间反转预处理器工作于单径信道时，完成相当于空间匹配滤波的功能。时间反转预处理器工作于多径信道时，完成类似于空时匹配滤波的功能，此时相当于空间匹配滤波与 RAKE 处理共同作用的效果，即完成信号的空间及时间聚焦。因此，时间反转处理既不能单纯地看成是空间匹配滤波，也不能单纯地看成是时域里的 RAKE 处理，时间反转处理具有空时共同分集作用的效果。

另外，与传统的改善接收信号质量和链路性能的信道均衡技术相比，信道均衡技术是用来削弱多径引起的符号间干扰，均衡器从调整参数至收敛，需要额外的数据传输及处理时间，增加了用户接收器的复杂度。同时，信道均衡的复杂度与信道多径数有关，信道多径数越大则信道均衡实现成本就越高，这也是与时间反转处理所不一样的地方。

当然时间反转处理方法会带来一些不希望的多径成分，但这些多径成分都很微弱，借助于不同用户信道冲激响应间的弱相关性和不同路径信道冲激响应间的弱相关性，可以将这些不希望的多径成分加以削弱。也就是说，时间反转处理方法带来的不利因素可由其自身的特点加以克服。

### 3.1.4 时间反转在无线通信抗干扰中的应用

时间反转技术在20世纪90年代中期由Fink率先提出[14]。随后时间反转技术广泛应用于各种领域,在水声通信中,应用时间反转技术以解决未知的水下复杂环境所造成的多径效应而导致码间干扰,以及海洋中各种噪声的影响,大大简化了水声通信信号的处理复杂度,避免了复杂信道自适应均衡、窄波束通信等[15,16]。在探测雷达方面,为了探测地下的某一目标,在周围环境未知的情况下,常常很难探测到希望的目标,而时间反转技术的使用则有助于获得地下目标清晰的图像[17]。在医学超声波领域,应用时间反转成像技术检测人体体内组织的病变[18]。在地球物理学中应用时间反转技术探寻地震的震源中心,可以说时间反转技术为在未知环境信息情况下的信号传输及处理提供了新的有用工具。

当前无线通信系统的设计正在朝着高速高效数据传输模式发展,多输入多输出天线技术、宽带传输技术应运而生。但是多天线技术增加了发送及接收设备的成本,另一个选择就是应用宽带传输,宽带虽然有许多优势,但宽带传输意味着延迟将增加,而且有许多挑战,如信道估计、信道均衡等。时间反转技术除了应用于水声通信、探地雷达、超声波以及地球物理学等领域外[16-18],又引入到超宽带通信领域(UWB)来抑制多径效应引起的符号间干扰,以及多用户系统中的多址干扰和共道干扰[19-22]。

在超宽带系统中,为了不影响频谱范围内的其他通信系统,超宽带系统的发射功率受到严格的限制。因此,超宽带通信的中心问题是通过多径传播有效地接收发射机发射的信号,并有效地消除码间干扰,将时间反转技术应用在多入单出系统中可以明显地减少超宽带系统中的码间干扰,增强系统的接收性能[23-25]。

在一般的无线通信系统中,时间反转技术在抑制符号间干扰、多址干扰和共道干扰方面也有突出的优势[26],而且有利于简化接收设备的复杂度,增强通信的抗侦察能力,提高通信系统的私密性[26-29],所以在保密通信和军事通信中也有广泛的应用前景。在无线传感网络中,有大量的传感器分布在相对较近的地方,应用协同通信可有效解决无线传感网络中的功耗问题。文献[30],[31]给出了时间反转技术在无线传感网络协同通信中的理论优势及可行性。

从现有的应用可知,时间反转技术主要应用在固定无线通信的场合[18,19,26],这是因为在固定无线通信中,信道状态信息的获取相对比较容易,而且系统的信道性能也比较稳定。从这一角度来说,时间反转技术在无线局域网这样的无线通信中的应用就相对比较容易。但是无线通信除了固定无线通信,还有各种移动无线通信,时间反转技术在移动无线通信的应用目前还少有介绍。其中的关键问题是接收或发射设备的运动将导致多普勒频移,而运动的速度也可能在1～1000km/h变化,这一问题如不能解决将直接影响时间反转技术在蜂窝移动通信中的应用。文献[22]在水下通信中应用波阵面的分割解决了接收设备运动而导致的多普勒频移现象,实验结果表明时间反转技术可以应用于水下设备运动时的通信系统中,从而使时间反转技术在移动通信系统中的应用成为可能,也是未来绿色通信中人们关注的关键技术之一。

为了提高 IDMA 系统基站接收端逐码片迭代多用户检测的收敛速度,简化用户端接收设备,根据 IDMA 系统逐码片迭代多用户检测的特点以及用户端信号的检测,利用时间反转技术及时分双工研究新的 IDMA 传输方法,我们将这种传输体制称为时分双工时间反转 IDMA,即 TDR-IDMA 传输体制[32,33]。

## 3.2 TDR-IDMA 上行链路的系统模型

### 3.2.1 TDR-IDMA 上行链路的系统结构

假设系统中 $K$ 个用户工作于准静态衰落信道条件下,如图 3.2 所示。为了便于讨论,我们首先假设系统工作于单径信道条件下,用户 $k$ 的输入数据序列 $d_k$ 经过低码率编码器 $C$ 编码,产生编码序列 $c_k=[c_k(1)\cdots c_k(j)\cdots c_k(J)]^{\mathrm{T}}$,其中 $J$ 为帧长。然后将 $c_k$ 送入一交织器 $\Pi_k$ 生成 $x_k=[x_k(1)\cdots x_k(j)\cdots x_k(J)]^{\mathrm{T}}$。同样,我们称 $x_k$ 中的 $x_k(j)$ 为码片,$h_k^*$ 为用户 $k$ 的信道冲激响应的时间反转的共轭系数。

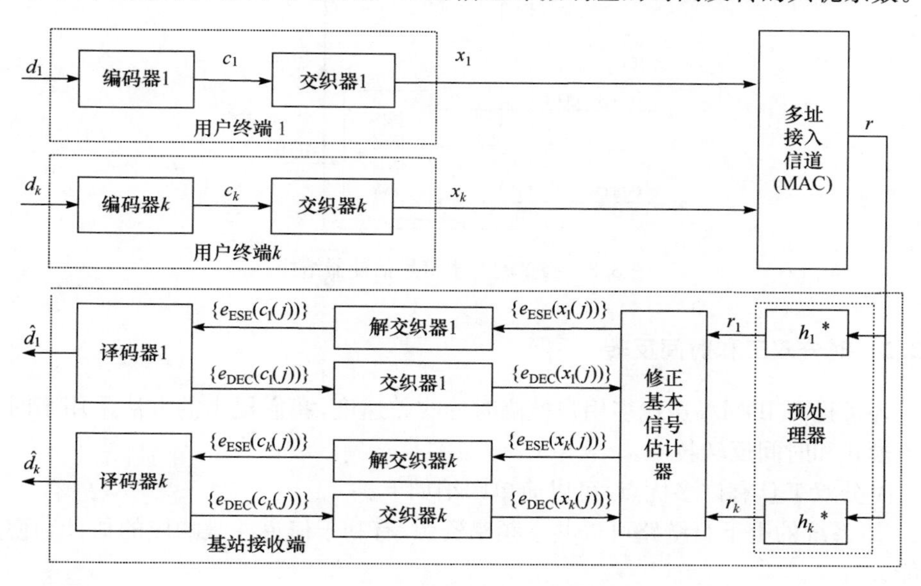


图 3.2 TDR-IDMA 的上行传输链路

对于一个线性系统,时间反转处理放在发射端与接收端,从信号处理的角度而言,这是等效的。如果将时间反转处理放在基站接收端,借助于时间反转处理的时间压缩特性以及不同用户信道冲激响应间的弱相关性和不同路径信道冲激响应间的弱相关性，则时间反转处理技术不但具有抑制ISI的功能，而且还具有抑制MUI的功能。本章提出方法的关键部分就是在IDMA系统ESE前的信号预处理。信号预处理应用的是信道信息，其传递函数是信道冲激响应的时间反转并取共轭。在该系统中ESE被重新设计，我们称之为修正基本信号估计器（MESE）。MESE具有$K$个不同的输入信号，这些输入信号就是预处理器的输出。MESE输入信号的均值及方差分别记为$\{E(r_k(j))\}$和$\{\mathrm{Var}(r_k(j))\}$，它们只被用户$k$使用，如图3.3所示。在传统的IDMA中，ESE只有一个输入，其均值及方差分别记为$\{E(r(j))\}$和$\{\mathrm{Var}(r(j))\}$，它们被所有的用户共用。MESE是与传统的IDMA算法不同的关键所在，经过预处理器的处理，增强了基站MESE输入信号中的有用信号，同时抑制了MUI和ISI。这一增一减的结果大大提高了IDMA迭代检测时的初始SINR，加快了IDMA迭代多用户检测的收敛速度。

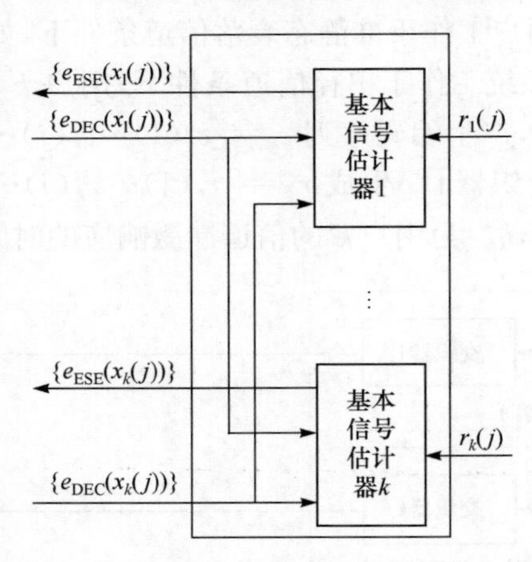


图3.3　修正的基本信号估计器结构

### 3.2.2　时分双工和时间反转

为了提高IDMA迭代多用户检测时的收敛速度，我们提出的方法采用了时分双工模式和时间反转技术。

时分双工具有许多优点，可以简单归纳如下。

① 系统的上下行链路可以共享频率资源，有利于信道冲激响应的估计和使用智能天线。

② 时分双工有利于节省频率资源。

③ 时分双工适合于上下行链路的非对称的传输服务。

根据时间反转技术的基本知识，基站接收端首先估计信道冲激响应，然后用信道冲激响应时间反转的共轭形式作为预处理器的传输函数。为了方便讨论，将式(3.4)重新列举如下。

假设 $h_k(t)$ 为信道冲激响应，$h_k^*(-t)$ 为信道冲激响应的时间反转的共轭形式，则有

$$y(t)=h_k(t)*h_{k'}{}^*(-t) \tag{3.5}$$

其中，“ * ”表示线性卷积，当 $k=k'$，$y(t)$ 就是 $h_k(t)$ 的自相关函数；否则，$y(t)$ 就是 $h_k(t)$ 与 $h_{k'}(t)$ 的互相关函数。

在单径信道条件下，假设 $\rho_{k,k'}=E(h_k{}^* h_{k'}/|h_k^*||h_{k'}|)$，$\rho_{1,2}=\rho_{1,3}=\cdots=\rho_{k,k'}=\rho$，其中 $\{h_k\}$ 为用户 $k$ 的信道系数，$\{h_k^*\}$ 是用户 $k$ 的信道系数的共轭，假设用户之间的相关系数相等(只是为了讨论方便，实际并非如此)。当任意两个用户之间的距离充分远时[34,35]，$\rho\to 0$；当 $k=k'$ 时，$\rho=1$。假设两个相距为 $d_{kk'}$ 的用户，用户和基站之间的距离分别为 $d_{kb}$ 和 $d_{k'b}$，$\alpha$ 是角度谱。相关系数的产生可以表示为

$$\begin{aligned}\rho_{k,k'}&=E(h_k^* h_{k'}/|h_k^*||h_{k'}|)\\&=E(\mathrm{e}^{-\mathrm{j}2\pi\frac{d_{kb}-d_{k'b}}{\lambda}})\\&\approx E(\mathrm{e}^{-\mathrm{j}2\pi\frac{d_{kk'}\sin\alpha}{\lambda}})\end{aligned} \tag{3.6}$$

其中，$\lambda$ 是载波波长，根据角度谱(到达角)的概率分布，信道相关系数可由式(3.6)计算得到。

由式(3.6)可知，信道相关系数与载波波长 $\lambda$、用户之间的距离 $d_{kk'}$、角度谱 $\alpha$ 等有关。当 $d_{kk'}\geqslant 10\lambda$ 时，$\rho_{kk'}\approx 0$[34,35]。

由前面关于时间反转的讨论可知，预处理器工作于单径信道时，完成相当于匹配滤波的功能；预处理器工作于多径信道时，完成类似于 RAKE 滤波的功能。但时间反转处理与 RAKE 滤波也有所不同。

首先，在实现分集增益方面，时间反转处理比 RAKE 滤波更有效，因为它可以将绝大部分的多径能量加以利用，当且仅当 RAKE 接收机将所有多径都搜索到时，其性能才与时间反转处理的性能相当，而且时间反转处理对多径间的时延间隔也没有要求。

其次，RAKE 接收采用的是先分离多径信号，分别接收然后加权合并的工作模式，其电路结构非常复杂。

最后，时间反转处理方法会带来一些不希望的多径成分，但这些多径成分都很微弱，借助于不同用户信道冲激响应间的弱相关性和不同路径信道冲激响应间的弱相关性，可以将这些不希望的多径成分加以削弱。也就是说，时间反转处理方法带来的不利因素可由其自身的特点加以克服。

另外，在基于 RAKE 的 CDMA 系统中，为了抑制或消除 MUI，通常选用正交性能较好的码作为用户波形码，在多用户检测时，利用用户之间波形码的互相关信

息对接收信号进行处理。在 IDMA 系统中,区分用户是用不同的交织图案,不同的交织图案可以保证码片间的弱相关,但不便于抑制或消除 MUI。

# 3.3 TDR-IDMA 上行链路的数据传输与检测

## 3.3.1 单径信道条件下的传输检测算法

为了简化分析,首先假设信道是无记忆且为单径。基站接收的信号可以表示为

$$r(j)=h_k x_k(j)+\sum_{k'\neq k} h_{k'} x_{k'}(j)+n(j),\quad j=1,2,\cdots,J \tag{3.7}$$

其中,$\{n(j)\}$是方差为$\sigma_N^2=N_0/2$的加性高斯白噪声的采样。

经过预处理后,用户 $k$ 的 $r_k(j)$可以表示为

$$r_k(j)=h_k^* h_k x_k(j)+\sum_{k'\neq k} h_k^* h_{k'} x_{k'}(j)+n_k(j) \tag{3.8}$$

其中,$\{n_k(j)\}$是方差为$\sigma_{Nk}^2=|h_k^*|^2\delta_N^2$的加性高斯白噪声采样。

通常 $r_1(j)\neq r_2(j)\neq\cdots\neq r_K(j)$, $\forall j$,当信道相关系数较小时,式(3.8)中的$\sum_{k'\neq k} h_k^* h_{k'} x_{k'}(j)$可以近似为$\sum_{k'\neq k}\rho|h_k^*||h_{k'}|x_{k'}(j)$。因为

$$\begin{aligned}\sum_{k'\neq k} h_k^* h_{k'} x_{k'}(j)&=\sum_{k'\neq k}\frac{h_k^* h_{k'}}{|h_k^*||h_{k'}|}|h_k^*||h_{k'}|x_{k'}(j)\\&\approx\sum_{k'\neq k}\rho\,|h_k^*|\,|h_{k'}|x_{k'}(j)\end{aligned} \tag{3.9}$$

这种近似尽管不是最优的,但是通过这样的处理极大地简化了后续的分析。

将 $r_k(j)$中的干扰及噪声总和记为$\xi_k(j)=\sum_{k'\neq k}\rho\,|h_k^*|\,|h_{k'}|x_{k'}(j)+n_k(j)$, $j=1,2,\cdots,J$,式(3.8)可重新写为

$$r_k(j)=|h_k|^2 x_k(j)+\xi_k(j) \tag{3.10}$$

假设$\{x_k(j),\forall k\}$是独立同分布的随机变量,根据中心极限定理,式(3.10)中的 $\xi_k(j)$可以近似为高斯白噪声,其均值和方差分别为

$$E(\xi_k(j))=E(r_k(j))-|h_k|^2 E(x_k(j)) \tag{3.11}$$

$$\mathrm{Var}(\xi_k(j))=\mathrm{Var}(r_k(j))-|h_k|^4\mathrm{Var}(x_k(j)) \tag{3.12}$$

对于 BPSK 调制,假设$\{E(x_k(j))\}$和$\{\mathrm{Var}(x_k(j))\}$已获得,根据式(3.8)～式(3.12),修正后的 ESE 的检测算法如下。

第一步,估计 $r_k(j)$的均值和方差,即

$$E(r_k(j))=|h_k|^2 E(x_k(j))+\rho\sum_{k'\neq k}|h_k^*||h_{k'}|E(x_{k'}(j)) \tag{3.13}$$

$$\mathrm{Var}(r_k(j))=|h_k|^4\mathrm{Var}(x_k(j))+\rho^2\sum_{k'\neq k}|h_k^*|^2|h_{k'}|^2\mathrm{Var}(x_{k'}(j))+\sigma_{Nk}^2 \tag{3.14}$$

第二步，$\mathrm{ESE}_k\{k=1,2,\cdots,K\}$产生对数似然比(LLR)，即

$$e_{\mathrm{ESE}}(x_k(j))=2\,|h_k|^2\frac{r_k(j)-E(\xi_k(j))}{\mathrm{Var}(\xi_k(j))},\quad k=1,2,\cdots,K \tag{3.15}$$

以上 TDR-IDMA 算法类似于传统的 IDMA 的算法，其最大的区别在于迭代检测时的初始信噪比和 $e_{\mathrm{ESE}}(x_k(j))$的更新。

### 3.3.2　多径信道条件下的传输检测算法

考虑一个记忆长度为$L$，同时有$K$个用户通信的准静态多径衰落信道。$\{h_{k,0},h_{k,1},\cdots,h_{k,L-1}\}$为用户$k$的多径信道系数，假设$\rho_{l,l'}^{k,k'}=E(h_{k,l}^{*}h_{k',l'}/|h_{k,l}^{*}||h_{k',l'}|)$，$\rho_{1,1}^{k,k'}=\rho_{1,2}^{k,k'}=\cdots=\rho_{l,l'}^{k,k'}=\rho$，其中$k'\neq k$或$k'=k,l'\neq l$。假设相关系数相等只是为了讨论方便，实际并不一定如此。经过预处理，类似于单径信道条件下的检测算法，可得第$k$个用户的接收信号，即

$$r_k(j)=x_k(j)\sum_{l=0}^{L-1}|h_{k,l}|^2+\xi_k(j),\quad j=1,2,\cdots,J \tag{3.16}$$

其中

$$\begin{aligned}\xi_k(j)=&\sum_{\substack{m=0\\m\neq n}}^{L-1}\sum_{n=0}^{L-1}h_{k,m}h_{k,n}^{*}x_k(j-(m-n))\\&+\sum_{k'\neq k}\sum_{m=0}^{L-1}\sum_{n=0}^{L-1}h_{k',m}h_{k,n}^{*}x_{k'}(j-(m-n))+n_k^L(j),\quad j=1,2,\cdots,J\end{aligned} \tag{3.17}$$

其中，$\{n_k^L(j)\}$是方差为$\sigma_{Nk}^{L2}=\sum\limits_{l=0}^{L-1}|h_{k,l}^{*}|^2\delta_N^2$的加性高斯白噪声的采样。

不失一般性，当信道相关系数较小时，有

$$\sum_{\substack{m=0\\m\neq n}}^{L-1}\sum_{n=0}^{L-1}h_{k,m}h_{k,n}^{*}x_k(j-(m-n))\approx\sum_{\substack{m=0\\m\neq n}}^{L-1}\sum_{n=0}^{L-1}\rho|h_{k,m}||h_{k,n}^{*}|x_k(j-(m-n))$$

$$\sum_{k'\neq k}\sum_{m=0}^{L-1}\sum_{n=0}^{L-1}h_{k',m}h_{k,n}^{*}x_{k'}(j-(m-n))\approx\sum_{k'\neq k}\sum_{m=0}^{L-1}\sum_{n=0}^{L-1}\rho|h_{k',m}||h_{k,n}^{*}|x_{k'}(j-(m-n))$$

比较式(3.16)与式(3.10)，可以看出两式有很大的相似性，即经过预处理器处理后的接收信号已经将多径信号合并了在一起，完成了类似 RAKE 的功能，同时由于不同用户信道冲激响应间以及不同路径间的弱相关性，使 MUI 和 ISI 也得到了削弱。所以，可以很简单的将单径信道条件下的 ESE 算法移植到这里，即

$$\begin{aligned}E(r_k(j))=&\sum_{l=0}^{L-1}|h_{k,l}|^2E(x_k(j))+\sum_{\substack{m=0\\m\neq n}}^{L-1}\sum_{n=0}^{L-1}\rho|h_{k,m}||h_{k,n}^{*}|E(x_k(j-(m-n)))\\&+\sum_{k'\neq k}\sum_{m=0}^{L-1}\sum_{n=0}^{L-1}\rho|h_{k',m}||h_{k,n}^{*}|E(x_{k'}(j-(m-n))),\quad\forall k,j\end{aligned} \tag{3.18}$$

$$\mathrm{Var}(r_k(j)) = \Big(\sum_{l=0}^{L-1} |h_{k,l}|^2\Big)^2 \mathrm{Var}(x_k(j)) + \sum_{\substack{m=0\\ m\neq n}}^{L-1}\sum_{n=0}^{L-1}\rho^2\,(|h_{k,m}||h_{k,n}^*|)^2\mathrm{Var}(x_k(j-(m-n))) + \sum_{k\neq k'}\sum_{m=0}^{L-1}\sum_{n=0}^{L-1}\rho^2\,(|h_{k',m}||h_{k,n}^*|)^2\mathrm{Var}(x_{k'}(j-(m-n)))+\sigma_{Nk}^{L2},\quad \forall k,j \tag{3.19}$$

$$e_{\mathrm{ESE}}(x_k(j)) = 2\sum_{l=0}^{L-1}|h_{k,l}|^2\,\frac{r_k(j)-E(r_k(j))+\sum_{l=0}^{L-1}|h_{k,l}|^2E(x_k(j))}{\mathrm{Var}(r_k(j))-\Big(\sum_{l=0}^{L-1}|h_{k,l}|^2\Big)^2\mathrm{Var}(x_k(j))},\quad \forall k,j \tag{3.20}$$

由上述讨论可知，不论是准静态单径信道条件下的检测算法，还是多径信道条件下的检测算法，它们都与传统的检测算法类似[36,38]，主要的区别在于迭代检测时的初始 SINR 不同和$\{e_{\mathrm{ESE}}(x_k(j))\}$的更新方式不一样。对于多径信道，TDR-IDMA 传输检测方法可以省去通过 $e_{\mathrm{ESE}}(x_k(j))_l$ 的累加实现分集增益的功能，因为时间反转处理的时间压缩特性，通过时间反转处理使接收信号的能量得以集中，达到了分集增益的功能，从而使相应的运算量降到近似为原来的$\frac{1}{L}$，这也在一定程度上平衡了因时间反转处理带来的运算量的增加。

## 3.4　TDR-IDMA 上行链路的性能分析

### 3.4.1　单径信道条件下的性能分析

对于准静态单径信道下的检测，基站接收器的检测过程是并行方式，如图 3.3 所示。

所有的 ESE 同时工作，用户 $k$ 的 $\mathrm{ESE}_k$应用 $r_k(j)$和$\{e_{\mathrm{DEC}}(x_k(j)), k=1,2,\cdots,K\}$ 产生 $\{e_{\mathrm{ESE}}(x_k(j))\}$。用户 $k$ 的 $\mathrm{DEC}_k$ 产生外 $\mathrm{LLR_s}$，$e_{\mathrm{DEC}}(x_k(j))$，$e_{\mathrm{DEC}}(x_k(j))$被所有的用户共用。下一次迭代时，$\mathrm{ESE}_k$将用外信息$\{e_{\mathrm{DEC}}(x_k(j)), k=1,2,\cdots,K\}$更新$\{E(\xi_k(j))\}$和$\{\mathrm{Var}(\xi_k(j))\}$，如式(3.11)～式(3.15)所示。经过预处理后，$r_k(j)$中的有用信号 $x_k(j)$得以加强，当 $\rho\to 0$ 时，MUI 被弱化，从而使信噪比增加，这有利于迭代检测加速收敛。

假设 $V_{\xi k}$ 是$\{\mathrm{Var}(\xi_k(j)), \forall j\}$的近似均值，$V_{xk}$ 是 $\{\mathrm{Var}(x_k(j)), \forall j\}$的均值，$\mathrm{SINR}_k$ 是传统 IDMA 中 $e_{\mathrm{ESE}}(x_k(j))$的平均 SINR，而 $\mathrm{SINR}_{k-\mathrm{TR}}$是增加了时间反

转后的 $e_{\mathrm{ESE}}(x_k(j))$ 的平均 SINR，则有

$$\mathrm{SINR}_k=\frac{E(|h_k x_k(j)|^2)}{V_{\xi k}}=\frac{|h_k|^2}{\sum\limits_{k'\neq k}|h_{k'}|^2V_{xk'}+\delta^2} \tag{3.21}$$

$$\mathrm{SINR}_{k-\mathrm{TR}}=\frac{E(||h_k|^2x_k(j)|^2)}{V_{\xi k}}=\frac{|h_k|^4}{\sum\limits_{k'\neq k}\rho^2|h_k^*|^2|h_{k'}|^2V_{xk'}+|h_k^*|^2\delta^2} \tag{3.22}$$

由于 $|h_k^*|=|h_k|$，式(3.22)可重新写为

$$\mathrm{SINR}_{k-\mathrm{TR}}=\frac{E(||h_k|^2x_k(j)|^2)}{V_{\xi k}}=\frac{|h_k|^2}{\sum\limits_{k'\neq k}\rho^2|h_{k'}|^2V_{xk'}+\delta^2} \tag{3.23}$$

根据式(3.21)～式(3.23)以及 $|\rho|<1$[34,35]，则 $\mathrm{SINR}_k<\mathrm{SINR}_{k-\mathrm{TR}}$。利用不同用户信道冲激响应的弱相关性，$\rho\to0$，从而使采用了时间反转后的 $\mathrm{SINR}_{k-\mathrm{TR}}$ 远大于传统的 $\mathrm{SINR}_k$。

### 3.4.2 多径信道条件下的性能分析

对于多径信道条件下的检测，假设 $V_{\xi k}$ 是 $\{\mathrm{Var}(\xi_k(j)),\forall j\}$ 的近似均值，$V_{xk}$ 是 $\{\mathrm{Var}(x_k(j)),\forall j\}$ 的均值，$\mathrm{SINR}_k$ 是传统 IDMA 中 $e_{\mathrm{ESE}}(x_k(j))$ 的平均 SINR，$\mathrm{SINR}_{k,l}$ 是传统 IDMA 中 $e_{\mathrm{ESE}}(x_k(j))_l$ 的平均 SINR，而 $\mathrm{SINR}_{k-\mathrm{TR}}$ 是增加了时间反转后的 $e_{\mathrm{ESE}}(x_k(j))$ 的平均 SINR，则有

$$\mathrm{SINR}_{k,l}=\frac{E(|h_{k,l}x_k(j)|^2)}{V_{\xi k}}=\frac{|h_{k,l}|^2}{\sum\limits_{k',l'}|h_{k',l'}|^2V_{xk'}-|h_{k,l}|^2V_{xk}+\sigma^2} \tag{3.24}$$

$$\mathrm{SINR}_k=\sum_{l=0}^{L-1}\mathrm{SINR}_{k,l} \tag{3.25}$$

$$\mathrm{SINR}_{k-\mathrm{TR}}=\frac{E\left(\left|\sum\limits_{l=0}^{L-1}|h_{k,l}|^2x_k(j)\right|^2\right)}{V_{\xi k}}$$

$$=\frac{\left(\sum\limits_{l=0}^{L-1}|h_{k,l}|^2\right)^2}{\sum\limits_{k',l'}\sum\limits_{l=0}^{L-1}\rho^2|h_{k,l}^*|^2|h_{k',l'}|^2V_{xk'}-\left(\sum\limits_{l=0}^{L-1}|h_{k,l}|^2\right)^2V_{xk}+\sum\limits_{l=0}^{L-1}|h_{k,l}^*|^2\sigma^2} \tag{3.26}$$

由于 $|h_{k,l}^*|=|h_{k,l}|$，式(3.26)可重新写为

$$\mathrm{SINR}_{k-\mathrm{TR}}=\frac{E\left(\left|\sum_{l=0}^{L-1}|h_{k,l}|^2 x_k(j)\right|^2\right)}{V_{\xi k}}=\frac{\sum_{l=0}^{L-1}|h_{k,l}|^2}{\sum_{k',l'}\rho^2|h_{k',l'}|^2 V_{xk'}-\sum_{l=0}^{L-1}|h_{k,l}|^2 V_{xk}+\sigma^2}\tag{3.27}$$

根据式(3.24)和式(3.27)以及$|\rho|<1$，$|h_{k,l}|\leqslant 1$。

$$\begin{aligned}\mathrm{SINR}_{k-\mathrm{TR}}&>\frac{|h_{k,0}|^2+|h_{k,1}|^2+\cdots+|h_{k,L-1}|^2}{\sum_{k',l'}\rho^2|h_{k',l'}|^2V_{xk'}-\sum_{l=0}^{L-1}|h_{k,l}|^2V_{xk}+\sigma^2}\\&>\frac{|h_{k,0}|^2+|h_{k,1}|^2+\cdots+|h_{k,L-1}|^2}{\sum_{k',l'}|h_{k',l'}|^2V_{xk'}-\sum_{l=0}^{L-1}|h_{k,l}|^2V_{xk}+\sigma^2}\\&>\frac{|h_{k,0}|^2+|h_{k,1}|^2+\cdots+|h_{k,L-1}|^2}{\sum_{k',l'}|h_{k',l'}|^2V_{xk'}-|h_{k,l}|^2V_{xk}+\sigma^2}\\&=\sum_{l=0}^{L-1}\frac{|h_{k,l}|^2}{\sum_{k',l'}|h_{k',l'}|^2V_{xk'}-|h_{k,l}|^2V_{xk}+\sigma^2}\end{aligned}\tag{3.28}$$

所以

$$\mathrm{SINR}_{k-\mathrm{TR}}>\mathrm{SINR}_k\tag{3.29}$$

实际上，应用同样的原理，对于所有除 $l=0$ 的路径外，$e_{\mathrm{ESE}}(x_k(j))_l$ 的信干噪比 SINR 可以表示为$(\mathrm{SINR}_{k-\mathrm{TR}})_l$，其表达式为

$$(\mathrm{SINR}_{k-\mathrm{TR}})_{l=m-n}=\frac{\rho^2|h_{k,m}|^2|h_{k,n}^*|^2}{\sum_{l'=0}^{L-1}|h_{k,l'}|^2V_{xk}+\sum_{\substack{k'\neq k\\m',n'}}\rho^2|h_{k',m'}|^2|h_{k',n'}^*|^2V_{xk'}-\rho^2|h_{k,m}|^2|h_{k,n}^*|^2V_{xk}+\sum_{n=0}^{L-1}|h_{k,n}^*|^2\sigma^2}\tag{3.30}$$

根据式(3.30)，$\{(\mathrm{SINR}_{k-\mathrm{TR}})_l,\forall l\}$是非常小的，因为$\rho\to 0$，并且

$$\rho^2|h_{k,m}|^2|h_{k,n}|^2\ll\sum_{l=0}^{L-1}|h_{k,l}|^2V_{xk}+\sum_{\substack{k'\neq k\\m',n'}}\rho^2|h_{k',m'}|^2|h_{k',n'}^*|^2V_{xk'}-\rho^2|h_{k,m}|^2|h_{k,n}^*|^2V_{xk}+\sum_{n=0}^{L-1}|h_{k,n}^*|^2\sigma^2\tag{3.31}$$

我们重新写式(3.30)，有

$$(\mathrm{SINR}_{k-\mathrm{TR}})_{l=m-n}\approx\frac{\rho^2\ |h_{k,m}|^2\ |h_{k,n}^*|^2}{\sum\limits_{l'=0}^{L-1}|h_{k,l'}|^2V_{xk}+\sum\limits_{\substack{k'\neq k\\ m',n'}}\rho^2\ |h_{k',m'}|^2\ |h_{k,n'}^*|^2V_{xk'}+\sum\limits_{n=0}^{L-1}|h_{k,n}^*|^2\sigma^2}\tag{3.32}$$

其中，$n=0,1,\cdots,L-1;m=0,1,\cdots,L-1$，将所有的$\{(\mathrm{SINR}_{k-\mathrm{TR}})_l,\forall\, l,l\neq0\}$对 $l$ 求和，则有

$$\sum_{\substack{l=m-n\\ l\neq0}}(\mathrm{SINR}_{k-\mathrm{TR}})_l\approx\frac{\sum\limits_{\substack{l=m-n\\ l\neq0}}\rho^2\ |h_{k,m}|^2\ |h_{k,n}^*|^2}{\sum\limits_{l'=0}^{L-1}|h_{k,l'}|^2V_{xk}+\sum\limits_{\substack{k'\neq k\\ m',n'}}\rho^2\ |h_{k',m'}|^2\ |h_{k,n'}^*|^2V_{xk'}+\sum\limits_{n=0}^{L-1}|h_{k,n}^*|^2\sigma^2}\tag{3.33}$$

$\sum\limits_{\substack{l=m-n\\ l\neq0}}(\mathrm{SINR}_{k-\mathrm{TR}})_l$ 是很小的，因为 $\rho\rightarrow0$，并且

$$\sum_{\substack{l\neq0\\ l=m-n}}\rho^2\ |h_{k,m}|^2\ |h_{k,n}|^2\ll\sum_{l=0}^{L-1}|h_{k,l}|^2V_{xk}+\sum_{\substack{k'\neq k\\ m',n'}}\rho^2\ |h_{k',m'}|^2\ |h_{k,n'}^*|^2V_{xk'}+\sum_{n=0}^{L-1}|h_{k,n}^*|^2\sigma^2\tag{3.34}$$

另一方面，由式(3.27)和式(3.33)可知，当 $\rho\rightarrow0$ 时，式(3.27)的右边分数的分子比式(3.33)右边分数的分子大得多，而式(3.27)的右边分数的分母比式(3.33)右边分数的分母小得多，所以就有式(3.35)成立。

$$\mathrm{SINR}_{k-\mathrm{TR}}\gg\sum_{\substack{l=m-n\\ l\neq0}}(\mathrm{SINR}_{k-\mathrm{TR}})_l\tag{3.35}$$

而且，当 $\rho\rightarrow0$ 时，$\mathrm{SINR}_{k-\mathrm{TR}}$是加强的，并且

$$\sum_{\substack{l=m-n\\ l\neq0}}(\mathrm{SINR}_{k-\mathrm{TR}})_l\rightarrow0\tag{3.36}$$

因此，仅用 $e_{\mathrm{ESE}}(x_k(j))_0$ 来更新信息所带来的损失是很小的，这样就可以省去对所有路径的 $e_{\mathrm{ESE}}(x_k(j))_l$ 求和。

根据上述性能的分析，由于预处理器的处理使信号 $x_k(j)$得到了增强，同时由于不同用户间的弱相关性和多径间的弱相关性，也使 MUI 和 ISI 受到削弱。从而使采用时间反转后的 $\mathrm{SINR}_{k-\mathrm{TR}}$远大于传统的 $\mathrm{SINR}_k$。采用时间反转的预处理虽然增加了硬件成本，但获得了速度的提高，而且使多径时的运算量降到近似为原来多径时的运算量的$\frac{1}{L}$，并且硬件成本增加是适度的，仅随用户数线性增长。随着硬件技术的快速发展，其额外的成本也会随之降低。

### 3.4.3 实验仿真结果分析

考虑一个简单系统，每个用户的信息数据以码率为 1/16 的重复码进行编码，采用随机交织器对编码后的码字进行交织，BPSK 调制后通过单径信道或多径信道进行传输。假如 $N_{\text{info}}$是一帧包含的信息位数，$K$ 为该系统同时工作时的总用户数，IT 为迭代次数，$\rho$ 为不同衰落信道的相关系数，$L$ 为衰落信道的多径数。

在单径信道时，经过预处理器处理后的 IDMA 迭代多用户检测的误码率性能曲线，如图 3.4 所示。为了对比，将没有经过预处理器处理的 IDMA 迭代多用户检测的误码率性能曲线也列出了。从图 3.4 可以看出，经过预处理器处理的误码率性能明显优于没有经过预处理器处理的误码率性能。对于 24 个弱相关的多用户系统，在 $\rho=0.1$ 时，经过 5 次迭代，其误码率性能接近单用户的系统。要达到同样的误码率性能，传统的检测方法需要经过 15 次迭代，并且从图 3.4 中可以发现 $\rho<0.5$ 时，经过预处理器处理的误码率性能比较接近，即相关系数对误码率性能影响较小。当 $\rho=1$ 时，经过预处理器处理与没有经过预处理器处理效果一样，即退化为传统的检测方法。

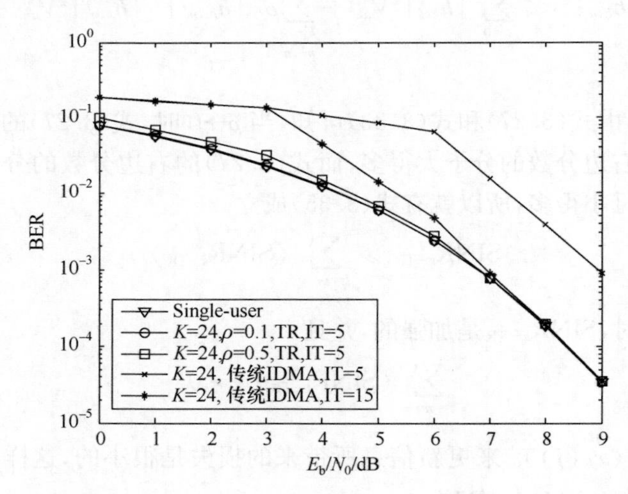


图 3.4 单径时 TDR-IDMA 和 IDMA 的误码率比较

在多径信道时，经过预处理器处理后的 IDMA 迭代多用户检测的误码率性能曲线，如图 3.5 所示。用户数为 8，多径数分别为 2 和 3，为了对比，将没有经过预处理器处理的 IDMA 迭代多用户检测的误码率性能曲线也列出了。从图 3.5 可以看出，经过预处理器处理的误码率性能明显优于没有经过预处理器处理的误码率性能。经过预处理的 IDMA 的性能即使在比较差的环境下（$\rho=0.5$），经过 5 次迭代也明显优于经过 10 次迭代的传统 IDMA 的性能。同时，从图 3.5 也可以看出，时间反转处理确实实现了分集增益的功能，多径数为 3 的性能优于多径数为 2 的性能。

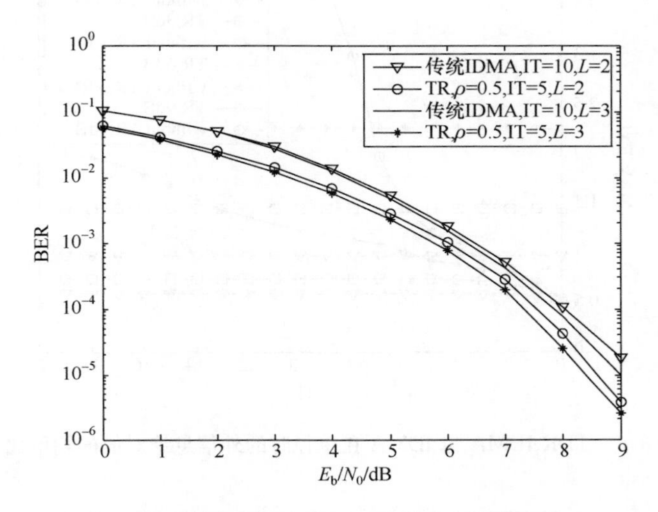


图 3.5　多径时 TDR-IDMA 和 IDMA 的误码率比较

为了能够深入地理解时间反转对 IDMA 迭代检测收敛速度的影响，引入 ESE 的外信息绝对值的均值(mean of absolute value of extrinsic information，MAV-EXI)来衡量 TDR-IDMA 与传统 IDMA 的性能。对于每一种工作环境，ESE 的 MAV-EXI 总有一个最优值，MAV-EXI 随着迭代次数的增加而增加，当 MAV-EXI 达到最优值后，迭代次数的增加就不能再影响其值，即达到极限。如果能够快速达到这一最优值，则意味着迭代检测能够迅速收敛。

如图 3.6 和图 3.7 所示，TDR-IDMA 能够比传统的 IDMA 快速达到最优值。以图 3.6 中信噪比为 9dB 为例，其中信息比特数为 $N_{\mathrm{info}}=1024$，用户数 $K=24$，相关系数 $\rho=0.1$。TDR-IDMA 只需要两次迭代即可达到最优值，而 IDMA 则需要大约 10 次迭代才能达到。

在多径条件下，TDR-IDMA 中只用了主径来计算 MAV-EXI，而不是如传统的 IDMA 中采用 LLRC 来计算 MAV-EXI，所以其计算复杂度大大降低。时间反转的应用不但抑制了 ISI 和 MAI，而且带来了分集增益，如图 3.7 所示，其中信息比特数为 $N_{\mathrm{info}}=1024$，用户数 $K=8$，多径数 $L=3$，相关系数 $\rho=0.2$。在相同的信噪比的条件下，TDR-IDMA 的最优 MAV-EXI 大于 IDMA 的最优 MAV-EXI。同样，以信噪比为 9dB 为例，图 3.7 中 TDR-IDMA 的最优 MAV-EXI 比 IDMA 的最优 MAV-EXI 大 0.4 左右，并且也是快速到达最优值，即 TDR-IDMA 只需要 1 次迭代即可达到最优值，而 IDMA 则需要大约 4 次迭代才能达到。

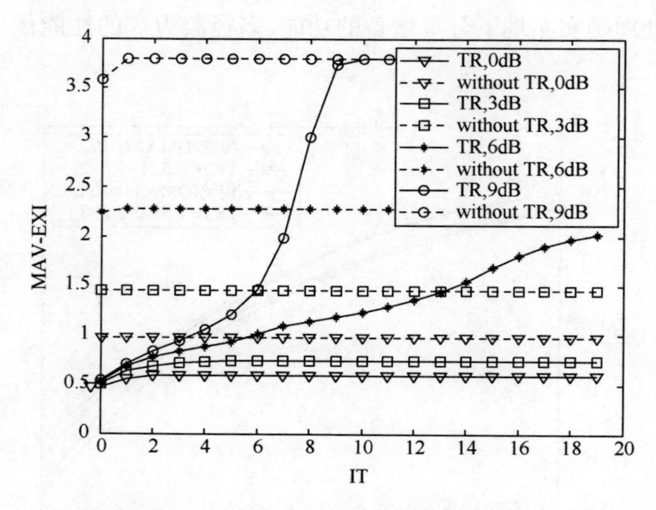


图 3.6　TDR-IDMA 与 IDMA 在单径时的外信息绝对值的均值比较

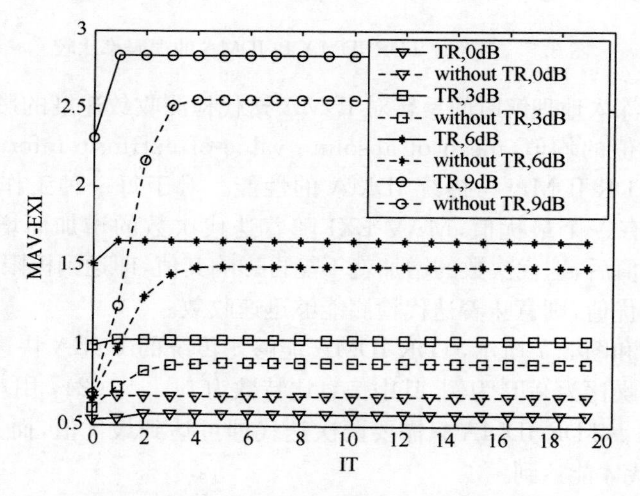


图 3.7　TDR-IDMA 与 IDMA 在多径时的外信息绝对值的均值比较

## 3.5　TDR-IDMA 下行链路的系统模型

假设系统中 $K$ 个用户工作于准静态衰落信道条件下，图 3.8 是传统的 IDMA 下行链路传输接收结构。为了便于讨论，我们首先假设系统工作于单径信道条件下，用户 $k$ 的输入数据序列 $d_k$ 经过低码率编码器 $C$ 编码，产生编码序列 $c_k=[c_k(1)\cdots c_k(j)\cdots c_k(J)]^{\mathrm{T}}$，其中 $J$ 为帧长。然后将 $c_k$ 送入一交织器 $\Pi_k$ 生成 $x_k=$

$[x_k(1)\cdots x_k(j)\cdots x_k(J)]^{\mathrm{T}}$，我们称 $x_k$ 中的 $x_k(j)$ 为码片。

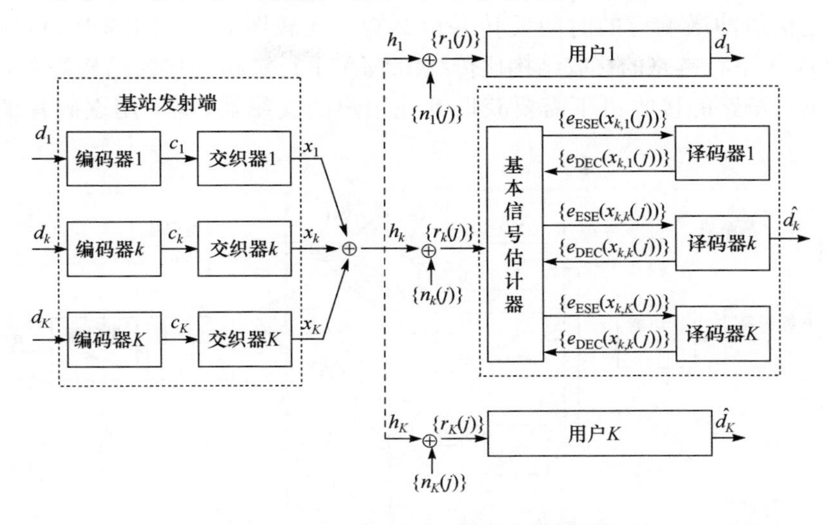


图 3.8　IDMA 下行链路传输接收结构

如图 3.8 所示，每个用户由一个基本信号估计器(ESE)(包括各用户的交织器)和 $K$ 个后验概率译码器(APP-DEC)构成，每个用户接收器执行迭代干扰抵消过程。其迭代检测算法类似于第二章中介绍的算法。

假设系统中 $K$ 个用户工作于准静态衰落信道条件下。图 3.9 是 TDR-IDMA 的下行链路单发单收结构。图 3.10 是 TDR-IDMA 的下行链路多发单收结构。为了简化，图 3.10 中只给了一个用户。基站端有 $T$ 根发射天线，用户端有一根接收天线，$h_{k,t}^{*}$ 是用户 $k$ 的第 $t$ 根天线和用户间的信道冲激响应的时间反转的共轭系数。TDR-IDMA 的下行链路传输接收结构的关键部分就是发射端的时间反转预

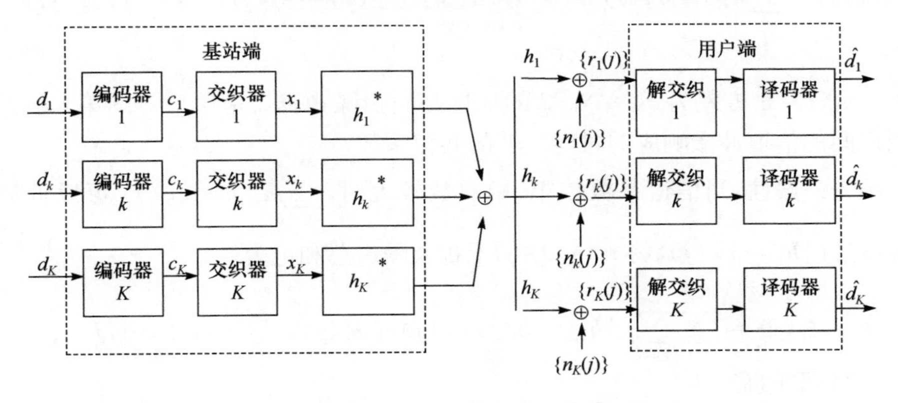


图 3.9　TDR-IDMA 下行链路的单发单收结构

处理器和用户端简单的接收结构。时间反转信号预处理应用的是信道信息，其传递函数是信道冲激响应的时间反转并取共轭。比较图 3.8～图 3.10，可以发现 TDR-IDMA 下行链路的接收结构比传统 IDMA 下行链路的接收结构简单，TDR-IDMA 下行链路的接收机不需要获取其他用户的交织器，也不用逐码片的迭代检测。

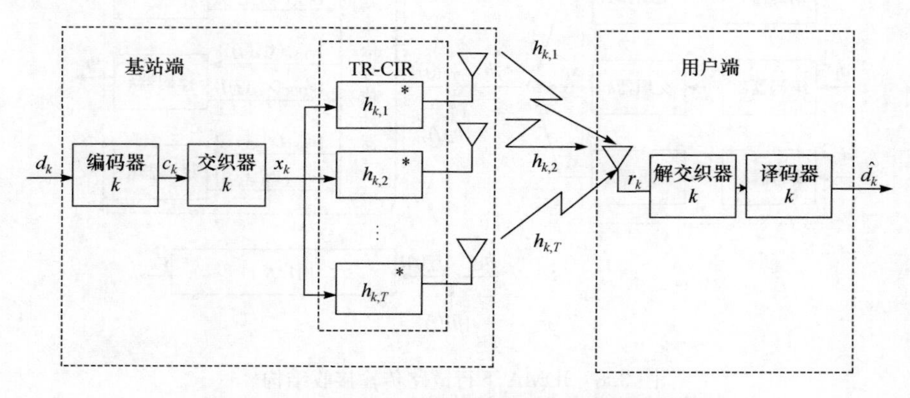


图 3.10　TDR-IDMA 下行链路的多发单收结构

## 3.6　TDR-IDMA 下行链路的数据传输及检测

### 3.6.1　单径信道条件下的传输检测算法

为了简化分析，首先假设信道是无记忆且为单径。经过基站发射端的时间反转预处理，用户端接收的信号可以表示为

$$r_k(j)=\sum_{t=1}^{T}h_{k,t}h_{k,t}^{*}x_k(j)+\sum_{t=1}^{T}\sum_{k'\neq k}h_{k,t}h_{k',t}^{*}x_{k'}(j)+n_k(j),\quad j=1,2,\cdots,J \tag{3.37}$$

其中，$\{n_k(j)\}$ 是方差为 $\sigma_N^2=N_0/2$ 的加性高斯白噪声；$h_{k,t}^{*}$ 是用户 $k$ 的第 $t$ 根天线和用户间的信道冲激响应的时间反转的共轭系数。

不失一般性，当信道系数较小，用户数较大时，$\sum_{k'\neq k}h_{k,t}h_{k',t}^{*}x_{k'}(j)$ 可以近似为 $\sum_{k'\neq k}\rho|h_{k,t}||h_{k',t}^{*}|x_{k'}(j)$。将 $r_k(j)$ 中的干扰及噪声总和记为

$$\xi_k(j)=\sum_{t=1}^{T}\sum_{k'\neq k}\rho|h_{k,t}||h_{k',t}^{*}|x_{k'}(j)+n_k(j),\quad j=1,2,\cdots,J$$

式(3.37) 可重新写为

$$r_k(j)=\sum_{t=1}^{T}|h_{k,t}|^2x_k(j)+\xi_k(j) \tag{3.38}$$

假设$\{x_k(j),\forall k\}$是独立同分布的随机变量，根据中心极限定理，式(3.38)中的$\xi_k(j)$可以近似为高斯白噪声，为了衡量时间反转处理对信号的空间时间聚焦特性，引入信干噪比，即

$$\mathrm{SINR}=\frac{\left(\sum_{t=1}^{T}|h_{k,t}|^2\right)^2}{\left(\sum_{t=1}^{T}\sum_{k'\neq k}\rho|h_{k,t}||h_{k',t}|\right)^2+\sigma_k{}^2} \tag{3.39}$$

由(3.39)式可知，当相关系数$\rho\to0$时，SINR将会增强。当两个用户间的距离足够大时，它们的信道冲激响应是弱相关的[34,35]，即$\rho\to0$是正确的。这就意味着单用户接收机所受的多用户干扰得以抑制，从而为后续的解交织及译码打下基础。在比较差的情况下，当用户间的距离不是足够大时，根据文献[39]讨论的结论，时间反转与MISO的结合具有较好的空间及时间聚焦特性，这有助于削弱多用户干扰，同时借助于用户独特的交织器也可以在一定程度上抑制多用户干扰。一般来说，当两个用户间的距离大于两倍波长，角度扩展较大时，$\rho\to0$是完全能够满足的[34,35]。

### 3.6.2 多径信道条件下的传输检测算法

考虑一个记忆长度为$L$，同时有$K$个用户通信的准静态多径衰落信道，$\{h_{k,1}^0,h_{k,2}^1,\cdots,h_{k,T}^{L-1}\}$是第$k$个用户第$t$根天线的多径信道系数。为了方便讨论，假设$\rho_{k,k'}^{l,l'}(t)=E(h_{k,t}^l h_{k',t}^{l'*}/|h_{k,t}^l||h_{k',t}^{l'*}|)$，并且$\rho_{k,k'}^{1,1}(t)=\rho_{k,k'}^{1,2}(t)=\cdots=\rho_{k,k'}^{l,l'}(t)=\rho$，其中$k'\neq k$或$k'=k,l'\neq l$。当然，实际上各条多径之间的相关系数肯定是有区别的，并且只有超过一个码片周期的两条多径之间才被认为是不相关的，多径之间的相关系数近似相等只是为了讨论方便，通过预处理后，类似于单径信道下的检测算法，第$k$个用户的接收信号，即

$$r_k(j)=\sum_{t=1}^{T}\sum_{l=0}^{L-1}|h_{k,t}^l|^2x_k(j)+\xi_k(j),\quad j=1,2,\cdots,J \tag{3.40}$$

其中

$$\begin{aligned}\xi_k(j)=&\sum_{t=1}^{T}\sum_{\substack{m=0\\m\neq n}}^{L-1}\sum_{n=0}^{L-1}h_{k,t}^m h^{n*}_{k,t}x_k(j-(m-n))\\&+\sum_{k'\neq k}\sum_{t=1}^{T}\sum_{m=0}^{L-1}\sum_{n=0}^{L-1}h_{k,t}^m h_{k',t}^{n}{}^*x_{k'}(j-(m-n))+n_k(j)\end{aligned} \tag{3.41}$$

$\xi_k(j)$包含了ISI、MAI以及白噪声，其中没有CCI，但通过对MAI的讨论，其结论可类推到CCI上。采用类似于单径时的近似处理，式(3.41)可近似为

$$\xi_k(j)\approx\sum_{t=1}^{T}\sum_{\substack{m=0\\m\neq n}}^{L-1}\sum_{n=0}^{L-1}\rho|h_{k,t}^m||h^{n*}_{k,t}|x_k(j-(m-n))$$

$$+\sum_{k'\neq k}\sum_{t=1}^{T}\sum_{m=0}^{L-1}\sum_{n=0}^{L-1}\rho|h_{k,t}^{m}||h^{n}{}_{k,t}^{*}|x_{k'}(j-(m-n))+n_k(j) \tag{3.42}$$

由此可知,当相关系数 $\rho\to 0$ 时,ISI 和 MAI 将会削弱。当两个用户间的距离足够大时,它们的信道冲激响应是弱相关的[34,35],而大于一个码片周期的多径间是无关的,即 $\rho\to 0$ 是合理的。这就意味着单用户接收机受到的多用户干扰及符号间干扰得以抑制,有用信号得以加强,从而为后续的解交织及译码打下基础。

不管单径算法还是多径算法,可以看出时间反转处理确实带来了有用信号的增强,ISI、MAI 和 CCI 得以削弱,体现了时间反转处理的空间及时间压缩特性。当然,在多径信道中,天线数的增加也有助于增强时间反转处理的空间及时间压缩,因为多径的影响,各天线的信道冲激响应的旁瓣出现的位置不同,天线数增加时,各天线旁瓣通常不能同相相干叠加,而所有天线接收信号的最大值在同一时刻到达并同相相干叠加,幅度远大于旁瓣。

### 3.6.3　仿真结果及性能分析

考虑一个简单的系统,每个用户的信息数据以码率为 1/16 的重复码进行编码,采用随机交织器对编码后的码字进行交织,BPSK 调制后分别通过单径信道以及多径信道进行传输。假如 $N_{\text{info}}$ 是一帧包含的信息位数,$K$ 为该系统同时工作时的总用户数,$T$ 为天线数,$\rho$ 为不同衰落信道的相关系数,$L$ 为衰落信道的多径数。

在单径信道时,系统为单发单收,用户数为 16,经过时间反转预处理器处理后的 IDMA 下行链路在没有迭代检测时的误码率性能曲线,如图 3.11 所示。对于 16 个弱相关的多用户系统,在 $\rho=0.1$ 时,其误码率性能接近单用户的系统。相关

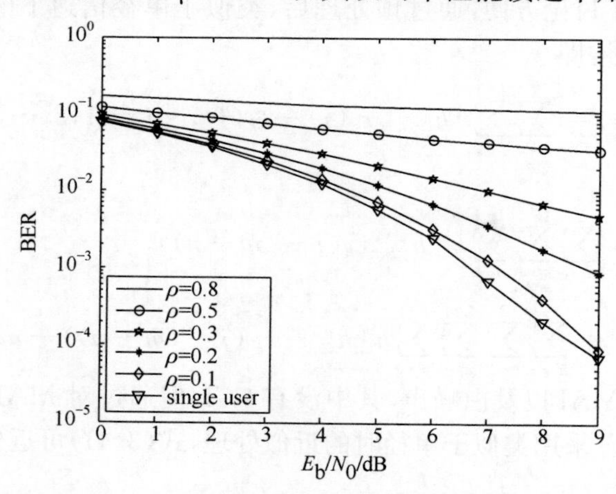


图 3.11　TDR-IDMA 下行链路在单径及单发单收条件下相关系数对误码率的影响

系数越小其误码率性能越好；反之，相关系数越大其误码率性能就越差，当 $\rho=1$ 时，经过预处理器处理与没有经过预处理器处理效果一样，即退化为传统的无迭代检测的方法。

图 3.12 是多径信道时，经过预处理器处理后的 IDMA 下行链路没有迭代检测的误码率性能曲线。其仿真环境为双发单收，用户数为 24，多径数分别为 3。由图 3.12 可知，相关系数对误码率性能的影响与单径类似，但需要指出的是 $\rho=0.2$ 时，单径信道和多径信道的仿真结果并不一样，原因是用户数及天线数均不同。

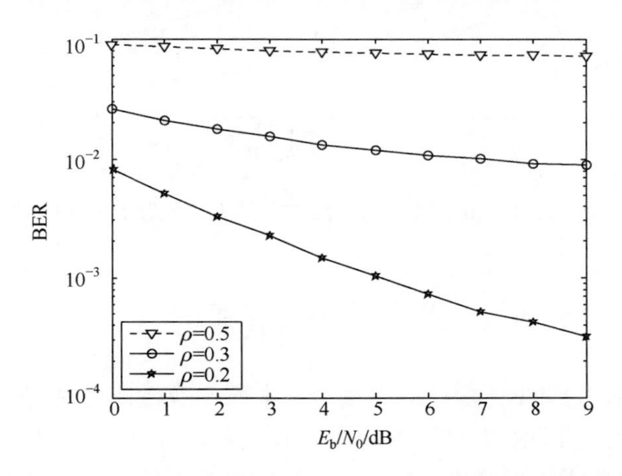


图 3.12　TDR-IDMA 下行链路在多径及双发单收条件下相关系数对误码率的影响

由图 3.11 和图 3.12 可见，时间反转技术确实能增强期望信号、削弱干扰信号(包括 ISI、MAI 和 CCI)，这也正好与时间反转技术的空间及时间聚焦特性相吻合[39]，只是本文是从信道相关性入手进行了理论算法的探讨，而文献[24]，[26]主要从实际测试的结果得出的结论。

如图 3.13 所示，在基站端不同的天线配置时的性能对比情况，其中衰落信道的多径数 $L=3$、用户数 $K=24$、相关系数 $\rho=0.2$，一帧包含的信息位数 $N_{\text{info}}=1024$。由图 3.13 可见，随着天线数的增加 TDR-IDMA 下行链路的性能越来越好。当然，天线数增加的同时也会带来一些不利的方面，例如随着天线数的增加干扰也会增加。如图 3.13 所示，天线数超过 3 后，性能变化就比较缓慢了。

当然，以上结果是以准确的信道估计为前提，没有考虑信道估计以及信道估计误差对系统性能的影响，而关于信道估计误差对 IDMA 系统性能的影响将在第六章进一步研究和讨论。

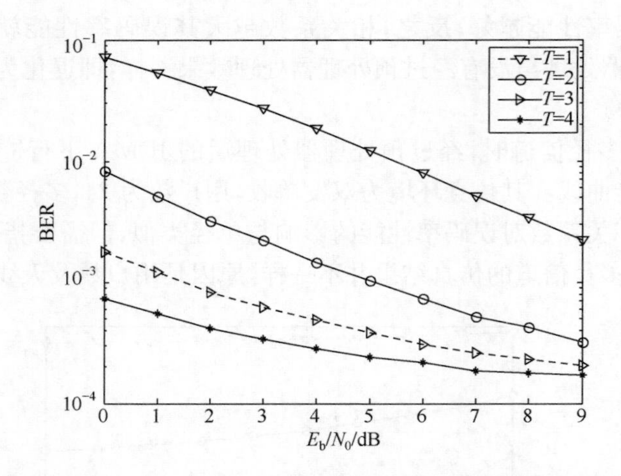


图 3.13　TDR-IDMA 下行链路在不同天线配置下的性能对比

# 3.7　小　　结

本章对 TDR-IDMA 传输检测方法的基本原理及性能评估进行了相关的探讨和介绍。可以看出,TDR-IDMA 传输体制有效解决了 IDMA 迭代多用户检测的收敛速度随用户数增长而减慢的问题,以及 IDMA 下行链路中用户端接收设备复杂度比较高的问题。TDR-IDMA 传输检测方法通过上行链路时分双工获得信道冲激响应的时间反转,基站接收机利用信道冲激响应的时间反转预处理接收信号。借助时间反转处理的时压缩特性以及不同用户信道冲激响应间的弱相关性和同一用户不同路径间的弱相关性,经过预处理使 IDMA 迭代多用户检测的初始信干噪比远高于传统 IDMA 的初始信干噪比,从而加快了 IDMA 迭代多用户检测的收敛速度,有效地解决了 IDMA 迭代多用户检测的速度瓶颈问题。同时,在 IDMA 下行链路中利用时分双工获得信道冲激响应,基站发射端利用信道冲激响应的时间反转预处理发射信号。在时间反转及多输入单输出技术作用下,利用不同用户信道冲激响应之间的弱相关性以及时间反转处理的空间和时间压缩特性,削弱多用户干扰、共道干扰和符号间干扰,从而使用户接收端只需一个简单的单径接收机即可完成信号的检测,避免了复杂的逐码片迭代多用户检测,同时将信道估计器也从用户端转移到基站端,进而使用户端接收设备复杂度大大简化。最后给出了相关算法性能分析及实验仿真结果。

## 参 考 文 献

[1] Wang P, Xiao J, Li P. Comparison of orthogonal and non-orthogonal approaches to future

wireless cellular systems. IEEE Vehicular Technology Magazine, 2006, 1(3): 4-11.

[2] Gearhart W B, Koshy M. Acceleration schemes for the method of alternating projections. Journal of Computational and Applied Mathematics, 1989, 26(2): 235-249.

[3] 龚耀寰. 自适应滤波-时域自适应滤波和智能天线(2版). 北京:电子工业出版社,2003.

[4] Manolakis G D, Ingle V K, Kogon M S. Statistical and Adaptive Signal Processing. New York: McGraw-Hill Company, 2000.

[5] Rouseff D, Jackson D R, Fox W L J, et al. Underwater acoustic communication by passive-phase conjugation: theory and experimental results. IEEE Journal of Oceanic Engineering, 2001, 26(4): 821-831.

[6] Fink M. Time reversal of ultrasonic fields. I. basic principles. IEEE Transactions on Ultrasonics, Ferroelectrics and Frequency Control, 1992, 39(5): 555-566.

[7] Strohmer T, Emami M, Hansen J, et al. Application of time-reversal with MMSE equalizer to UWB communications//Proceeding, IEEE Global Telecommunications Conference, 2004, 5: 3123-3127.

[8] Li K, Wang X D, Yue G S, et al. A low-rate code spread and chip-interleaved time-hopping UWB system. IEEE Journal on Selected Areas in Communications, 2006, 24(4): 864-869.

[9] Qiu C R, Chenming Z, Guo N, et al. Time reversal with MISO for ultra-wideband communications: experimental results. IEEE Antennas and Wireless Propagation Letters, 2006, 5(1): 269-273.

[10] Nguyen H T, Kovacs I Z, Eggers P C F. A time reversal transmission approach for multiuser UWB communications. IEEE Transactions on Antennas and Propagation, 2006, 11(1): 3216-3224.

[11] Kyritsi P, Papanicolau G, Eggers P, et al. Time reversal techniques for wireless communications//Proceedings of the 60th Vehicular Technology Conference, IEEE, 2004: 47-51.

[12] Nguyen H T, Andersen J B, Pedersen G F, et al. A measurement based investigation on the potential use of time reversal in wireless communications. IEEE Transactions on Wireless Communications, 2006, 5(8): 2242-2252.

[13] Li P, Liu L H, Leung W K. A simple approach to near-optimal multiuser detection: interleave-division multiple-access//IEEE International Conference on Wireless Communications and Networking, 2003: 391-396.

[14] Fink M. Time reversal of ultrasonic fields. I. basic principles. IEEE Transactions on Ultrasonics, Ferroelectrics and Frequency Control, 1992, 39(5): 555-566.

[15] Rouseff D, Jackson D R, Fox L J W, et al. Underwater acoustic communication by passive phase conjugation: theory and experimental results. IEEE Journal of Oceanic Engineering, 2001, 10(1): 2231-2235.

[16] Song H C, Hodgkiss W S, Kuperman W A, et al. Improvement of time reversal communications using adaptive channel equalizers. IEEE Journal of Oceanic Engineering, 2006, 31(2): 487-495.

[17] Bourgeois J M，Smith G S. A fully three dimensional simulation of ground penetrating radar：FDTD theory compared with experiment. IEEE Transactions on Geoscience and Remote Sensing，1996，34(1)：36-44.

[18] Kosmas P，Rappaport C M. A matched filter FDTD based time reversal approach for microwave breast cancer detection. IEEE Transactions on antennas and propagation，2006，54(4)：1257-1264.

[19] Strohmer T，Emami M，Hansen J，et al. Application of time reversal with MMSE equalizer to UWB communications//Proceedings of the Globecom，2004：3123-3127.

[20] Barton R J，Chen J，Huang K，et al. Cooperative time reversal communication in wireless sensor networks//Proceedings of the IEEE Workshop on Statistical Signal Processing，Bordeaux，2005：1146-1151.

[21] Barton R J，Chen J，Huang K，et al. Optimality properties and performance analysis of cooperative time reversal communication in wireless sensor networks. IET Communications，2007，1(1)：64-70.

[22] Gomes J，Barroso V. Time reversed communications over doppler spread underwater channels. IEEE International Conference on Acoustics Speech and Signal Processing，2002：2849-2852.

[23] Li K，Wang X D，Yue G S，et al. A low-rate code spread and chip-interleaved time-hopping UWB system. IEEE Journal on Selected Areas in Communications，2006，24(4)：864-869.

[24] Qiu C R，Chenming Z，Guo Nan，et al. Time reversal with MISO for ultra-wideband communications：experimental results. IEEE Antennas and Wireless Propagation Letters，2006，5(1)：269-273.

[25] Nguyen H T，Kovacs I Z，Eggers P C F. A time reversal transmission approach for multi-user UWB communications. IEEE Transactions on Antennas and Propagation，2006，11(1)：3216-3224.

[26] Sallabi E H，Kyritsi P，Paulraj A，et al. Experimental investigation on time reversal precoding for space-time focusing in wireless communications. IEEE Transactions on Instrumentation and Measurement，2010，59(6)：1537-1543.

[27] Nguyen H T，Andersen J B，Pedersen G F，et al. A measurement based investigation on the potential use of time reversal in wireless communications. IEEE Transactions on Wireless Communications，2006，5(8)：2242-2252.

[28] Song H C，Hodgkiss W S，Kuperman W A，et al. Improvement of time reversal communications using adaptive channel equalizers. IEEE Journal of Oceanic Engineering，2006，31(2)：487-495.

[29] Bourgeois J M，Smith G S. A fully three dimensional simulation of ground penetrating radar：FDTD theory compared with experiment. IEEE Transactions on Geoscience and Remote Sensing，1996，34(1)：36-44.

[30] Barton R J, Chen J, Huang K, et al. Cooperative time reversal communication in wireless sensor networks//Proceedings of the IEEE Workshop on Statistical Signal Processing, 2005: 1146-1151.

[31] Barton R J, Chen J, Huang K, et al. Optimality properties and performance analysis of co-operative time reversal communication in wireless sensor networks. IET Communications, 2007, 1(1): 64-70.

[32] Xiong X Z, Hu J H, Xiang L. An efficient uplink transmission technique for IDMA based on time-reversal. International Journal of Electronic and Communication, 2010, 64(2): 125-132.

[33] Xiong X Z, Hu J H, Xiang L. A cooperative transmission and receiving scheme for IDMA with time-reversal technique. Netherlands: Springer, 2011, 58(4):637-656.

[34] Vucetic B, Yua J H. Space-Time Coding. New York: Wiley, 2003.

[35] Parsons J D. The Mobile Radio Propagation Channel(2nd Ed). New York: Wiley, 2000.

[36] Li P, Liu L H, Wu K Y, et al. Interleave-division multiple-access. IEEE Transactions on Wireless Communications, 2006, 5(4): 938-947.

[37] Li P, Liu L H, Wu K Y, et al. Approaching the capacity of multiple access channels using interleaved low-rate codes. IEEE Communications Letters, 2004, 8(1): 4-6.

[38] Li P, Liu L. Analysis and design of IDMA systems based on SNR evolution and power al-location//Proceedings of IEEE VTC 2004-Fall, 2004: 1068-1072.

[39] Oestges C, Kim A, Papanicoloaou G, et al. Characterization of space-time focusing in time-reversed random fields. IEEE Transactions on Antennas and Propagation, 2005, 53(1): 283-293.

# 第四章　基于 IDMA 的混合多址接入技术

在 CDMA 系统中，由于用户位置及接入的随机性，使用户间很难做到严格正交，从而引起各用户间相互干扰，即多址干扰(MAI)，从而使 CDMA 系统在实际应用中并没有完全发挥出容量上的潜在优势。随着 CDMA 系统容量的扩大，MAI 问题日益严重，影响到 3G 和未来移动通信系统容量及频谱效率的进一步提高。为了消除这些干扰，2002 年香港城市大学的研究人员提出交织多址的概念。其目的就在于以较低的复杂度解决 CDMA 移动通信系统中日益严重的多用户干扰问题。另一方面，符号间干扰(ISI)是无线通信系统设计必须考虑的问题，特别是在高速传输的环境中。消除 ISI 的典型手段有基于正交频分复用的多载波系统和采用接收机均衡技术的单载波系统等。于是 OFDM-IDMA[1-7] 和 SC-FDMA-IDMA[8-10] 应运而生。本章将对 OFDM-IDMA 和 SC-FDMA-IDMA 的系统模型与基本原理和频偏估计及补偿进行探讨。

## 4.1　OFDM-IDMA

OFDM-IDMA 传输方案充分利用了 IDMA 的逐码片迭代多用户检测能有效克服小区内及小区间的多址干扰(MAI)，以及 OFDM 在充分宽的时隙时，能完全消除多径引起的符号间干扰(ISI)，二者紧密结合以达到克服多址干扰和符号间干扰，并且提高系统的数据传输速率[1-7,11-13]。

### 4.1.1　OFDM-IDMA 的系统模型

具有 $K$ 个用户的 OFDM-IDMA 系统上行链路的发射机和接收机结构，如图 4.1所示。假设 $d_k$ 表示用户 $k$ 的数据，$d_k$ 经过前向纠错编码(FEC)，产生码片序列 $c_k$(使用码片代替比特，因为 FEC 编码可能包括扩频或重复编码)。然后 $c_k$ 经过用户特定的交织器 $\pi_k$ 进行交织，在符号映射处理后，得到符号序列 $x_k=[x_k(1),\cdots,x_k(j),\cdots,x_k(J)]^{\mathrm{T}}$，$J$ 是帧长度。最后这些符号码通过 IFFT 处理，调制映射到不同的子载波。

考虑 QPSK 信号，即

$$x_k(j)=x_k^{\mathrm{Re}}(j)+\mathrm{i}x_k^{\mathrm{Im}}(j) \tag{4.1}$$

在 OFDM 调制之后，发射序列可以表示为 $v_k=W^{\mathrm{H}}x_k$。为了 OFDM 信号传输，$x_k$ 划分为长度为 $N_c$ 的块，$N_c$ 是子载波数。$W$ 是 DFT 矩阵，第$(m,n)$的值为

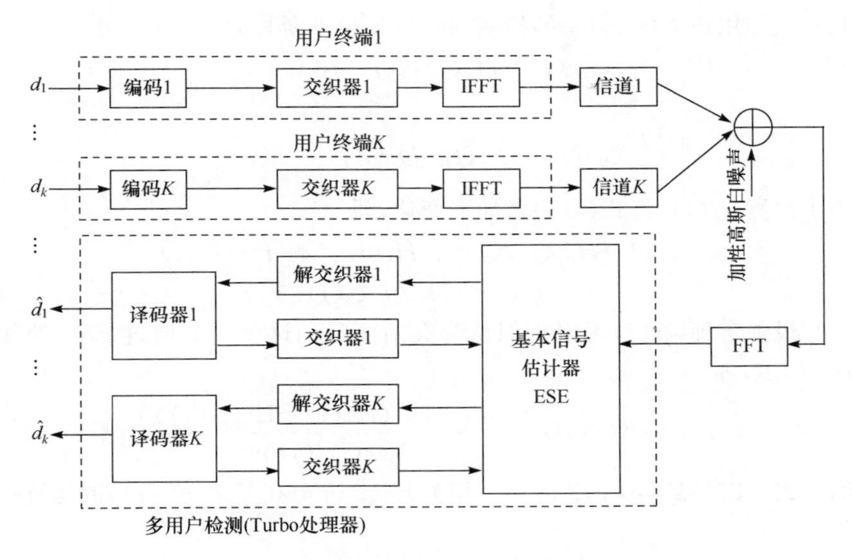


图 4.1　OFDM-IDMA 系统原理框图

$$W[m,n]=\frac{1}{\sqrt{N_c}}\mathrm{e}^{-\mathrm{i}2\pi mn/N_c} \tag{4.2}$$

这里设定用户 $k$ 具有 $L$ 路径的信道模型的衰落参数为 $h_k=[h_k(0),h_k(1),\cdots,h_k(L-1)]$。多径信道的输出可以写为

$$y=\sum_k y_k+z=\sum_k h_k * v_k+z \tag{4.3}$$

其中,“ * ”表示卷积;$z$ 是加性高斯白噪声的采样。

在接收机端,OFDM 解调后再执行迭代 MUD 处理,如图 4.1 所示。假设循环前缀的周期是长于最大信道延迟,则接收信号在 OFDM 解调后可以表示为

$$r(j)=\sum_k H_k(j)x_k(j)+Z(j) \tag{4.4}$$

其中,$H_k(j)=\sum\limits_{l=0}^{L-1}h_k(l)\mathrm{e}^{-\mathrm{i}2\pi jl/N_c}$ 是子载波 $j$ 的衰落参数;$Z(j)$ 是 $z(j)$ 的 FFT,是复值高斯白噪声;$\sigma^2$ 是各维的噪声方差。

### 4.1.2　OFDM-IDMA 的基本原理

对于复单径信道,OFDM-IDMA 系统的 CBC 迭代检测算法可以直接应用到式(4.4)。OFDM-IDMA 迭代检测算法执行步骤如下。

① 初始化:设 $E(x_k(j))=0$,$\mathrm{Cov}(x_k(j))=I$,$\forall k,j$,$I$ 是 2×2 单位矩阵。

② 主要运算:迭代过程,包含两步。

步骤 1,ESE 部分。

我们关注用户 $k$ 的 $x_k(j)$ 的检测，将式(4.4)重新写为

$$r(j)=H_k(j)x_k(j)+\zeta_k(j) \tag{4.5}$$

其中

$$\zeta_k(j)=\sum_{m\neq k}H_m(j)x_m(j)+Z(j) \tag{4.6}$$

为了检测 $x_k(j)$，将式(4.5)做如下变化，即

$$\tilde{r}_k(j)=H_k^*(j)r(j)=|H_k(j)|^2x_k(j)+\tilde{\zeta}_k(j) \tag{4.7}$$

$$\tilde{\zeta}_k(j)=H_k^*(j)\zeta_k(j) \tag{4.8}$$

利用中心极限定理，$\tilde{\zeta}_k(j)$ 可以近似认为高斯变量。这个近似通过 ESE 处理得到 $x_k(j)$ 的 LLR，即

$$e_{\mathrm{ESE}}(x_k^{\mathrm{Re}}(j))=\frac{2|H_k(j)|^2(\tilde{r}_k^{\mathrm{Re}}(j)-E(\tilde{\zeta}_k^{\mathrm{Re}}(j)))}{\mathrm{Var}(\tilde{\zeta}_k^{\mathrm{Re}}(j))} \tag{4.9}$$

同样的方式可以得到 $e_{\mathrm{ESE}}(x_k^{\mathrm{Im}}(j))$。相关 $E(\tilde{\zeta}_k^{\mathrm{Re}}(j))$ 和 $\mathrm{Var}(\tilde{\zeta}_k^{\mathrm{Re}}(j))$ 的运算执行如下，即

$$\begin{cases}E(\tilde{\zeta}_k(j))=H_k^*(j)E(\zeta_k(j))\\ \mathrm{Var}(\tilde{\zeta}_k(j))=R_k^{\mathrm{T}}\mathrm{Cov}(\zeta_k(k))R_k(j)\end{cases} \tag{4.10}$$

其中

$$R_k(j)=\begin{bmatrix}H_k^{\mathrm{Re}}(j) & -H_k^{\mathrm{Im}}(j)\\ H_k^{\mathrm{Im}}(j) & H_k^{\mathrm{Re}}(j)\end{bmatrix} \tag{4.11}$$

根据式(4.6)，我们得到

$$\begin{cases}E(\zeta_k(j))=E(r(j))-H_k(j)E(x_k(j))\\ \mathrm{Cov}(\zeta_k(j))=\mathrm{Cov}(r(j))-R_k(j)\mathrm{Cov}(x_k(j))R_k^{\mathrm{T}}(j)\end{cases} \tag{4.12}$$

在式(4.12)中，接收信号的均值和方差可以被估计，即

$$\begin{cases}E(r(j))=\sum_k H_k(j)E(x_k(j))\\ \mathrm{Cov}(r(j))=\sum_k R_k(j)\mathrm{Cov}(x_k(j))R_k^{\mathrm{T}}(j)+\sigma^2 I\end{cases}$$

步骤 2，DEC 部分。

DEC 执行 APP 译码，用 ESE 的输出作为输入。对于 QPSK 信号，第 $k$ 个 DEC 的输出是 $\{x_k^{\mathrm{Re}}(j)\}$ 和 $\{x_k^{\mathrm{Im}}(j)\}$ 的外 LLRs，我们使用外信息图更新各个码片的均值和方差，即

$$\begin{cases}E(x_k(j))=\tanh\left(\dfrac{e_{\mathrm{DEC}}(x_k^{\mathrm{Re}}(j))}{2}\right)+\mathrm{i}\tanh\left(\dfrac{e_{\mathrm{DEC}}(x_k^{\mathrm{Im}}(j))}{2}\right)\\ \mathrm{Cov}(x_k(j))=\begin{bmatrix}1-(E(x_k^{\mathrm{Re}}(j)))^2 & 0\\ 0 & 1-(E(x_k^{\mathrm{Im}}(j)))^2\end{bmatrix}\end{cases} \tag{4.13}$$

在此我们设定关于 $x_k(j)$ 的外 LLRs 的实部与虚部是不相关的，因此 $\mathrm{Cov}(x_k(j))$

的副对角线值为 0。

在迭代过程中，ESE 与第 $k$ 个 DEC 交换关于 $x_k(j)$ 外信息，OFDM-IDMA 的 CBC 检测可归纳如下。

① ESE 通过式(4.9)为第 $k$ 个 DEC 产生 $\{e_{\mathrm{ESE}}(x_k(j))\}$。

② 第 $k$ 个 DEC 产生 $\{e_{\mathrm{DEC}}(x_k(j))\}$，用于更新 $\{x_k(j)\}$ 的均值和方差。

### 4.1.3　OFDM-IDMA 的频偏分析

OFDM 载波调制技术在对抗多径信道衰落方面是一种非常有效的技术，由于 OFDM 符号间插入了循环前缀，一定范围内的符号同步偏差并不会引起符号间的干扰和载波间干扰，因此大体而言，OFDM 系统对符号同步误差并不十分敏感。在 OFDM 调制解调系统中，由于收发两端本地振荡器的不完全匹配，以及无线信道的非线性，以及多普勒频移产生的载波频率偏移，都会减小信号幅度、产生相位畸变并破坏 OFDM 子载波间的正交性从而引起子载波间干扰，导致信噪比的损失，造成系统性能的严重下降。例如，对于诸如 DVB-T 等系统中的高阶调制来说，即使很小的载波频率偏移都会导致系统性能严重下降。系统中载波频率偏移恢复的程度会直接对其他同步过程造成影响，如频域的符号定时和采样时钟同步。因此，载波频率恢复是 OFDM 系统中非常关键的问题[7,14-19]。

本节首先介绍传统 OFDM 载波频偏的分析方法。为了问题分析的方便性，只考虑 AWGN 信道模型的情况，同时不考虑循环前缀的影响，OFDM 调制信号可以表示为

$$x(m)=\frac{1}{\sqrt{N}}\sum_{i=0}^{N-1}s(i)\mathrm{e}^{\mathrm{j}\frac{2\pi}{N}im} \tag{4.14}$$

其中，$X^u=[X_0^u,\cdots,X_n^u,\cdots,X_{N-1}^u]^{\mathrm{T}}$ 表示子载波数，$u=1,2,\cdots,U$ 表示是调制后得到的数据符号。

考虑存在频率偏移时，OFDM 调制信号可以认为是因频率偏移而发生信号衰减。衰减系数可以表示为

$$h(m)=\mathrm{e}^{\mathrm{j}\frac{2\pi}{N}m\varepsilon} \tag{4.15}$$

其中，$\varepsilon=f_d/\Delta f=Nf_d/f_s$ 代表归一化的频率偏移；$f_d$ 表示频率偏移；$f_s=1/T_s$ 表示数据符号 $s(\cdot)$ 的传输速率，也代表采样速率；$\Delta f=f_s/N$ 为子载波间间隔。

OFDM 解调的过程则是其调制的逆过程，由于信道中的高斯白噪声(AWGN)，第 $k$ 个子载波上解调的数据可表示如下，即

$$Y(k)=\frac{1}{\sqrt{N}}\sum_{m=0}^{N-1}r(m)\mathrm{e}^{-\mathrm{j}\frac{2\pi}{N}km}=\frac{1}{\sqrt{N}}\sum_{m=0}^{N-1}[x(m)\times h(m)+n(m)]\mathrm{e}^{-\mathrm{j}\frac{2\pi}{N}km} \tag{4.16}$$

其中，$r(m)$ 代表接收的离散信号，设定载波频偏引起的初始相位为 0。

若 OFDM 系统存在频率偏移，那么接收信号通过 FFT 解调后，第 $k$ 个子载波上的数据可以表示为

$$\begin{aligned} Y(k) &= \frac{1}{\sqrt{N}}\sum_{m=0}^{N-1}[x(m)\times h(m)+n(m)]\mathrm{e}^{-\mathrm{j}\frac{2\pi}{N}km} \\ &= \frac{1}{N}\sum_{m=0}^{N-1}\sum_{i=0}^{N-1}s(i)\mathrm{e}^{-\mathrm{j}\frac{2\pi}{N}m(i+\varepsilon)}\mathrm{e}^{-\mathrm{j}\frac{2\pi}{N}km}+\eta(k) \end{aligned} \tag{4.17}$$

$$\eta(k)=\frac{1}{\sqrt{N}}\sum_{m=0}^{N-1}n(m)\mathrm{e}^{-\mathrm{j}\frac{2\pi}{N}km} \tag{4.18}$$

$$\sum_{m=0}^{N-1}\mathrm{e}^{\mathrm{j}2\pi m}=\frac{1-\mathrm{e}^{\mathrm{j}2N\theta}}{1-\mathrm{e}^{\mathrm{j}2\theta}}=\frac{\sin N\theta}{\sin\theta}=\mathrm{e}^{\mathrm{j}(N-1)\theta} \tag{4.19}$$

$$\begin{aligned} Y(k) &= \frac{1}{N}\sum_{i=0}^{N-1}s(i)\sum_{m=0}^{N-1}\mathrm{e}^{\mathrm{j}2m\frac{\pi(i+\varepsilon-k)}{N}}+\eta(k) \\ &= \frac{1}{N}\sum_{i=0}^{N-1}s(j)\frac{\sin[\pi(i+\varepsilon-k)]}{\sin\left[\frac{\pi(i+\varepsilon-k)}{N}\right]}\mathrm{e}^{\mathrm{j}\pi(i+\varepsilon+k)\left(1-\frac{1}{N}\right)}+\eta(k) \\ &= s(k)\frac{\sin(\pi\varepsilon)\mathrm{e}^{\mathrm{j}\pi\varepsilon}}{N\sin\left(\frac{\pi\varepsilon}{N}\right)\mathrm{e}^{\mathrm{j}\frac{\pi\varepsilon}{N}}}+\frac{1}{N}\sum_{\substack{i=0\\ i\neq k}}^{N-1}s(i)\frac{\sin[\pi(i+\varepsilon-k)]\mathrm{e}^{\mathrm{j}\pi(i+\varepsilon-k)}}{N\sin\left(\frac{\pi(i+\varepsilon-k)}{N}\right)\mathrm{e}^{\frac{\pi(i+\varepsilon-k)}{N}}}+\frac{1}{\sqrt{N}}\sum_{m=0}^{N-1}n(m)\mathrm{e}^{-\mathrm{j}\frac{2\pi}{N}km} \end{aligned} \tag{4.20}$$

其中，第一项代表接收的有用信号；第二项表示其他的载波信号引起的干扰，即子信道间干扰；最后一项则是高斯白噪声解调的结果。

考虑 OFDM-IDMA 系统模型中 $U$ 个用户与基站通信于独立的衰落信道，设经过编码、交织和调制后数据表示为 $\boldsymbol{X}^u=[X_0^u,\cdots,X_n^u,\cdots,X_{N-1}^u]^{\mathrm{T}}$，$u=1,2,\cdots,U$ 表示用户个数，$n=0,1,\cdots,N-1$ 为子载波数，即用户数据帧长度，$X_n^u$ 来自 BPSK、QPSK 等调制星座点。经 IFFT 运算后的时域 OFDM 信号为 $\boldsymbol{x}^u=[x_0^u,x_1^u,\cdots,x_{N-1}^u]^{\mathrm{T}}$，即

$$\boldsymbol{x}^u=\boldsymbol{F}^{\mathrm{H}}\boldsymbol{X}^u=\frac{1}{\sqrt{N}}\begin{bmatrix} W^{0\cdot 0} & \cdots & W^{0\cdot(N-1)} \\ W^{1\cdot 0} & \cdots & W^{1\cdot(N-1)} \\ \vdots & & \vdots \\ W^{(N-1)\cdot 0} & \cdots & W^{(N-1)\cdot(N-1)} \end{bmatrix}^{\mathrm{H}}\begin{bmatrix} X_0^u \\ X_1^u \\ \vdots \\ X_{N-1}^u \end{bmatrix} \tag{4.21}$$

其中，$W=\mathrm{e}^{-\mathrm{j}2\pi/N}$；$\boldsymbol{F}$ 为离散 Fourier 变换矩阵，$\boldsymbol{F}\boldsymbol{F}^{\mathrm{H}}=\boldsymbol{F}^{\mathrm{H}}\boldsymbol{F}=\boldsymbol{I}_{N\times N}$。

设循环前缀的长度为 $L_g(L_g>L)$，其中 $L$ 是信道最大多径时延。由于 OFDM-IDMA 使用了循环前缀，使时域中原来发送信号与信道冲激响应的线性卷积变为循环卷积，可以消除接收信号的码间干扰。通过信道以及去除循环前缀处理后，第 $u$ 个用户的信号可以表示为

$$\boldsymbol{y}^u = \boldsymbol{H}^u \boldsymbol{x}^u \tag{4.22}$$

其中，$\boldsymbol{H}^u$ 表示信道循环矩阵，$\boldsymbol{h}^u=[h_0^u,h_1^u,\cdots,h_{L-1}^u,0,\cdots,0]^{\mathrm{T}}$ 为信道循环矩阵的第一列，我们设定不同用户的信道是统计独立的。

在已获得定时同步情况下，考虑载波频偏和加性噪声，基站的时域接收信号矢量表示为[20,21]

$$\begin{aligned}\boldsymbol{r} &= \sum_{u=1}^{U} \Delta^{\varepsilon_u} \boldsymbol{y}^u + \boldsymbol{z} \\ &= \sum_{u=1}^{U} \Delta^{\varepsilon_u} \boldsymbol{H}^u \boldsymbol{x}^u + \boldsymbol{z}\end{aligned} \tag{4.23}$$

其中，$\Delta^{\varepsilon_u}=\mathrm{diag}\left\{1,\mathrm{e}^{\frac{\mathrm{j}2\pi\varepsilon_u}{N}},\cdots,\mathrm{e}^{\frac{\mathrm{j}2\pi(N-1)\varepsilon_u}{N}}\right\}$；$\varepsilon_u$ 是第 $u$ 个用户子载波间隔归一化的载波频偏，$\varepsilon_u\in(-0.5,0.5)$。

在理想情况下，当不存在频偏时，$\varepsilon_u=0$，则$\Delta^{\varepsilon_u}=I_N$。$\boldsymbol{z}=[z_0,z_1,\cdots,z_{N-1}]^{\mathrm{T}}$ 是均值为 0，方差为 $N_0$ 的高斯白噪声。在接收端经过 FFT 处理后，输出信号可以表示为

$$\begin{aligned}R &= \boldsymbol{F}\boldsymbol{r} \\ &= \boldsymbol{F}\Big(\sum_{u=1}^{U} \Delta^{\varepsilon_u} \boldsymbol{H}^u \boldsymbol{x}^u + \boldsymbol{z}\Big) \\ &= \sum_{u=1}^{U} \boldsymbol{F} \Delta^{\varepsilon_u} \boldsymbol{F}^{\mathrm{H}} \boldsymbol{F} \boldsymbol{H}^u \boldsymbol{F}^{\mathrm{H}} F \boldsymbol{x}^u + \boldsymbol{Z} \\ &= \sum_{u=1}^{U} \boldsymbol{C}^{\varepsilon_u} \Lambda^u \boldsymbol{X}^u + \boldsymbol{Z}\end{aligned} \tag{4.24}$$

其中，$\boldsymbol{C}^{\varepsilon_u}=\boldsymbol{F}\Delta^{\varepsilon_u}\boldsymbol{F}^{\mathrm{H}}$ 是用户 $u$ 的频域载波频偏循环矩阵，矩阵中元素值为$[C^{\varepsilon_u}]_{p,q}=\dfrac{1}{N}\sum\limits_{n=0}^{N-1}\mathrm{e}^{\mathrm{j}\frac{2\pi n}{N}(-p+q+\varepsilon_u)}$，$\Lambda^u=\boldsymbol{F}\boldsymbol{H}^u\boldsymbol{F}^{\mathrm{H}}$ 为信道频率响应，其对角元素为$[\Lambda^u]_{m,m}=\sum\limits_{n=0}^{N-1}h_n^u\mathrm{e}^{-\mathrm{j}2\pi\frac{mn}{N}}$；$\boldsymbol{Z}=\boldsymbol{F}\boldsymbol{z}$ 是频域的噪声向量。

以交织分多址区分各用户数据符号后叠加为一个向量 $\boldsymbol{R}$，然后将此向量送入 IDMA 迭代检测器。式 (4.24)可变化为

$$\begin{aligned}\boldsymbol{R} &= \sum_{u=1}^{U} \boldsymbol{C}^{\varepsilon_u} \Lambda^u \boldsymbol{X}^u + \boldsymbol{Z} \\ &= \underbrace{\boldsymbol{C}^{\varepsilon_u} \Lambda^u \boldsymbol{X}^u}_{\text{Signal\&ICI}} + \underbrace{\sum_{m=1,m\neq u}^{U} \boldsymbol{C}^{\varepsilon_m} \Lambda^m \boldsymbol{X}^m}_{\text{MUI}} + \underbrace{\boldsymbol{Z}}_{\text{Noise}} \\ &= \underbrace{\boldsymbol{C}^{\varepsilon_u} \Lambda^u \boldsymbol{X}^u}_{\text{Signal\&ICI}} + \underbrace{\sum_{m=1,m\neq u}^{U} \boldsymbol{C}^{\varepsilon_m} \Lambda^m \boldsymbol{X}^m + \underbrace{\boldsymbol{Z}}_{\text{Noise}}}_{\zeta^u}\end{aligned} \tag{4.25}$$

其中，$\boldsymbol{C}^{\varepsilon_u}=\boldsymbol{F}\Delta^{\varepsilon_u}\boldsymbol{F}^{\mathrm{H}}$ 是一个被 Fourier 变换矩阵对角化的循环矩阵，是用户 $u$ 的频偏干扰矩阵。当各用户频偏较小时，MUI 可等效为加性噪声，$\boldsymbol{C}^{\varepsilon_u}$ 对 OFDM-IDMA 系统的检测机制影响较小，$\boldsymbol{\zeta}^u$ 能等效为噪声，能保持逐码片迭代检测机制，从而能基本还原用户数据信息，进而保持系统性能。对于较大频偏，$\boldsymbol{C}^{\varepsilon_u}$ 与 $\boldsymbol{\zeta}^u$ 的影响造成了严重的子载波干扰和用户间信号干扰，从而破坏了系统的逐码片迭代检测机制，造成系统性能下降[47-50]。如图 4.2 和图 4.3 是多用户在不同信道条件下受频偏影响的误码率性能仿真图。其中多用户为 4 用户，图 4.2 为 AWGN 信道，图 4.3 为多径瑞利信道，假设各用户频偏相同。不同参数设置的仿真结果如图 4.2 和图 4.3 所示。从图 4.2 和图 4.3 可知，随着频偏的增大，系统性能明显下降，寻求有效的载波频偏估计和补偿方法就显得非常必要。

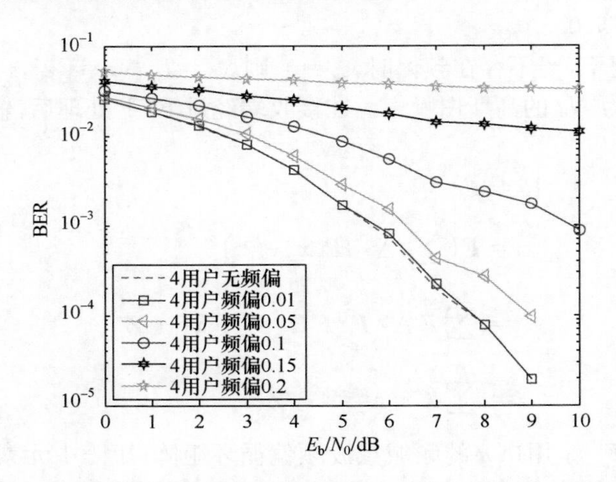


图 4.2　OFDM-IDMA 系统在 AWGN 信道下存在频偏时的比特误码率性能

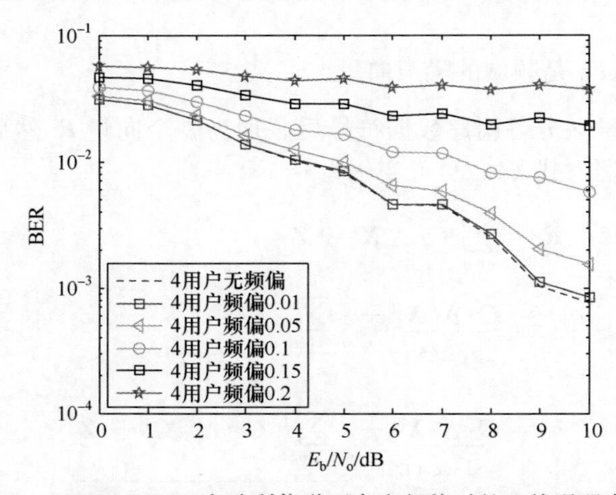


图 4.3　OFDM-IDMA 在瑞利信道下存在频偏时的比特误码率性能

## 4.2　SC-FDMA-IDMA

OFDM 传输技术具有抗 ISI、ICI 和高频谱率等优点，但具有较高的 PAPR，尤其对于上行通信来说是个瓶颈，同时易造成频偏，需要严格的时频同步等，而 SC-FDMA 作为传输技术具有单载波的信号传输模式，单载波具有较低的 PAPR 性能，尤其有利于上行链路通信。因此，在不影响整体性能的前提下，用 SC-FDMA 技术取代 OFDM 技术与 IDMA 技术结合，将产生具有与 OFDM-IDMA 系统性能相近的 SC-FDMA-IDMA，同时又具有较低的 PAPR 性能。SC-FDMA 与 IDMA 技术的结合，继承了两种技术的优点，形成的 SC-FDMA-IDMA 尤其有利于上行链路通信，对未来通信系统的发展具有重要的意义。

图 4.4 清楚地显示了 OFDM-IDMA 与 SC-FDMA-IDMA 系统的 PAPR 性能曲线。数据帧长为 128，重复编码长度为 8，我们产生 $10^4$ 均匀随机数据块去获得 PAPR 的 CCDF(互补累积分布函数)分布。从图 4.4 可知，SC-FDMA-IDMA 系统 PAPR 性能优于 OFDM-IDMA 系统的 PAPR 性能，适用于上行链路通信系统。

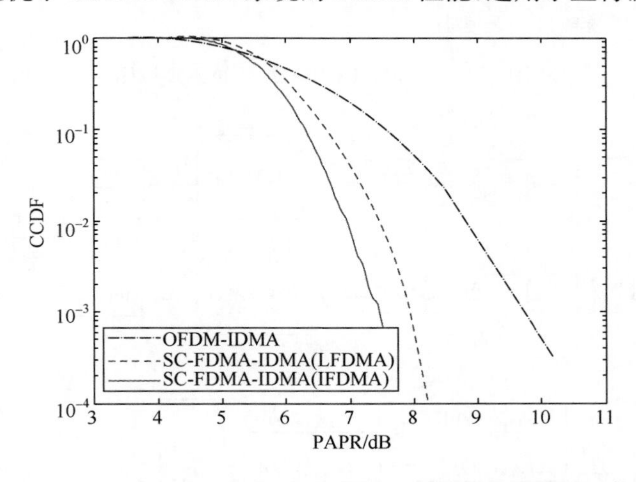


图 4.4　OFDM-IDMA 与 SC-FDMA-IDMA 系统 PAPR 性能比较曲线

### 4.2.1　SC-FDMA-IDMA 的系统模型

从 OFDM-IDMA 技术过渡到 SC-FDMA-IDMA 技术，其关键在于只需在发射机端加入改变时频机制的 DFT，而在接收机端加入对应的 IDFT 模块，子载波映射和解映射只作为一种资源调度方式处理。如图 4.5 所示，从 OFDM-IDMA 原理图演变为 SC-FDMA-IDMA 原理图。SC-FDMA-IDMA 系统模型如图 4.6 所示[8-10]。

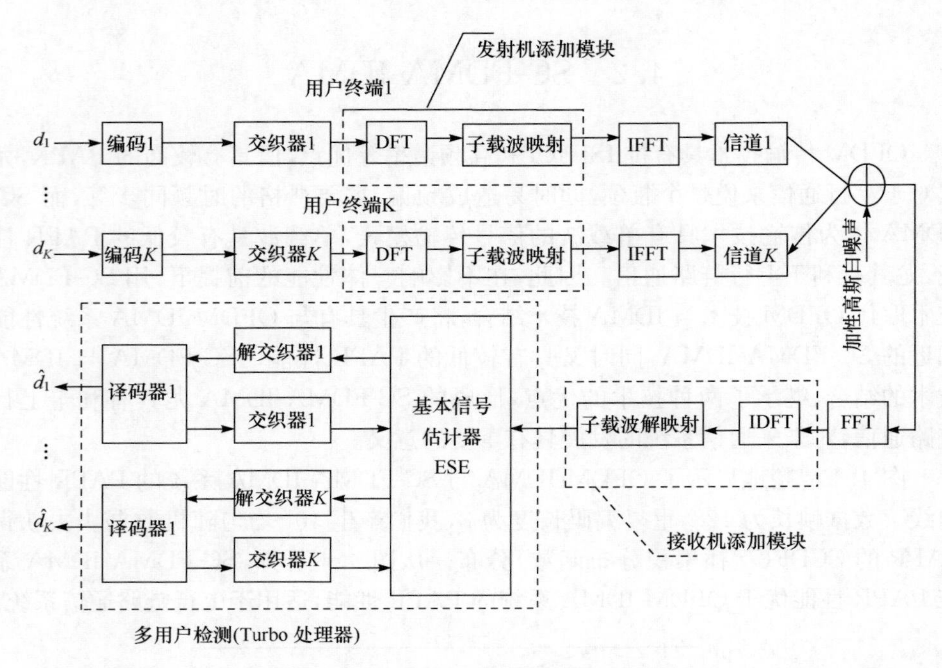


图 4.5　SC-FDMA-IDMA 系统原理框图

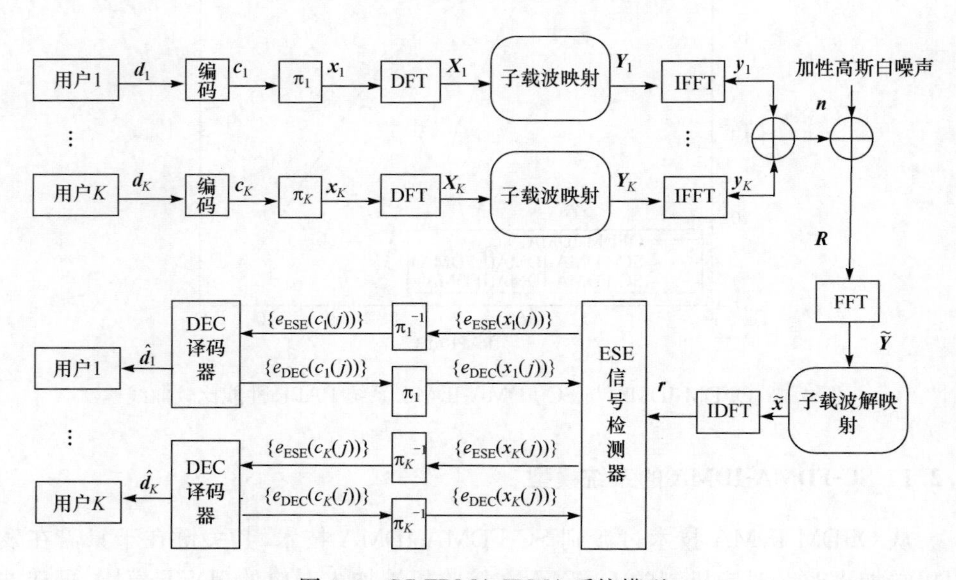


图 4.6　SC-FDMA-IDMA 系统模型

### 4.2.2　SC-FDMA-IDMA 的基本原理

考虑 $K$ 个用户通信于基站，设第 $k$ 个用户的符号数据经过编码器后得到序列 $\boldsymbol{c}_k=[c_k(1),\cdots,c_k(j),\cdots,c_k(J)]^{\mathrm{T}}$，$J$ 是用户数据帧的长度，$k=1,2,\cdots,K$。接着 $c_k$ 进入交织器进行交织排列，得到 $\boldsymbol{x}_k=[c_k(1),\cdots,c_k(j),\cdots,c_k(J)]^{\mathrm{T}}$。为了简便，符号映射模块没有在图 4.3 中标注。如果采用 QPSK 调制，$\boldsymbol{x}_k$ 的每维表示成 $x_k^{\mathrm{Re}}$ 或 $x_k^{\mathrm{Im}}$。经过 IDMA 信号处理后，$\boldsymbol{x}_k$ 进入 SC-FDMA 信号调制模块。$\boldsymbol{X}_k$ 表示 $\boldsymbol{x}_k$ 的 $M$ 点 DFT 变换，这个标准化的 DFT 矩阵表示为 $\boldsymbol{F}_M$，$[\boldsymbol{F}_M]_{p,q}=\dfrac{1}{\sqrt{M}}\exp\left(\dfrac{-\mathrm{j}2\pi pq}{M}\right)$，其中 $p,q=0,1,\cdots,M-1$，那么对应的标准化 IDFT 矩阵可被表示成为 $\boldsymbol{F}_M^{\mathrm{H}}$，$\boldsymbol{F}_M\boldsymbol{F}_M^{\mathrm{H}}=\boldsymbol{I}_M$，这里设 $M=J$，则

$$\boldsymbol{X}_k=\boldsymbol{F}_M\boldsymbol{x}_k \tag{4.26}$$

我们定义 $N\times M$ 的用户 $k$ 子载波映射矩阵 $\boldsymbol{\Gamma}_k$，映射后生成的频域信号向量为

$$\boldsymbol{Y}_k=\boldsymbol{\Gamma}_k\boldsymbol{X}_k \tag{4.27}$$

此处的子载波映射矩阵为

$$[\boldsymbol{\Gamma}_k]_{n,m}=\begin{cases}1, & \text{第 } m \text{ 个元素映射到第 } n \text{ 个子载波}\\ 0, & \text{其他}\end{cases}$$

注意 $\boldsymbol{Y}_k$ 只有 $M$ 个元素是非零的。这里 $N=QM$，其中 $Q$ 是子载波映射的扩频因子，则经过子载波映射后，执行 $N$ 点的 IDFT 变换(为了实现快速运算一般采用 IFFT)，转变 $\boldsymbol{Y}_k$ 到它的时域信号 $\boldsymbol{y}_k$，因此可以表示为

$$\boldsymbol{y}_k=\boldsymbol{F}_N^{\mathrm{H}}\boldsymbol{Y}_k=\boldsymbol{F}_N^{\mathrm{H}}\boldsymbol{\Gamma}_k\boldsymbol{F}_M\boldsymbol{x}_k \tag{4.28}$$

IFFT 的输出向量 $y_k$ 在插入循环前缀(CP)后被发送出去，送入多径信道。保护间隔的长度是 $L_g$，设定其长度大于最大信号延迟 $L$。这里设定第 $k$ 个用户的信道参数是 $\boldsymbol{h}_k=[h_{k,0},h_{k,1},\cdots,h_{k,L-1},0,\cdots,0]^{\mathrm{T}}$，$\boldsymbol{h}_k$ 向量中只有 $L$ 个非零，其余 $N-L$ 个元素是等于 0 的。考虑到信道加性噪声，到达基站的 $K$ 个用户信号合并，在去除循环前缀后的信号表示为

$$\begin{aligned}\boldsymbol{R}&=\sum_{k=1}^{K}\boldsymbol{y}_k\otimes\boldsymbol{h}_k+\boldsymbol{z}\\&=\sum_{k=1}^{K}\boldsymbol{H}_k\boldsymbol{y}_k+\boldsymbol{z}\end{aligned} \tag{4.29}$$

其中，“⊗”表示循环卷积运算；$\boldsymbol{z}$ 是加性噪声；$\boldsymbol{H}_k$ 表示以 $N\times 1$ 的列向量 $\boldsymbol{h}_k$ 作为第一列形成的循环矩阵。

经过信道后的各用户数据信号合并为一个向量 $\boldsymbol{R}$，各用户间采用交织分多址共享资源。在接收端，首先进行 SC-FDMA 的解调，然后进行 IDMA 的逐码片检测。SC-FDMA 的解调与它的调制是一个相反的过程。首先 $\boldsymbol{R}$ 进行 FFT 变换，然

后是子载波的解映射，最后是 IDFT 变换，经过这一系列的信号处理之后，就实现了 SC-FDMA 的解调，考虑单路径实信道，则我们可以得到逐码片迭代检测中的表达式

$$r(j)=\sum_{k}h_{k}x_{k}(j)+n(j),\quad j=1,2,\cdots,J \tag{4.30}$$

$$r(j)=h_{k}x_{k}(j)+\zeta_{k}(j) \tag{4.31}$$

$$\zeta_{k}(j)\equiv r(j)-h_{k}x_{k}(j)=\sum_{k'\neq k}h_{k'}x_{k'}+n(j) \tag{4.32}$$

其中，$\zeta_k(j)$表示其他用户对第 $k$ 个用户在第 $j$ 个子载波上造成的信号干扰和加性高斯白噪声干扰之和。当用户数量充分大时，由中心极限定理认为 $\zeta_k(j)$是服从高斯分布的，因此 $\zeta_k(j)$可以看作是其他用户对第 $k$ 个用户的造成的噪声。下面介绍一种单路径时，逐码片检测的具体算法。检测执行过程是对 $r(j)$进行基本信号检测(ESE)和解码(DEC)操作的过程。采用基于 Turbo 型迭代多用户检测模块如图 4.3 所示。基于逐码片迭代检测方式，ESE 模块每次仅利用一个信道观测值 $r(j)$，使得 ESE 模块实现变得相对容易。ESE 和 DEC 的输出是关于$\{x_k(j)\}$的对数似然值(LLRs)，把它作为外信息使用，用于更新下一次迭代的先验信息。不同的模块有着不同的名字代号，这里分别用 $e_{\mathrm{ESE}}(x_k(j))$和 $e_{\mathrm{DEC}}(x_k(j))$来表示 ESE 和 DEC 模块产生的外信息，符号 $E(\cdot)$和 $\mathrm{Var}(\cdot)$分别表示均值和方差函数。

根据文献[14]的介绍，可以得到 ESE 模块中的检测算法分为两步执行。

第一步，估计噪声均值和方差

$$E(r(j))=\sum_{k}h_{k}E(x_{k}(j)) \tag{4.33}$$

$$\mathrm{Var}(r(j))=\sum_{k}|h_{k}|^{2}\mathrm{Var}(x_{k}(j))+\sigma^{2} \tag{4.34}$$

$$E(\zeta_{k}(j))=E(r(j))-h_{k}E(x_{k}(j)) \tag{4.35}$$

$$\mathrm{Var}(\zeta_{k}(j))=\mathrm{Var}(r(j))-|h_{k}|^{2}\mathrm{Var}(x_{k}(j))$$

第二步，外信息产生

$$\mathrm{LLRs}\{x_{k}(j)\}=e_{\mathrm{ESE}}(x_{k}(j))=2h_{k}\frac{r(j)-E(\zeta_{k}(j))}{\mathrm{Var}(\zeta_{k}(j))} \tag{4.36}$$

译码器实现是基于最大后验概率译码(APP)，ESE 模块产生的第 $k$ 路外信息 $e_{\mathrm{ESE}}(x_k(j))$经解交织操作后作为第 $k$ 用户译码器输入端的先验信息，然后该译码器产生一个相应的外信息 $e_{\mathrm{DEC}}(x_k(j))$，经过交织后再返还给 ESE 模块，作为下一次迭代 ESE 输入的先验信息，去更新噪声的均值和方差，如此形成迭代。在经过设定次数的迭代检测后，$K$ 个用户的 DEC 分别产生相应的用户信息序列的硬判决值 $\hat{d}_k$。其算法处理过程如下，即

$$e_{\mathrm{DEC}}(x_{k}(\pi_{k}(j)))=L_{\mathrm{APP}}(b_{k}(1))-e_{\mathrm{ESE}}(x_{k}(\pi_{k}(j))) \tag{4.37}$$

$$E(x_k(j))=\tanh(e_{\mathrm{DEC}}(x_k(j)/2)) \tag{4.38}$$

$$\mathrm{Var}(x_k(j))=1-(E(x_k(j)))^2 \tag{4.39}$$

在初始化中，$E(x_k(j))=0$，$\mathrm{Var}(x_k(j))=1$，其中 $L_{\mathrm{APP}}(b_k(1))$ 为第 $k$ 个用户编码码元的后验概率。向量序列 $r$ 进行 CBC 检测，上面只是通过一个简单情况阐述其原理，具体的步骤与 OFDM-IDMA 的相同，可参照 OFDM-IDMA 检测部分或见文献[1]-[7]，这里不再重复说明。因为从 OFDM-IDMA 系统到 SC-FDMA-IDMA 系统，关键在于添加的时频转换机制，即 DFT 和 IDFT 模块，并没有改变以 IDMA 作为多址技术去区分用户的迭代检测机制，所以 CBC 的算法与 OFDM-IDMA 的相同。下面通过仿真加以说明系统的性能。

### 4.2.3　SC-FDMA-IDMA 的频偏分析

考虑 SC-FDMA-IDMA 系统模型为具有 $U$ 个上行终端用户与一个基站通信于独立的衰落信道[8-10,22]。系统总的子载波数为 $N$，每个用户终端分配 $M$ 个子载波。设 $M\times 1$ 列向量 $\boldsymbol{d}^u$ 表示第 $u$ 个用户的 $M$ 个信息符号，来自 QPSK 或 QAM 调制星座点。用户信息符号首先经过 SC-FDMA 调制中的 M 点 DFT，将输入的序列转换为频域的表示，即

$$\boldsymbol{D}^u=\boldsymbol{F}_M d^u \tag{4.40}$$

其中，$\boldsymbol{F}_M$ 表示 $M$ 点 DFT 矩阵，$[\boldsymbol{F}_M]_{p,q}=\frac{1}{\sqrt{M}}\exp\left(\frac{-\mathrm{j}2\pi pq}{M}\right)$，$p,q=0,1,\cdots,M-1$；在子载波映射处理时，$\boldsymbol{D}^u$ 中的各个元素映射到 $N$ 个子载波中的一个子载波上。

在 LTE 上行链路中，有两种子载波映射，即局部式(LFDMA)与交织式(IFDMA)。在局部式中，各个终端占用相邻的子载波传输码元，而在交织式中，占用的子载波间的间隔是相等的。定义第 $u$ 个用户的 $N\times M$ 的子载波映射矩阵 $\boldsymbol{\Gamma}^u$，在经过映射后频域的信号矢量表示为

$$\boldsymbol{X}^u=\boldsymbol{\Gamma}^u\boldsymbol{D}^u \tag{4.41}$$

$$[\boldsymbol{\Gamma}^u]_{n,m}=\begin{cases}1, & \text{第 } m \text{ 个元素映射到子载波 } n\\ 0, & \text{其他}\end{cases}$$

注意 $\boldsymbol{X}^u$ 中只有 $M$ 个元素为非 0 的。在完成了子载波映射操作后，接着进行 $N$ 点的 IDFT 转换 $\boldsymbol{X}^u$ 到时域的信号 $\boldsymbol{x}^u$，$\boldsymbol{x}^u$ 可以表示为

$$\boldsymbol{x}^u=\boldsymbol{F}_N^{\mathrm{H}}\boldsymbol{X}^u=\boldsymbol{F}_N^{\mathrm{H}}\boldsymbol{\Gamma}^u\boldsymbol{F}_M\boldsymbol{d}^u \tag{4.42}$$

最后，插入足够长的循环前缀，防止码间干扰。通过信道以及去除循环前缀处理后，第 $u$ 个用户的信号表示为

$$\boldsymbol{y}^u=\boldsymbol{H}^u\boldsymbol{x}^u \tag{4.43}$$

其中，$\boldsymbol{H}^u$ 表示信道循环矩阵，$\boldsymbol{h}^u=[h_0^u,h_1^u,\cdots,h_{L-1}^u,0,\cdots,0]^{\mathrm{T}}$ 为信道循环矩阵的第

一列，设定不同用户的信道是统计独立的，$L$ 是信道最大多径时延。

在已获得定时同步情况下，考虑载波频偏和加性噪声，基站的时域接收信号矢量表示为

$$\begin{aligned}\boldsymbol{r} &= \sum_{u=1}^{U} \Delta^{\varepsilon_u} \boldsymbol{y}^u + \boldsymbol{z} \\ &= \sum_{u=1}^{U} \Delta^{\varepsilon_u} \boldsymbol{H}^u \boldsymbol{x}^u + \boldsymbol{z}\end{aligned} \tag{4.44}$$

其中，$\Delta^{\varepsilon_u}=\mathrm{diag}\{1,\mathrm{e}^{\frac{\mathrm{j}2\pi\varepsilon_u}{N}},\cdots,\mathrm{e}^{\frac{\mathrm{j}2\pi|N-1|\varepsilon_u}{N}}\}$；$\varepsilon_u$ 是第 $u$ 个用户子载波间隔归一化的载波频偏，$\varepsilon_u\in(-0.5,0.5)$。

在理想情况下，当不存在频偏时，$\varepsilon_u=0$，则$\Delta^{\varepsilon_u}=\boldsymbol{I}_N$。$\boldsymbol{z}=[z_0,z_1,\cdots,z_{N-1}]^{\mathrm{T}}$ 是均值为 0，方差为 $N_0$ 的高斯白噪声。在接收端经过 FFT 处理后，输出信号可表示为

$$\begin{aligned}\boldsymbol{R} &= \boldsymbol{F}_N\boldsymbol{r} \\ &= \boldsymbol{F}_N\left(\sum_{u=1}^{U} \Delta^{\varepsilon_u} \boldsymbol{H}^u \boldsymbol{x}^u + \boldsymbol{z}\right) \\ &= \sum_{u=1}^{U} \boldsymbol{F}_N\, \Delta^{\varepsilon_u} \boldsymbol{F}_N^{\mathrm{H}} F_N \boldsymbol{H}^u \boldsymbol{F}_N^{\mathrm{H}} \boldsymbol{F}_N \boldsymbol{X}^u + \boldsymbol{Z} \\ &= \sum_{u=1}^{U} \boldsymbol{C}^{\varepsilon_u} \Lambda^u \boldsymbol{X}^u + \boldsymbol{Z}\end{aligned} \tag{4.45}$$

其中，$\boldsymbol{C}^{\varepsilon_u}=\boldsymbol{F}_N\ \Delta^{\varepsilon_u}\ \boldsymbol{F}_N^{\mathrm{H}}$ 是用户 $u$ 的频域载波频偏循环矩阵，$[\boldsymbol{C}^{\varepsilon_u}]_{p,q}=\dfrac{1}{N}\sum\limits_{n=0}^{N-1}\mathrm{e}^{\mathrm{j}\frac{2\pi n}{N}(-p+q+\varepsilon_u)}$；$\Lambda^u=\boldsymbol{F}_N\ \boldsymbol{H}^u\ \boldsymbol{F}_N^{\mathrm{H}}$ 为信道频率响应，其对角元素为$[\Lambda^u]_{m,m}=\sum\limits_{n=0}^{N-1}h_n^u\mathrm{e}^{-\mathrm{j}2\pi\frac{mn}{N}}$；$\boldsymbol{Z}=\boldsymbol{F}_N\boldsymbol{z}$ 是频域的噪声向量。

对比 OFDM-IDMA 与 SC-FDMA-IDMA 的频偏系统模型，可以得知两者的模型是非常相似，因此我们针对相应的多载波系统，研究基于多用户检测的载波同步算法。

## 4.3　基于逐码片迭代检测的频偏估计与补偿

### 4.3.1　迭代频偏估计及补偿

OFDM-IDMA 系统模型如图 4.7 所示。设用户 $u$ 为期望用户，根据式(4.39)，设$\boldsymbol{G}^u=[G_0^u,G_1^u,\cdots,G_{N-1}^u]$为循环矩阵的第一行，则构造频偏循环矩阵为

$$\boldsymbol{C}^{\varepsilon_u}=\begin{bmatrix} G_0^u & G_1^u & \cdots & G_{N-1}^u \\ G_{N-1}^u & G_0^u & \cdots & G_{N-2}^u \\ \vdots & \vdots & & \vdots \\ G_1^u & G_2^u & \cdots & G_0^u \end{bmatrix} \tag{4.46}$$

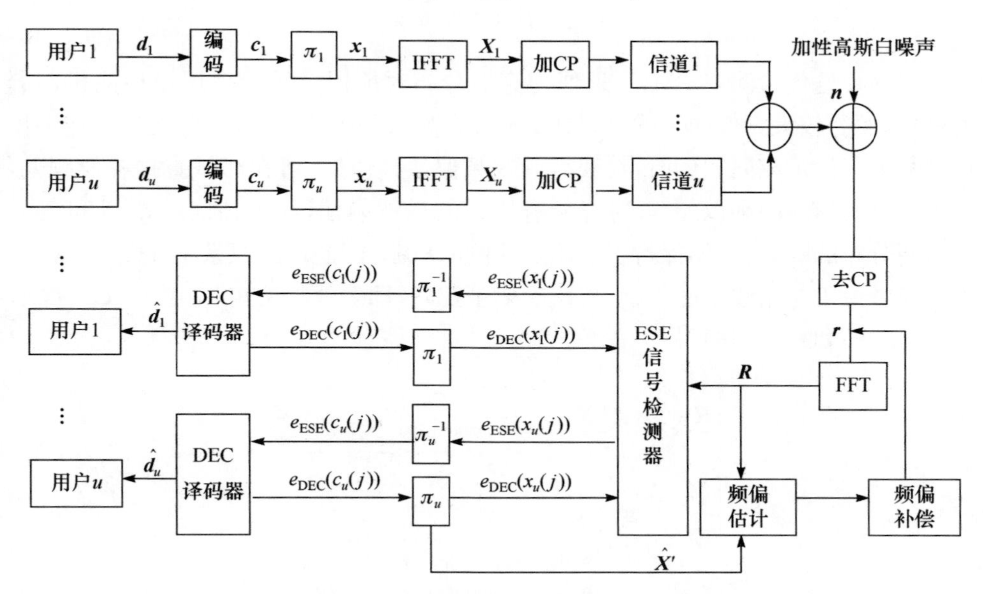


图 4.7　OFDM-IDMA 系统频偏估计及补偿模型

根据循环矩阵与离散 Fourier 变换矩阵关系[52]，$\boldsymbol{C}^{\varepsilon_u}=\boldsymbol{F}\,\Delta^{\varepsilon_u}\boldsymbol{F}^{\mathrm{H}}$，$\Delta^{\varepsilon_u}$ 的对角元素$\{1,\mathrm{e}^{\frac{\mathrm{j}2\pi\varepsilon_u}{N}},\cdots,\mathrm{e}^{\frac{\mathrm{j}2\pi(N-1)\varepsilon_u}{N}}\}$为循环矩阵$\boldsymbol{C}^{\varepsilon_u}$的特征值，特征值可以由循环矩阵$\boldsymbol{C}^{\varepsilon_u}$是第一行元素离散 Fourier 变换得到，则通过离散 Fourier 反变换可得

$$\begin{aligned}[\boldsymbol{C}^{\varepsilon_u}]_{p,q}&=\frac{1}{N}\sum_{n=0}^{N-1}\mathrm{e}^{\frac{\mathrm{j}2\pi n}{N}(-p+q+\varepsilon_u)}\\&=\frac{\sin[\pi(q+\varepsilon_u-p)]\mathrm{e}^{\mathrm{j}\pi(q+\varepsilon_u-p)(N-1)/N}}{N\sin[\pi(q+\varepsilon_u-p)/N]}\end{aligned} \tag{4.47}$$

$$\boldsymbol{G}_0^u=\frac{\sin[\pi\varepsilon_u]\mathrm{e}^{\mathrm{j}\pi\varepsilon_u(N-1)/N}}{N\sin[\pi\varepsilon_u/N]} \tag{4.48}$$

由式(4.48)可知，$\boldsymbol{C}^{\varepsilon_u}$会对用户数据造成信号幅度的衰落和子载波的相位偏转，导致子载波间干扰与多用户干扰。设各用户频偏相同时，即$\varepsilon_1=\cdots=\varepsilon_u=\cdots=\varepsilon_U$，由式(4.38)变换可得

$$\boldsymbol{r}=\sum_{u=1}^{U}\Delta^{\varepsilon_u}\boldsymbol{H}^u\boldsymbol{x}^u+\boldsymbol{z}$$

$$= \Delta^{\varepsilon_u} \boldsymbol{H}^u \boldsymbol{x}^u + \underbrace{\sum_{m=1,m\neq u}^{U} \Delta^{\varepsilon_m} \boldsymbol{H}^m \boldsymbol{x}^m + \boldsymbol{z}}_{\text{MUI}}$$

$$= \Delta^{\varepsilon_u} \boldsymbol{H}^u \boldsymbol{x}^u + \underbrace{\sum_{m=1,m\neq u}^{U} \Delta^{\varepsilon_m} \boldsymbol{H}^m \boldsymbol{x}^m + \boldsymbol{z}}_{\zeta^u} \tag{4.49}$$

对于逐码片迭代检测，当 MUI 近似为高斯分布时能保持系统多用户检测机制分离用户，而受较大频偏的干扰时，MUI 不符合高斯分布的特性，因此无法执行多用户检测。当设定相同频偏时，在获得有效频偏估计值后，可在时域直接补偿频偏，相当于对式(4.49)乘以$\Delta^{-\varepsilon_u}$，对齐所有用户的载波频偏，经过补偿后 $\boldsymbol{\zeta}^u$ 又可等效为高斯分布的噪声，从而保持了多用户检测的机制，因此可还原系统性能。

只考虑主对角线上的干扰，忽略次要干扰时，即等效频偏矩阵相当于$\boldsymbol{C}^{\varepsilon_u}=\boldsymbol{G}_0^u$，由式(4.39)和式(4.49)得

$$\begin{cases} \boldsymbol{R}=\underbrace{\boldsymbol{C}^{\varepsilon_u}\Lambda^u \boldsymbol{X}^u}_{\text{Signal\&ICI}}+\underbrace{\sum_{m=1,m\neq u}^{U} \boldsymbol{C}^{\varepsilon_m}\Lambda^m \boldsymbol{X}^m+\underbrace{\boldsymbol{Z}}_{\text{Noise}}}_{\zeta^u} \\ \boldsymbol{G}_0^u=\dfrac{\sin[\pi\varepsilon_u]\mathrm{e}^{\mathrm{j}\pi\varepsilon_u(N-1)/N}}{N\sin[\pi\varepsilon_u/N]} \end{cases} \tag{4.50}$$

$$\boldsymbol{R}=\frac{\sin[\pi\varepsilon_u]\mathrm{e}^{\mathrm{j}\pi\varepsilon_u(N-1)/N}}{N\sin[\pi\varepsilon_u/N]}\Lambda^u \boldsymbol{X}^u \tag{4.51}$$

$$\frac{\sin(\pi\varepsilon_u)}{\sin(\pi\varepsilon_u/N)}\approx\frac{\pi\varepsilon_u}{\pi\varepsilon_u/N}\approx N \tag{4.52}$$

$$\boldsymbol{R}=\mathrm{e}^{\mathrm{j}\pi\varepsilon_u(N-1)/N}\Lambda^u \boldsymbol{X}^u \tag{4.53}$$

可以得到估计频偏值为

$$\hat{\varepsilon}_u=\text{angle}\{R\,(\Lambda^u \boldsymbol{X}^u)^{\mathrm{H}}\}\frac{N}{\pi(N-1)} \tag{4.54}$$

在上式推导过程中，忽略频偏矩阵中的次要干扰，只考虑主导干扰，把一个矩阵乘等效为一个数乘，在算法上实现了简化，但在估计精度上有一定的偏差。因此，考虑联合逐码片的迭代检测，式(4.54)中$\boldsymbol{X}^u$ 可以通过结合利用 IDMA 逐码片检测中的外信息重构信号 $\hat{\boldsymbol{X}}^u$ 实现，因此可进行迭代的频偏估计与迭代的频偏补偿。

基于逐码片迭代检测频偏估计及补偿算法思想是将频偏估计与频偏补偿通过迭代方式，联合起来执行，即利用 OFDM 解调的数据与 IDMA 迭代检测外信息重构信号进行频域频偏估计，然后将频偏估值进行时域直频偏补偿，再执行 IDMA

迭代译码,产生补偿后的反馈信息重构信号进行残余频偏估计。当随着多用户迭代检测次数的增加,期望用户的数据将越来越精确,则利用期望用户数据与补偿后的数据的进行估计的频偏值精度也将提高,最后将补偿后的用户数据信息进行判决,还原期望用户信息,进而实现系统的载波同步。

### 4.3.2　算法性能分析

接收机在无频偏时,通过逐码片检测能有效分离用户,然而频偏的存在破坏了子载波间的正交性,同时造成了多用户干扰。根据式(4.25),我们知道在频偏较小时,逐码片的检测机制受影响较小,基本能保持系统性能,但在频偏较大时,逐码片检测机制受破坏严重,难以进行多用户检测,造成系统较高的误码率。本算法可与其他算法联合,如可采用最大似然估计算法作为初次的频偏估计捕获频偏,当然初次的估计方法还有其他的,方法不唯一。通过初次估计可以得到一个大概估计值,但有一定的频偏偏差。该偏差将直接影响逐码片检测,会降低系统的性能。通过采用基于逐码片检测的频偏估计与频偏补偿的逐次逼近作用,可以有效提高频偏估计精度及系统性能,进而实现系统载波同步。这里的算法中存在两个迭代方式,两个迭代相互影响,其中一个是 OFDM-IDMA 自身存在的逐码片检测的迭代,另一个是频偏估计与频偏补偿形成的迭代。

利用逐码片检测的干扰消除技术,将逐码片检测中的外信息重构信号与 OFDM 解调信号,利用式(4.54)进行频域频偏估计,将估计的频偏值反馈时域补偿原 OFDM 解调信号,从新进入逐码片检测系统,进行检测或为下一次估计与补偿做准备。经仿真验证,在 AWGN 信道下,逐码片检测 10 次迭代的外信息重构信号与 FFT 解调的信号,只需一次估计与一次补偿,就可基本还原系统性能。在多径瑞利信道下,受信道影响,需要进行再次频偏的估计与补偿,才能还原系统性能。这里提出的算法是通过迭代的方式更进一步改善估计精度与补偿性能,就算法复杂度而言,虽然只是增加了迭代频偏估计与频偏补偿的过程,但估计精度更高,系统性能改善更明显。

### 4.3.3　实验仿真结果分析

在前述部分分析了频偏对系统性能的影响,并给出了有关的仿真结果。在这一节将研究基于 CBC 检测的载波同步信号处理算法,仿真基本条件是采用未编码系统,QPSK 调制,AWGN 信道与多径瑞利信道,数据长度 128,数据块 100,扩频码长度 8,其中 AWGN 信道下一次频偏估计,多径瑞利信道两次频偏估计。

图 4.8 和图 4.9 为 AWGN 信道下,迭代频偏估计与频偏补偿算法经过 CBC 迭代 10 次,一次频偏估计与最大似然估计的比较,频偏分别是 0.15 与 0.2,用户

数分别为单用户与4用户。由图4.8与图4.9可以看出，迭代频偏估计与频偏补偿算法优于最大似然估计算法，而且估计准确度比最大似然估计算法较优，与前述理论的分析一致。

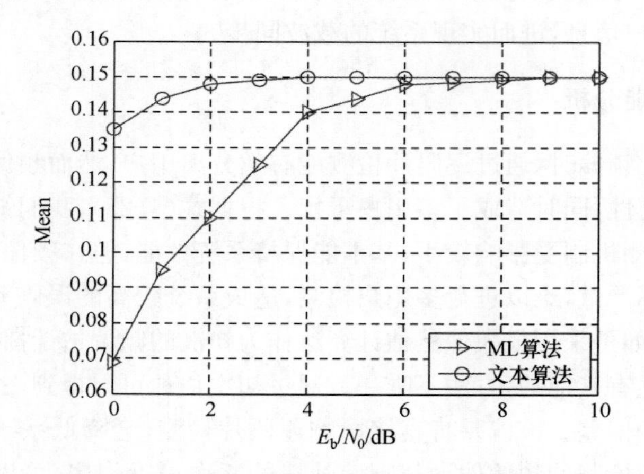


图4.8 单用户时本章提出算法与ML算法的估计均值比较

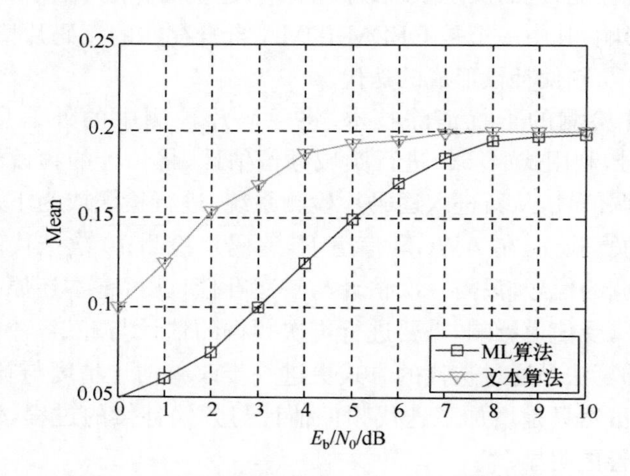


图4.9 4用户本章提出算法与ML算法的估计均值比较

图4.10和图4.11为在3路径和瑞利信道下，单用户与4用户时的迭代频偏估计性能曲线，频偏为0.2。由图4.10和图4.11可知，基于CBC检测的频偏估计，二次估计可消除前一次的残余频偏，有效提高估计的精度。图4.12和图4.13是基于CBC检测的载波同步信号处理算法不同迭代次数对迭代载波同步处理影响的误码率曲线，不同仿真参数设置如图4.12～图4.14所示。图4.12为迭代估计次数后补偿对系统性能影响的误码率曲线。图4.13和图4.14是CBC检测不同迭代次数对系统性能影响的误码率曲线。由图4.12可知，通过迭代频偏估计与

补偿处理，系统性能随着迭代次数的增加越来越逼近理论值，趋近无频偏时误码率性能。由图 4.13 和图 4.14 可知，CBC 检测处理对系统的影响是，系统性能随着迭代次数的增加越来越逼近理论值，趋近无频偏时误码率性能，同时可得知两个迭代是相互影响的。图 4.15 是 CBC 迭代 10 次，频偏估计 2 次后，100 个数据块频偏估计值取平均值进行补偿的误码率性能。由图 4.15 可知，估计均值能消除每个数据块频偏估计值的随机性，改善估计精度，通过补偿更能使其系统性能趋近于无频偏时系统性能。

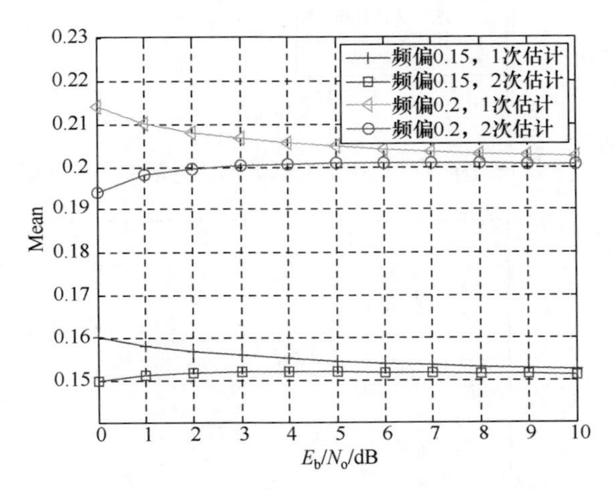


图 4.10　单用户时迭代频偏估计均值性能

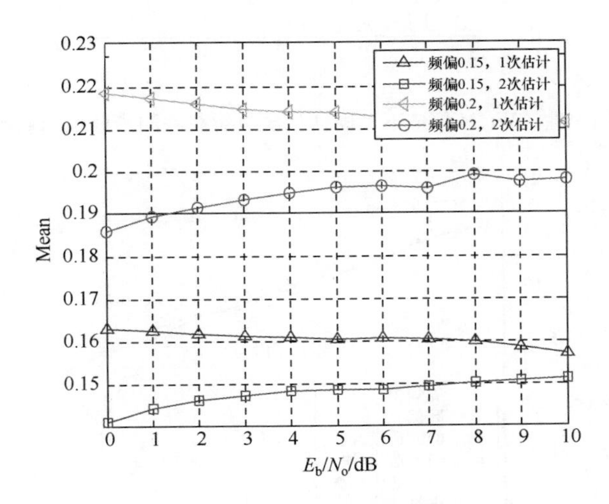


图 4.11　4 用户时迭代频偏估计均值性能

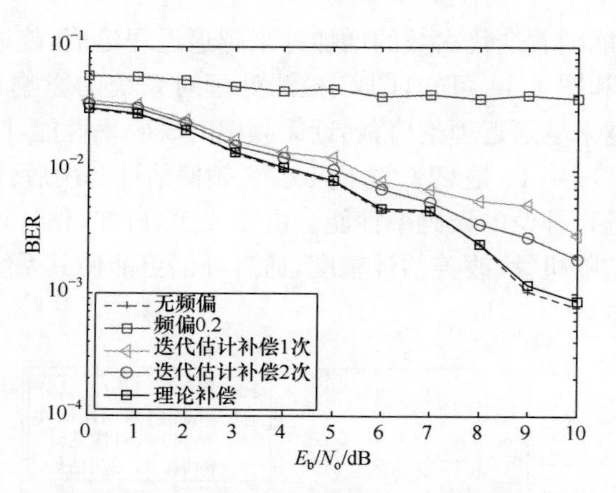


图 4.12　4 用户时不同迭代次数对载波同步处理影响的误码率曲线

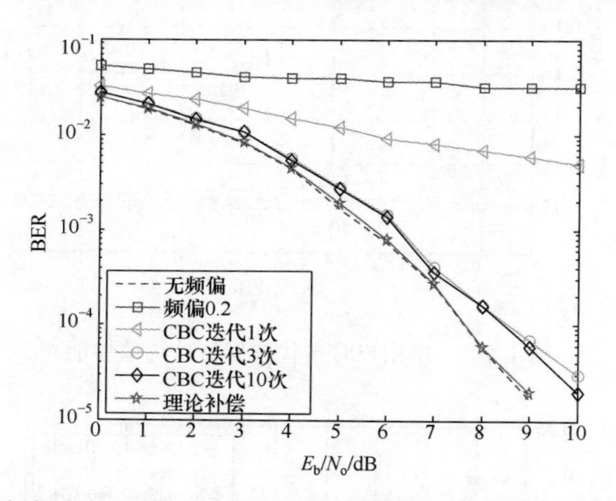


图 4.13　4 用户在 AWGN 信道下不同迭代次数对载波同步处理影响的误码率曲线

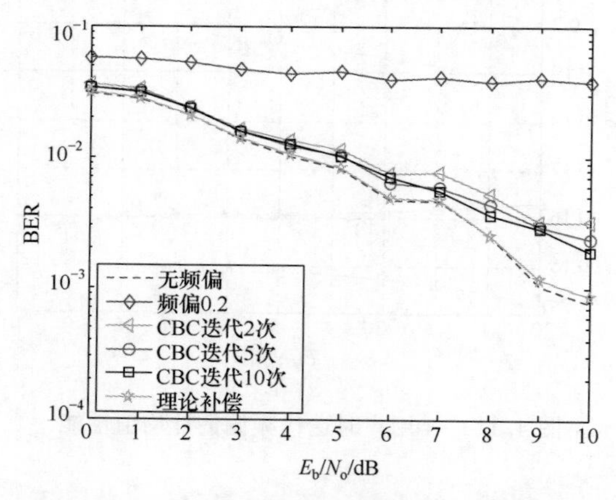


图 4.14　4 用户在 3 径瑞利信道时不同迭代次数对载波同步处理影响的误码率曲线

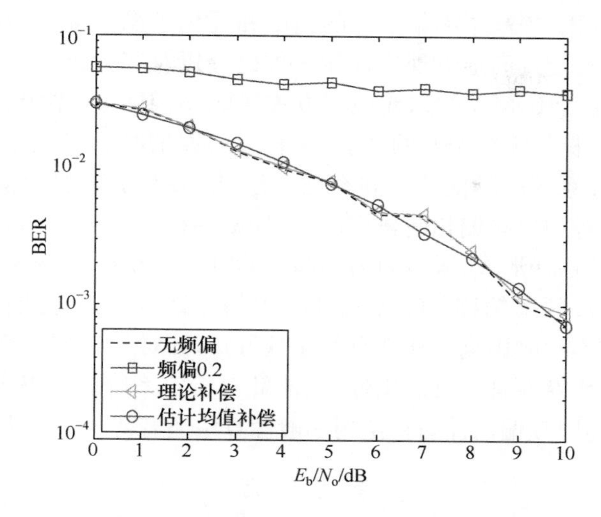


图 4.15　4用户在3径瑞利信道时载波同步处理误码率曲线

## 4.4　小　　结

本章阐述了 OFDM-IDMA 技术原理，并从 OFDM-IDMA 的技术优势和不足之处，研究了一种新型的上行链路方案，即 SC-FDMA-FDMA。本章首先介绍 OFDM-IDMA 技术原理，接着论述本章的核心技术 SC-FDMA-IDMA，最后仿真验证 OFDM-IDMA 与 SC-FDMA-IDMA 的性能差别与相似处。通过仿真验证，得到 SC-FDMA-IDMA 技术是一种具有较低 PAPR 性能和近似 OFDM-IDMA 性能新型多址方案，适用于上行链路通信系统。从 SC-FDMA 技术与 CDMA 技术的结合，本章构想研究 SC-FDMA 技术与 IDMA 技术的结合。SC-FDMA-IDMA 技术有着单载波频分复用和交织分多址的技术优势，是未来移动通信系统发展的一种重要技术。未来的移动通信应具有多种技术优势，以适应各种复杂的通信环境。本章只对 SC-FDMA-IDMA 技术的初步研究，还需更多的感兴趣的研究学者致力于这种技术的关键问题研究，如同步研究、信道估计研究等。

本章研究了频偏对基于交织分多址的混合多址技术的敏感性，同时主要针对 OFDM-IDMA 系统频偏模型，从理论上分析研究了频偏对系统性能的影响。在假设各用户频偏相同的模型下，提出基于逐码片多用户检测的迭代载波同步算法。针对本章算法，要分清干扰和噪声具体意义：干扰是与有用信号相关的破坏性因素，而噪声是与有用信号无关的破坏性因素。本章算法利用 IDMA 逐码片迭代检测中的外信息重构信号，一方面用于更新下一次迭代检测的软信息，另一方面利用与原用户数据信号的相关性进行频偏估计，再反馈进行频偏值补偿，通过迭代的方式，执行估计与补偿，提高了频偏估计的精度和优化了系统链路的性能，使受载波频偏干扰的系统性能逐渐逼近理论性能。理论分析及实验仿真结果表明，在较小频偏的情况下，由于 IDMA 的迭代检测方式，OFDM-IDMA 系统自身具有纠小频偏的性能，能基本保持无频偏时的性能；在较大频偏情况下，基于逐码片迭代检测的 OFDM-IDMA 系统的频偏估计和补偿方法，能够使系统性能接近无频偏时性能。本算法设定各用户频偏相同，具有一定局限性。设定频偏相同是为了方便频偏补偿，以与频偏估计形成补偿，因为不同频偏时，一个用户载波频偏的矫正，会造成其他用户的载波频率偏移。OFDM-IDMA 的多址机制，补偿期望用户频偏，会给其他用户造成不利的影响。从现有的文献可知，针对 OFDM-IDMA 系统的现阶段补偿算法少有研究而且不具通用性，只能针对特定系统。本书也是立足传统的频偏补偿算法，不同频偏估计与补偿的一般性算法还有待于进一步研究。

## 参 考 文 献

[1] Zhang R, Lajor H. Iteratively detected multi-carrier interleave division multiple access//MICROCOLL'07, 2007, 1:1-5.

[2] Tong J, Guo Q H, Li P. Analysis and design of OFDM-IDMA system. Eur. Trans. Telecomms, 2008, 2:561-569.

[3] Li P, Guo Q H, Tong J. The OFDM-IDMA approach to wireless communication system. IEEE Wireless Communication, 2007, 1:18-24.

[4] Tong J, Guo Q H, Li P. Performance analysis of OFDM-IDMA systems with peak-power limitation//IEEE 10th International Symposium on Spread Spectrum Techniques and Applications, 2008, I: 555-559.

[5] Zhang R, Lajios H. Three design aspects of multicarrier interleaved division multiple access. IEEE Transactions on Vehicular Technology, 2008, 57(6):3607-3617.

[6] BieH X, Bie Z S. A hybrid multiple access scheme: OFDMA-IDMA. IEEE, 2006: 4244-4266.

[7] Li Y Q. OFDM-IDMA wireless communication systems. Hong Kong: City University of Hong Kong, 2007.

[8] Xiong X Z, Luo Z Q. SC-FDMA-IDMA: a hybrid multiple access scheme for LTE uplink. IEEE WiCOM2011, 2011, 1:1-5.

[9] Luo Z Q, Xiong X Z. Performance comparison of SC-FDMA-CDMA and OFDM-CDMA systems for uplink. IEEE CECNet 2011, 2011, I: 1475-1479.

[10] Luo Z Q, Xiong X Z. Analysis of the effect of carrier frequency offsets on the performance of SC-FDMA-IDMA systems. IEEE CECNet 2012, I: 889-893.

[11] 沈翠，王琳，魏琴芳. 基于多载波与码片交织技术的无线通信新方案. 重庆邮电大学学报，2008,20(2):160-164.

[12] 盛山峰. 基于 IDMA 在 OFDM 系统中的应用研究. 杭州：浙江工商大学硕士学位论

文,2010.

[13] 栾帅. 基于 OFDM 的 IDMA 系统仿真研究. 成都:西南交通大学博士学位论文,2007.

[14] 赵林靖,李建东,张岗山. 一种新的多用户 OFDM 系统的频偏估计算法. 电子学报,2007,35(6A):161-164.

[15] Zhu Y, Khaled B L. CFO estimation and compensation in single carrier interleaved FDMA Systems. IEEE Globecom, 2009, 1:1-5.

[16] Morelli M, Kuo C C, Pun M. Synchronization techniques for orthogonal frequency division multiple access (OFDMA): a tutorial review. IEEE, 2007, 95(7):1394-1472.

[17] 郭俊奇,尚勇,项海格. 一种带 CFO 补偿的 OFDMA 上行链路 Turbo 接收机. 高技术通讯,2010,20(9): 881-887.

[18] 禹永植,孙会楠. BICM-OFDM 系统中基于 ML 算法的迭代频偏估计. 信号处理,2010,26(2):219-224.

[19] 禹永植. 基于 BICM-OFDM 调制的短波瞬时通信. 哈尔滨:哈尔滨工程大学博士学位论文,2009.

[20] Liu Y, Xiong X Z, Luo Z Q. Effect of carrier frequency offsets on OFDM-IDMA systems. IEEE CECNet 2012, 2012, I: 299-302.

[21] 熊兴中,骆忠强,郝黎宏. OFDM-IDMA 系统的迭代频偏估计及补偿. 电讯技术,2012,52 (10):1602-1607.

[22] Chen G L, Zhu Y, Kaled B L. Combined MMSE-FDE and interference cancellation for uplink SC-FDMA with carrier frequency offsets. ICC2010, 2010:1-5.

# 第五章　信道估计及功率分配

信道估计是相干接收机不可缺少的重要模块。通过对信道的估计，可以补偿和纠正无线衰落信道对发送信号的扭曲，从而为后续解调解码的正确性提供保障。同时，系统的链路自适应也必须知道信道的信息，以此信息作为自适应的判断依据。此外，传统的基于导频训练序列的信道估计是将导频训练符号和数据符号以时分复用的方式发射出去。该方法信道资源浪费比较严重，频谱利用率较低。利用导频训练序列叠加的信道估计方法，在数据传输过程中，训练序列不占用专门的时隙，有利于提高估计的性能和资源利用率，而其中的功率分配就是一个关键问题。本章将对 IDMA 系统的信道估计及序列叠加信道估计方法中训练序列与信息序列的功率分配进行分析讨论。

## 5.1　概　　述

在目前 IDMA 系统物理层关键技术的研究中，均假设信道信息在接收端是已知的，但是这一假设在实际系统中是不成立的。目前，对于 IDMA 信道估计的研究还不是很多，下面对有关文献的信道估计算法进行讨论。文献[1]在发送端将训练序列与信息序列叠加，接收端采用最小均方误差算法(MMSE)对信道系数进行估计，仿真结果证明文献提出的信道估计算法在频率选择性衰落信道环境下的估计性能良好，但是信道估计器需要知道信道的统计信息。文献[2]以 MIMO-IDMA 为研究背景，提出联合迭代信道估计和多用户检测算法，通过多用户检测器，APP 解码器及信道估计器三者的迭代计算，可获得较好的多用户检测性能与信道估计性能。文献[3]在 IDMA 发送端信息序列调制后插入导频符号，联合数据检测和信道估计，并利用和积算法简化计算复杂度，仿真结果说明这种联合算法性能对比传统的将信号检测和信道估计分开处理的接收机要好。文献[4]在 IDMA 的 ESE 迭代检测中，考虑信道估计误差的影响，改善了初始的 ESE 算法，仿真结果表明该算法相对传统算法的误码率性能有明显改善。文献[5]针对时变信道，采用最小二乘算法(LS)和最大比合并(MRC)两种低复杂度的迭代信道估计方法，给出利用译码器软信息反馈的信道估计误差的下界，证明最大比合并算法的均方差性能和误码率性能均优于最小二乘算法，且这两种算法均收敛至理论分析中的误差界。仿真结果表明，这种联合导频和软信息反馈进行信道估计的方法能够很好地跟踪时变信道。期望最大(expectation-maximization，EM)算法是一种迭代算法，最初由 Dempster 等[6]提出，主要应用于求解不完整数据的最大似然估计问题。该算法已被广泛应用于统计、信号处理、通信等领域。在文献[7]中，用EM算法为未编码CDMA系统的串行干扰消除器估计信道响应。在文献[8]中，多用户和多径信道环境的系统用EM方法进行参数估计。在文献[9]中，EM算法用来在单用户空时码的系统进行联合数据检测和参数估计。在文献[10]中，EM算法的变形SAGE算法[11]用来进行MAP数据检测和参数估计。文献[12]讨论了编码的CDMA系统中几种不同的基于EM和SAGE算法的迭代多用户检测方法。文献[13]用EM算法为单径信道下编码CDMA系统的迭代检测进行信道估计。本章用EM算法为多径信道下的IDMA系统的迭代检测进行信道估计，并对IDMA系统序列叠加信道估计方法中训练序列与信息序列的功率分配进行优化。

## 5.2　基于EM算法的混合迭代信道估计

### 5.2.1　EM算法

在实际应用中，经常需要获取待估计参数后验分布的最大似然估计，但是通常情况下，待估计参数的后验分布是非常复杂的，难以进行显式计算。EM算法[28]的基本思想是在观测数据的基础上，加入一些未观测到的潜在数据形成完整数据，使原来在观测数据下的后验分布变成待估计参数在完整数据下的后验分布，以便进行各种统计计算，如极大化等；在得到参数的极大似然估计后，再对添加数据的假定进行检验和改进，于是一个复杂的极大化问题变为一系列简单的极大化问题。设$Y$为观测数据（不完全数据），其概率密度函数为$f_Y(y;\theta)$，参数矢量$\theta\in\Theta\subseteq R^K$。以$X$表示完整数据，通常$X$由不完整的观测信息$Y$和未观测的潜在数据$Z$（缺失信息或未知参数）组成，即$X=(Y,Z)$，它与$Y$之间的关系为

$$H(X)=Y \tag{5.1}$$

其中，$H(\cdot)$是不可逆映射，以概率密度表示为

$$f_X(x;\theta)=f_{X|Y=y}(x;\theta)\cdot f_Y(y;\theta),\quad \forall H(x)=y \tag{5.2}$$

其中，$f_X(x;\theta)$是$X$的概率密度函数；$f_{X|Y=y}(x;\theta)$是给定$Y=y$时$X$的条件概率密度函数。

对式(5.2)两边取对数有

$$\log f_Y(y;\theta)=\log f_X(x;\theta)-\log f_{X|Y=y}(x;\theta) \tag{5.3}$$

记$\theta$的第$n$步估计为$\theta^{(n)}$，对式(5.3)，在参数值为$\theta^{(n)}$时取条件期望，即

$$\log f_Y(y;\theta)=E[\log f_X(x;\theta)\,|\,Y=y;\theta^{(n)}]-E[\log f_{X|Y=y}(x;\theta)\,|\,Y=y;\theta^{(n)}] \tag{5.4}$$

令

$$L(\theta)=\log f_Y(y;\theta) \tag{5.5}$$

$$U(\theta,\theta^{(n)})=E[\log f_X(x;\theta)|Y=y;\theta^{(n)}] \tag{5.6}$$

$$V(\theta,\theta^{(n)})=E[\log f_{X|Y=y}(x;\theta)|Y=y;\theta^{(n)}] \tag{5.7}$$

则式(5.4)变为

$$L(\theta)=U(\theta,\theta^{(n)})-V(\theta,\theta^{(n)}) \tag{5.8}$$

其中,$L(\theta)$是观测数据的似然函数,也是要进行最大化的函数。

由 Jensen 不等式知

$$V(\theta,\theta^{(n)})\leqslant V(\theta^{(n)},\theta^{(n)}) \tag{5.9}$$

因此,如果

$$U(\theta,\theta^{(n)})>U(\theta^{(n)},\theta^{(n)}) \tag{5.10}$$

则

$$L(\theta)\geqslant L(\theta^{(n)}) \tag{5.11}$$

通过以上的讨论可以看出 EM 算法由两步组成。

E 步,计算$U(\theta,\hat{\theta}^{(n)})$,该步实际上是要除掉不可观测的缺失数据。

M 步,最大化$U(\theta,\hat{\theta}^{(n)})$,即找一个点$\hat{\theta}^{(n+1)}$使

$$\hat{\theta}^{(n+1)}=\max_{\theta}\{U(\theta,\hat{\theta}^{(n)})\} \tag{5.12}$$

E 步和 M 步形成一次迭代,将 E 步和 M 步反复迭代,直到$\|\hat{\theta}^{(n+1)}-\hat{\theta}^{(n)}\|$充分小时停止。可以证明,如果$U(\theta,\theta^{(n)})$关于$\theta$和$\theta^{(n)}$连续时,EM 算法收敛至对数似然函数的稳定点。其中 M 步保证了每一轮迭代都会提高观测的后验概率密度函数,即$U(\hat{\theta}^{(n+1)},\theta^{(n)})>U(\hat{\theta}^{(n)},\theta^{(n)})$。当然,EM 算法也可能收敛至局部极大点,可以通过给予不同的初值以确定。

### 5.2.2 EM 混合迭代信道估计

采用 IDMA 系统模型,在时域对信道估计响应进行估计。如图 5.1 所示,在发送端用户数据$d_k(n)\in\{0,1\},n=1,2,\cdots,N$经过相同的编码器进行编码且生成的编码序列记为$\{c_k(j),j=1,2,\cdots,J\},J=N\times S$。再经过一个用于区别用户的码片级交织器$\pi_k$进行交织得到信号$\{u_k(j),j=1,2,\cdots,J\}$。码片信号经 BPSK 调制后产生发射信号$\{x_k(j)\in\{-1,+1\}|j=1,2,\cdots,J\}$,为了与 EM 算法一致,以免混淆,这里用$y(j)$代替接收序列$r(j)$。设信道径数为$L$,则接收序列可表示为

$$y(j)=\sum_{k=0}^{K}\sum_{l=0}^{L-1}h_{k,l}x_k(j-l)+\omega(j),\quad j=1,2,\cdots,J+L-1 \tag{5.13}$$

$$y(j+l)=\sum_{k=0}^{K}\sum_{l=0}^{L-1}h_{k,l}x_k(j)+\omega(j+l)=h_{k,l}x_k(j)+\xi_{k,l}(j) \tag{5.14}$$

其中,$\xi_{k,l}(j)=\sum_{u\neq k}\sum_{l=0}^{L-1}h_{u,l}x_u(j)+\omega(j+l)$为用户$k$受到的多用户干扰与高斯白噪声的叠加效应。

令信道衰落系数矩阵为 $\boldsymbol{H}=[h_{1,0}\quad h_{1,1}\quad \cdots\quad h_{1,L-1}\quad h_{2,0}\quad \cdots\quad h_{K,L-1}]^{\mathrm{T}}$，相应的信道响应估计值为 $\hat{\boldsymbol{H}}=[\hat{h}_{1,0}\quad \hat{h}_{1,1}\quad \cdots\quad \hat{h}_{1,L-1}\quad \hat{h}_{2,0}\quad \cdots\quad \hat{h}_{K,L-1}]^{\mathrm{T}}$。发送端在 $j$ 时刻的发送序列为 $\boldsymbol{X}(j)=[x_1(j-0)\quad \cdots\quad x_1(j-(L-1))\quad x_2(j-0)\quad \cdots\quad x_K(j-(L-1))]$，则 $j$ 时刻的接收序列为

$$y(j)=\boldsymbol{X}(j)\boldsymbol{H}+\omega(j),\quad j=1,2,\cdots,J+L-1 \tag{5.15}$$

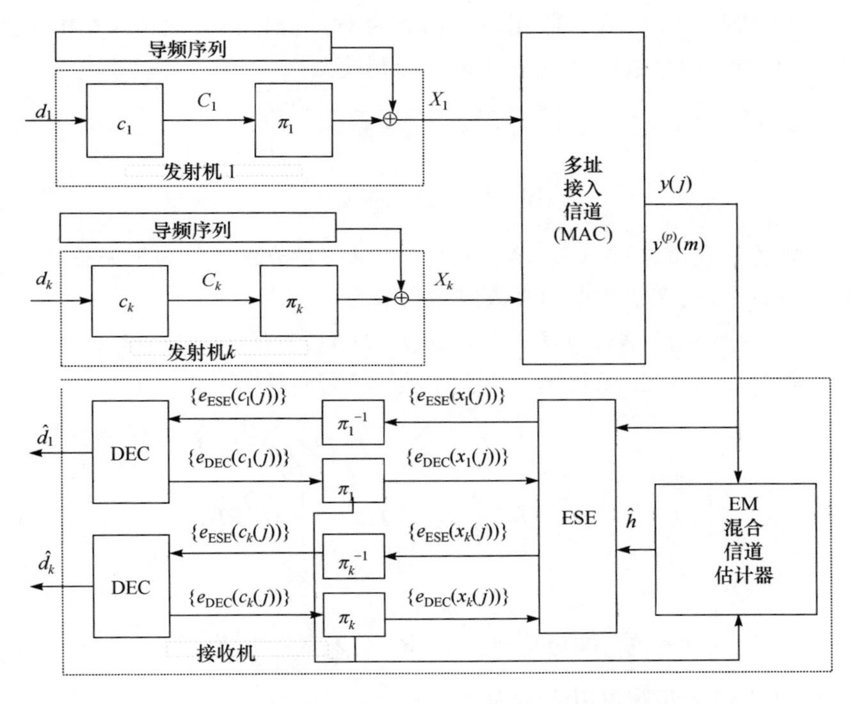


图 5.1　IDMA 系统 EM 混合迭代信道估计原理图

时域信道最大似然估计的表达式为

$$\hat{\boldsymbol{H}}_{ML}=\arg\max_{x_k(j)}\log p(y(j)\mid\boldsymbol{H}) \tag{5.16}$$

其中

$$\begin{aligned} p(y(j)\mid\boldsymbol{H}) &\propto \sum_x p(y(j)\mid\boldsymbol{X}(j),\boldsymbol{H})p(\boldsymbol{X}(j)\mid\boldsymbol{H}) \\ &\propto \sum_x \exp\left(-\frac{1}{J}\sum_{j=1}^{J}\mid y(j)-\boldsymbol{X}(j)\boldsymbol{H}\mid^2\right) \end{aligned} \tag{5.17}$$

由于用户数据 $\boldsymbol{X}(j)$ 与信道响应 $\boldsymbol{H}$ 不相关，$p(\boldsymbol{X}(j)\mid\boldsymbol{H})=p(\boldsymbol{X}(j))$，假设用户数据是均匀分布的，该项可略去。对于最大似然算法，要对所有的 $\boldsymbol{X}(j)$ 对于 $j\in\{1,2,\cdots,J\}$ 序列都要计算，计算复杂度与用户数成指数增加，很少被实际工程应用。这里介绍一种计算复杂度较低的基于 EM 算法的迭代检测中的半盲信道估

计算法。假设第 $i$ 次迭代的时域信道响应估计值 $\hat{\boldsymbol{H}}^{(i)}$ 和用户信息码片软反馈值 $\overline{X(j)}$ 是已知的，来估计下一次迭代中的 $\hat{\boldsymbol{H}}^{(i+1)}$。

导频和数据以时分的方式进行发送，即在系统同步的条件下，系统中在导频时隙和数据时隙内发送导频和数据信息，如图 5.2 所示。时隙间有一定保护间隔，以克服不同用户位置带来的远近问题。本章设计的信道估计算法中的导频信号采用伪随机序列(PN 序列)。在接收端，利用 PN 序列的强自相关性和弱互相关性分离每个用户的导频，用户数据信息按 IDMA 原则检测。

| 导频 | 数据 |
|---|---|

图 5.2 导频插入方式

从 EM 算法角度来讲，$y(j)$，$\boldsymbol{X}(j)$，$\{y(j),\boldsymbol{X}(j)\}$ 分别被称为不完整数据，缺失数据和完整数据，则完整数据的对数似然函数为

$$\begin{aligned}\log p(y(j),\boldsymbol{X}(j)\mid\boldsymbol{H})&=\log[p(y(j)\mid\boldsymbol{X}(j),\boldsymbol{H})p(\boldsymbol{X}(j)\mid\boldsymbol{H})]\\&=\log p(y(j)\mid\boldsymbol{X}(j),\boldsymbol{H})\\&=-\frac{1}{J}\sum_{j=1}^{J}\mid y(j)-\boldsymbol{X}(j)\boldsymbol{H}\mid^2\\&=\frac{2}{J}\mathrm{Re}\{\boldsymbol{r}^{\mathrm{H}}H\}-\frac{1}{J}\boldsymbol{H}^{\mathrm{H}}\boldsymbol{R}\boldsymbol{H}\end{aligned}\tag{5.18}$$

其中

$$\boldsymbol{r}=\sum_{j=1}^{J}\boldsymbol{X}(j)^{\mathrm{H}}y(j),\quad \boldsymbol{R}=\sum_{j=1}^{J}\boldsymbol{X}(j)^{\mathrm{H}}\boldsymbol{X}(j)\tag{5.19}$$

所以，EM 算法的 E 步骤可以表示为

$$\begin{aligned}Q(\boldsymbol{H},\hat{\boldsymbol{H}}^{(i)})&=E\{\log p(y(j),\boldsymbol{X}(j)\mid\boldsymbol{H})\mid y(j),\hat{\boldsymbol{H}}^{(i)}\}\\&=\frac{2}{J}\mathrm{Re}\{\bar{\boldsymbol{r}}^{\mathrm{H}}\boldsymbol{H}\}-\frac{1}{J}\boldsymbol{H}^{\mathrm{H}}\bar{\boldsymbol{R}}\boldsymbol{H}\end{aligned}\tag{5.20}$$

EM 算法的 M 步骤为

$$\hat{\boldsymbol{H}}^{(i+1)}=\underset{h}{\mathrm{argmax}}Q(\boldsymbol{H},\hat{\boldsymbol{H}}^{(i)})=\bar{\boldsymbol{R}}^{-1}\bar{\boldsymbol{r}}\tag{5.21}$$

其中，$\bar{\boldsymbol{R}}=E\{p(\boldsymbol{R}\mid y(j),\hat{\boldsymbol{H}}^{(i)})\}=\sum_{j=1}^{J+L-1}\overline{\boldsymbol{X}(j)}^{\mathrm{H}}\,\overline{\boldsymbol{X}(j)}$，表示发送的信息序列相关矩阵；$\bar{\boldsymbol{r}}=E\{p(\boldsymbol{r}\mid y(j),\hat{\boldsymbol{H}}^{(i)})\}=\sum_{j=1}^{J+L-1}\overline{\boldsymbol{X}(j)}y(j)$，表示发送信息序列与接收序列的相关矩阵。

下面集中介绍信道估计中要用到的译码器输出的两种信息：外信息和后验信息。

(1) 外信息

根据$\{e_{\mathrm{ESE}}(c_k(j)),j=1,2,\cdots,J\}$和用户数据后验信息$\{\mathrm{APP}(d_k(n)),n=1,2,\cdots,N\}$计算$\{e_{\mathrm{DEC}}(c_k(j)),j=1,2,\cdots,J\}$。

当$j=(n-1)S+1,\cdots,nS$时，$e_{\mathrm{DEC}}(c_k(j))=s_k\cdot\mathrm{APP}(d_k(n))-e_{\mathrm{ESE}}(c_k(j))$，$\{e_{\mathrm{DEC}}(c_k(j))\}$经过交织后得到信息$\{e_{\mathrm{DEC}}(x_k(j))\}$，称之为外信息。在下一次迭代时，用于更新$\{E(x_k(j))\}$和$\{\mathrm{Var}(x_k(j))\}$，即

$$E(x_k(j))=\tanh(e_{\mathrm{DEC}}(x_k(j))/2) \tag{5.22}$$

$$\mathrm{Var}(x_k(j))=1-E\,(x_k(j))^2 \tag{5.23}$$

(2) 后验信息

根据$\{e_{\mathrm{ESE}}(c_k(j)),j=1,2,\cdots,J\}$用下式计算用户$k$的数据比特后验信息$\{L_{\mathrm{APP}}(x_k(j)),j=1,2,\cdots,J\}$，称之为后验信息，即

$$L_{\mathrm{APP}}(x_k(j))=e_{\mathrm{DEC}}(x_k(j))+e_{\mathrm{ESE}}(x_k(j)) \tag{5.24}$$

从式(5.24)可以看出，外信息比后验信息少了$e_{\mathrm{ESE}}(x_k(j))$，比后验信息信息量少，也就不如后验信息准确。因此，利用后验信息反馈得到的信道估计更准确，后面章节的仿真结果也说明这一结论。

若利用外信息反馈，则

$$\overline{\boldsymbol{X}(j)}=\tanh(e_{\mathrm{DEC}}(\boldsymbol{X}(j))/2) \tag{5.25}$$

若利用后验信息反馈，则

$$\overline{\boldsymbol{X}(j)}=\tanh(L_{\mathrm{APP}}(\boldsymbol{X}(j)/2)) \tag{5.26}$$

因此，$[\overline{\boldsymbol{R}}^{(d)}]_{KL\times KL}$的第$p$行第$q$列元素为

$$[\overline{\boldsymbol{R}}^{(d)}]_{p,q}=\begin{cases}J, & p\neq q\\ \sum\limits_{j=1}^{J+L-1}\overline{x_{\lfloor p/L\rfloor}(j-p\%L)}\cdot\overline{x_{\lfloor p/L\rfloor}(j-q\%L)}, & p\neq q\end{cases} \tag{5.27}$$

$[\bar{\boldsymbol{r}}^{(d)}]_{KL}$的第$p$个元素为

$$[\bar{\boldsymbol{r}}^{(d)}]_p=\sum_{j=1}^{J+L-1}\overline{x_{\lfloor p/L\rfloor}(j-p\%L)}\cdot y(j) \tag{5.28}$$

在第一次迭代中，由于用户信息码片的软输出信息是未知的，所以要通过导频对信道信息进行初估计。各用户导频序列记为$p_k(m)$且导频序列长度为$M$，导频接收序列记为$\{y^{(p)}(m),m=1,2,\cdots,M+L-1\}$。由于导频不参加译码，所以用$\boldsymbol{P}(m)$代替$\overline{\boldsymbol{X}(j)}$，则$\boldsymbol{P}(m)=[p_1(m-0)\cdots p_1(m-(L-1))\,p_2(m-0)\cdots p_K(m-(L-1))]$。在上述算法中，用$\boldsymbol{P}(m)$代替$\overline{\boldsymbol{X}(j)}$，则

$$\overline{\boldsymbol{R}}^{(p)}=\sum_{m=1}^{M+L-1}\boldsymbol{P}^{\mathrm{H}}(m)\boldsymbol{P}(m) \tag{5.29}$$

$$\bar{\boldsymbol{r}}^{(p)}=\sum_{m=1}^{M+L-1}\boldsymbol{P}^{\mathrm{H}}(m)y^{(p)}(m) \tag{5.30}$$

式(5.29)和式(5.30)中矩阵元素可以分别表示为

$$[\overline{\boldsymbol{R}}^{(p)}]_{i,j}=\begin{cases}M, & i\neq j\\ \sum_{m=1}^{M+L-1}p_{\lfloor i/L\rfloor}(m-i\%L)p_{\lfloor j/L\rfloor}(m-j\%L), & i\neq j\end{cases} \tag{5.31}$$

$$[\bar{\boldsymbol{r}}^{(p)}]_i=\sum_{m=1}^{M+L-1}p_{\lfloor i/L\rfloor}(m-i\%L)y^{(p)}(m) \tag{5.32}$$

在式(5.31)和式(5.32)中,$[\overline{\boldsymbol{R}}^{(p)}]_{i,j}$表示矩阵$\overline{\boldsymbol{R}}^{(p)}$的第$i$行第$j$列元素;$[\bar{\boldsymbol{r}}^{(p)}]_i$表示向量$\bar{\boldsymbol{r}}^{(p)}$的第$i$个元素。

至此,EM 混合迭代信道估计算法可以描述如下。

在第一次迭代中,用导频对信道进行初估计,即

$$\hat{\boldsymbol{H}}^{(0)}=\overline{\boldsymbol{R}}^{(p)^{-1}}\bar{\boldsymbol{r}}^{(p)} \tag{5.33}$$

第一次迭代以后,用译码器的软反馈值和导频一起更新信道信息,即

$$\hat{\boldsymbol{H}}^{(i+1)}=(\overline{\boldsymbol{R}}^{(d)}+\overline{\boldsymbol{R}}^{(p)})^{-1}(\bar{\boldsymbol{r}}^{(d)}+\bar{\boldsymbol{r}}^{(p)}) \tag{5.34}$$

EM 混合信道估计迭代过程如图 3.1 所示。利用导频根据式(5.33)得到信道信息初始值并用于信号检测,译码器输出的数据软估计值反馈至信道估计器。在第一次迭代以后把软反馈值也看作导频序列利用估计式(5.34)对信道进行重新估计,以改善信道估计性能。

### 5.2.3 仿真结果及性能分析

仿真参数说明:用户数 16,扩频序列长度 16,信道径数 3,延时 1 个码片,导频序列用 $m$ 序列生成。导频时隙和数据时隙的比例为 1/8,数据时隙的长度为 1024 比特。

图 5.3 和图 5.4 是采用单入单出(SISO),多径环境 $L=3$ 时,接收端采用外信息反馈的均方差(MSE)和误码率(BER)性能曲线。图 5.5 和图 5.6 是采用单入单出(SISO),多径环境 $L=3$ 时,接收端采用后验信息反馈的均方差(MSE)和误码率(BER)性能曲线。图 5.3～图 5.6 对不同迭代次数的均方差和误码率性能进行了仿真,考察了不同用户数据反馈方式的算法收敛速度。

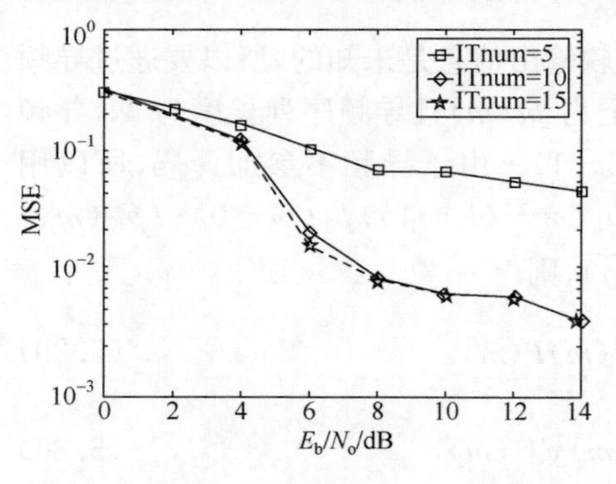


图 5.3 外信息均方差曲线

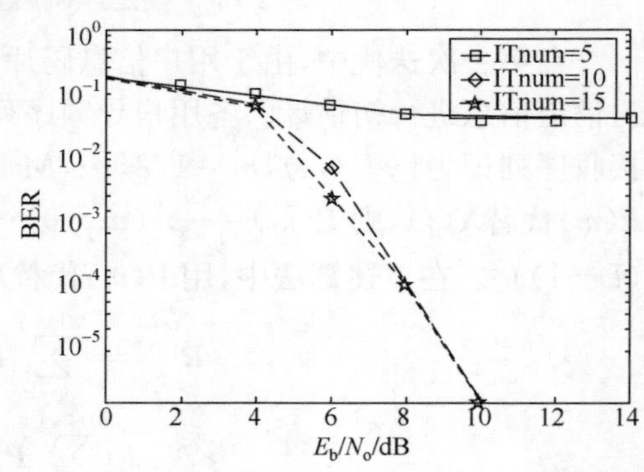


图 5.4 外信息误码率曲线

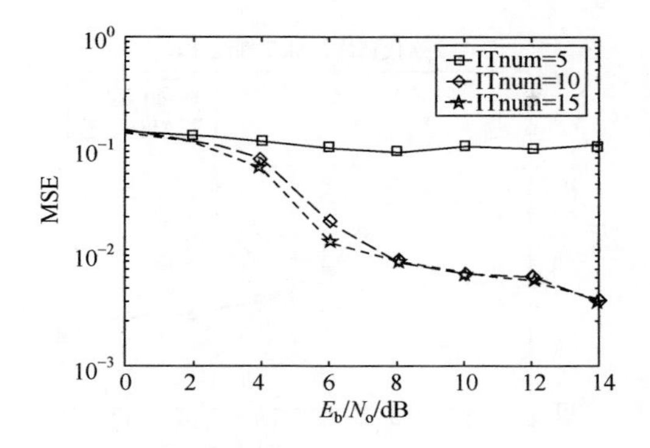


图 5.5 后验信息均方差曲线

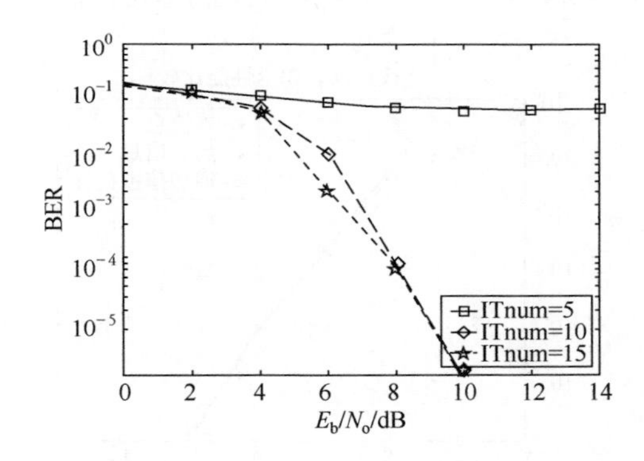


图 5.6 后验信息误码率曲线

图 5.7 和图 5.8 采用相同的仿真环境，迭代次数为 15 次，从均方差和误码率方面比较外信息反馈和后验信息反馈的性能，并且与理想信道估计，即接收端确切知道信道信息的误码率性能进行比较。

从影响算法性能的因素方面来看，各用户之间导频序列的相关程度影响着信道估计的精度，这是显而易见的。基于 $m$ 序列的正交性，在仿真中先产生一个原始 $m$ 序列，然后依次移位生成各用户的导频序列。另外，从 $\overline{\boldsymbol{R}}^{(d)}$ 矩阵各元素可以看出 IDMA 系统由于交织器的利用使各用户码片间近似不相关的特点是本算法良好性能的基础。

从算法收敛速度方面来看，图 5.3～图 5.6 说明迭代次数为 10 次算法就收敛了。随着迭代次数的增多，外信息和后验信息会更准确，所以信道估计性能越来越好，但当迭代次数达到一定时，外信息和后验信息值趋于恒定，信道估计性能也就不会改善了。另外，图 5.8 说明利用外信息和后验信息进行信道估计的误码率性能均十分接近于接收端确切知道信道信息的理想情况，且信噪比在 10dB 左右，性能损失最小。

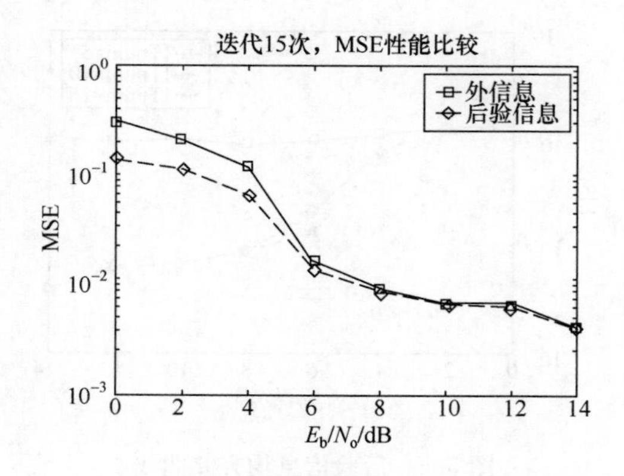


图 5.7　外信息与后验信息的均方差比较曲线

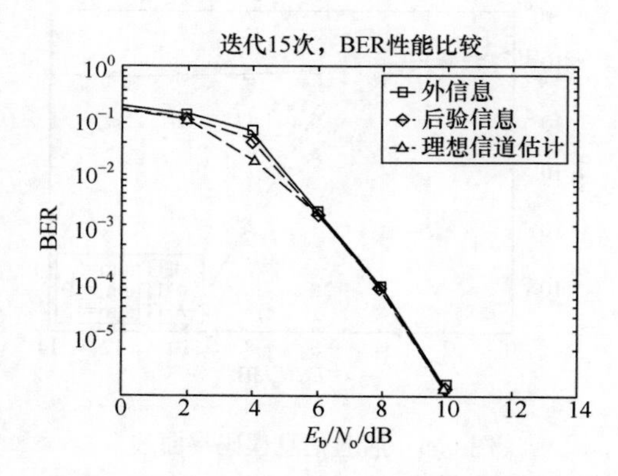


图 5.8　外信息、后验信息与理想信道估计的误码率比较曲线

比较图 5.7 和图 5.8,可以看出利用后验信息的信道估计比外信息更准确,收敛速度更快,这是因为后验信息含有的信息量更多,并且这种优势在信道情况比较恶劣时更明显,随着信噪比增加,这两种算法性能逐渐逼近。

## 5.3　序列叠加信道估计及其功率分配

传统的基于导频训练序列估计是将导频训练符号和数据符号以时分复用的方式发射出去。在接收端,采用最小二乘估计等方式获得信道的频域响应。对快时变衰落信道而言,发射端必须经常周期性地发送导频序列以跟踪信道环境的变化。这必将引起信道资源的浪费,降低频谱利用率。对此人们提出了仅利用带噪信息序列的统计特性来进行信道估计的方法,这就是盲估计方法[14,15]。后来人们又提出导频符号辅助估计和盲估计相结合的半盲估计方法来提高估计性能和资源利用率[16,17]。

近些年来，利用序列叠加的信道估计方法引起人们的广泛研究[18]。该估计算法的基本思想是，信号在调制和发送之前将一个预先设计的特定周期训练序列以较低的功率叠加(算术加)到数据信息上，然后在接收端利用训练序列的一些统计特性估计出信道的冲激响应，如图 5.9 所示。该算法最初是在单收单发(SISO)时不变和慢时变信道环境下[18]提出来的，后来人们将研究扩展到多收发系统(MIMO)的时变环境[18]。该算法在数据传输过程中，训练序列不占用专门的时隙，因而功率分配是一个关键问题。

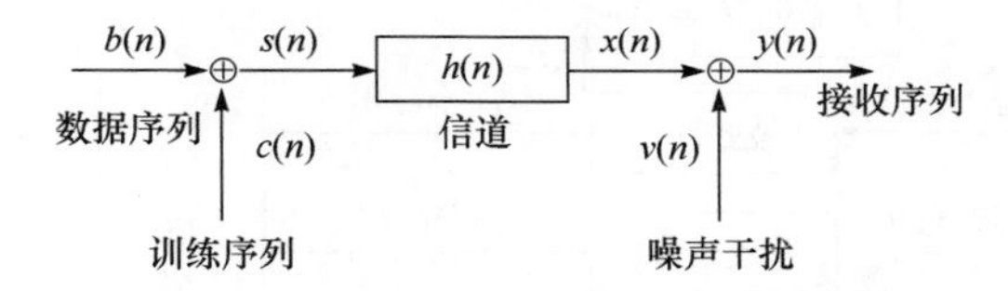


图 5.9　基于序列叠加信道估计系统结构

### 5.3.1　序列叠加信道估计算法

如图 5.10 所示，在发送端用户数据 $d_k(n)\in\{0,1\}$，$n=1,2,\cdots,N$ 经过相同的编码器进行编码且生成的编码序列记为$\{c_k(j),j=1,2,\cdots,J\}$，$J=N\times S$。再经过一个用于区别用户的码片级交织器 $\pi_k$ 进行交织得到信号$\{u_k(j),j=1,2,\cdots,J\}$。码片信号经过 BPSK 调制器调制后产生发射信号$\{x_k(j)\in\{-1,+1\}\mid j=1,2,\cdots,J\}$。设信道径数为 $L$，$\tau_l$ 表示第 $l$ 条径的延时。导频序列同步叠加于信息序列，假设训练序列与信息序列不相关，则接收序列可表示为

$$y(j)=\sum_{k=1}^{K}\sum_{l=0}^{L-1}\sqrt{P_d}h_{k,l}x_k(j-\tau_l)+\sum_{k=1}^{K}\sum_{l=0}^{L-1}\sqrt{P_{\mathrm{tr}}}h_{k,l}p_k(j-\tau_l)+w(j) \tag{5.35}$$

$$\begin{aligned}y(j+l)&=\sqrt{P_d}\sum_{k=1}^{K}\sum_{l=0}^{L-1}h_{k,l}x_k(j)+\sqrt{P_{\mathrm{tr}}}\sum_{k=1}^{K}\sum_{l=0}^{L-1}h_{k,l}p_k(j)+\omega(j+l)\\&=h_{k,l}x_k(j)+\xi_{k,l}(j)\end{aligned}$$

其中

$$\xi_{k,l}(j)=\sqrt{P_d}\sum_{u\neq k}\sum_{l=0}^{L-1}h_{u,l}x_u(j)+\sqrt{P_{\mathrm{tr}}}\sum_{k=1}^{K}\sum_{l=0}^{L-1}h_{k,l}p_k(j)+\omega(j+l) \tag{5.36}$$

令信道衰落系数矩阵 $\boldsymbol{H}=[h_{1,0}\cdots h_{1,L-1}\ h_{2,0}\cdots h_{K,L-1}]^{\mathrm{T}}$，则

$$y(j)=[\boldsymbol{X}(j)+\boldsymbol{P}(j)]\boldsymbol{H}+\omega(j)=\boldsymbol{S}(j)\boldsymbol{H}+\omega(j),\quad j=1,2,\cdots,J+L-1 \tag{5.37}$$

其中

$$\boldsymbol{X}(j)=\sqrt{P_d}[x_1(j-\tau_0)\ \cdots\ x_1(j-\tau_{L-1})\ x_2(j-\tau_0)\ \cdots\ x_K(j-\tau_{L-1})]$$

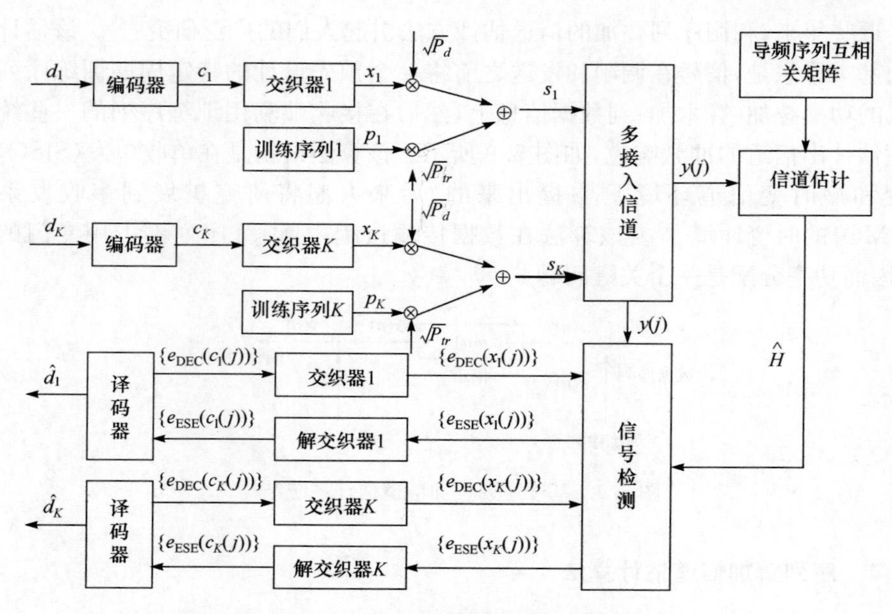


图 5.10 IDMA 系统序列叠加信道估计原理图

$$\boldsymbol{P}(j)=\sqrt{P_{tr}}[p_1(j-\tau_0)\cdots p_1(j-\tau_{L-1})\ p_2(j-\tau_0)\cdots p_K(j-\tau_{L-1})]$$

$$\boldsymbol{S}(j)=\boldsymbol{X}(j)+\boldsymbol{P}(j)$$

下面给出接收序列以及用户 $k$ 的干扰序列的期望和方差，即

$$E(y(j))=\sqrt{P_d}\sum_{k,l}h_{k,l}E(x_k(j-l))+\sqrt{P_{tr}}\sum_{k,l}h_{k,l}p_k(j-l) \tag{5.38}$$

$$\mathrm{Var}(y(j))=\sum_{k,l}P_d\ |h_{k,l}|^2\mathrm{Var}(x_k(j-l))+\sigma_w^2 \tag{5.39}$$

$$E(\xi_{k,l}(j))=E(y(j+l))-\sqrt{P_d}h_{k,l}E(x_k(j)) \tag{5.40}$$

$$\mathrm{Var}(\xi_{k,l}(j))=\mathrm{Var}(y(j+l))-P_d\ |h_{k,l}|^2\mathrm{Var}(x_k(j)) \tag{5.41}$$

$$e_{\rm ESE}(x_k(j))_l=2\sqrt{P_d}h_{k,l}\frac{y(j+l)-E(\xi_{k,l}(j))}{\mathrm{Var}(\xi_{k,l}(j))} \tag{5.42}$$

$$e_{\rm ESE}(x_k(j))=\sum_{l=0}^{L-1}e_{\rm ESE}(x_k(j))_l \tag{5.43}$$

定义信道信息估计值为 $\hat{\boldsymbol{H}}=[\hat{h}_{1,0}\cdots\hat{h}_{1,L-1}\ \hat{h}_{2,0}\cdots\hat{h}_{K,L-1}]^{\rm T}$。令信道估计器为 $\boldsymbol{C}=[c_{1,0}\cdots c_{1,L-1}\ c_{2,0}\cdots c_{2,L-1}]^{\rm T}$，将训练序列作为估计器的输入，则其输出为

$$y^{(\rm tr)}(j)=\boldsymbol{P}(j)\boldsymbol{C} \tag{5.44}$$

从而可得接收信号与估计器输出之间的误差，即

$$e(j)=y(j)-y^{(\rm tr)}(j) \tag{5.45}$$

下面证明当接收信号与估计器输出之间的均方误差最小时，估计器的系数将

收敛到信道参数，令

$$\begin{aligned}\xi &= E\{|e(j)|^2\}\\ &= E\{|y(j)-y^{(\mathrm{tr})}(j)|^2\}\\ &= E\{|\omega(j)|^2\}+E\{\omega(j)[\boldsymbol{S}(j)\cdot\boldsymbol{H}-y^{(\mathrm{tr})}(j)]^*\}\\ &\quad +E\{\omega^*(j)[\boldsymbol{S}(j)\cdot\boldsymbol{H}-y^{(\mathrm{tr})}(j)]\}\\ &\quad +E\{|\boldsymbol{S}(j)\cdot\boldsymbol{H}-y^{(\mathrm{tr})}(j)|^2\}\end{aligned} \tag{5.46}$$

由于 $\omega(j)$ 是与 $\boldsymbol{S}(j)\cdot\boldsymbol{H}$ 和 $y^{(\mathrm{tr})}(j)$ 均不相关的高斯白噪声，上式中间两项为零，所以式(5.46)变为

$$\xi=E\{|\omega(j)|^2\}+E\{|\boldsymbol{S}(j)\cdot\boldsymbol{H}-y^{(\mathrm{tr})}(j)|^2\} \tag{5.47}$$

因此，最小化 $\xi$ 等效于最小化 $E\{|\boldsymbol{S}(j)\cdot\boldsymbol{H}-y^{(\mathrm{tr})}(j)|^2\}$，而 $\boldsymbol{S}(j)=\boldsymbol{X}(j)+\boldsymbol{P}(j)$ 是信息序列与训练序列之和，且满足两个序列互不相关的假设条件，于是有

$$\begin{aligned}&E\{|\boldsymbol{S}(j)\cdot\boldsymbol{H}-y^{(\mathrm{tr})}(j)|^2\}\\ &=E\{|\boldsymbol{X}(j)\cdot\boldsymbol{H}+\boldsymbol{P}(j)\cdot\boldsymbol{H}-\boldsymbol{P}(j)\cdot\boldsymbol{C}|^2\}\\ &=E\{|\boldsymbol{X}(j)\cdot\boldsymbol{H}|^2+\boldsymbol{X}(j)\cdot\boldsymbol{H}\cdot[\boldsymbol{P}(j)\cdot\boldsymbol{H}-\boldsymbol{P}(j)\cdot\boldsymbol{C}]^*\\ &\quad +\boldsymbol{X}^*(j)\cdot\boldsymbol{H}^{\mathrm{H}}\cdot[\boldsymbol{P}(j)\cdot\boldsymbol{H}-\boldsymbol{P}(j)\cdot\boldsymbol{C}]\\ &\quad +|\boldsymbol{P}(j)\cdot\boldsymbol{H}-\boldsymbol{P}(j)\cdot\boldsymbol{C}|^2\}\\ &=E\{|\boldsymbol{X}(j)\cdot\boldsymbol{H}|^2\}+E\{|\boldsymbol{P}(j)\cdot\boldsymbol{H}-\boldsymbol{P}(j)\cdot\boldsymbol{C}|^2\}\end{aligned} \tag{5.48}$$

可见，对 $\xi$ 的最小化相当于最小化 $E\{|\boldsymbol{P}(j)\cdot\boldsymbol{H}-\boldsymbol{P}(j)\cdot\boldsymbol{C}|^2\}$，而当估计器 $\boldsymbol{C}$ 收敛至 $\boldsymbol{H}$ 时，$\xi$ 取最小值。因此，我们可以通过下式给出信道估计值，即

$$\frac{\partial\xi}{\partial\hat{\boldsymbol{H}}}=\frac{\partial E\{|y(j)-y^{(\mathrm{tr})}(j)|^2\}}{\partial\hat{\boldsymbol{H}}}=0 \tag{5.49}$$

$$E\{\boldsymbol{P}^{\mathrm{H}}(j)\boldsymbol{P}(j)\}\cdot\hat{\boldsymbol{H}}=E\{\boldsymbol{P}^{\mathrm{H}}(j)y(j)\} \tag{5.50}$$

令 $\boldsymbol{R}=E\{\boldsymbol{P}^{\mathrm{H}}(j)\cdot\boldsymbol{P}(j)\}$ 为训练序列的互相关矩阵；$\boldsymbol{r}=E\{\boldsymbol{P}^{\mathrm{H}}(j)\cdot y(j)\}$ 为训练序列与接收序列的互相关矩阵，则

$$\hat{\boldsymbol{H}}=\boldsymbol{R}^{-1}\boldsymbol{r} \tag{5.51}$$

其中

$$\boldsymbol{r}=E\{\boldsymbol{P}^{\mathrm{H}}(j)y(j)\}=\frac{1}{J+L-1}\sum_{j=0}^{J+L-2}\boldsymbol{P}^{\mathrm{H}}(j)y(j) \tag{5.52}$$

设信道估计误差为 $\tilde{\boldsymbol{H}}=\boldsymbol{H}-\hat{\boldsymbol{H}}$，则信道估计均方差为

$$\sigma_{\tilde{\boldsymbol{H}}}^2=\mathrm{trace}\{E\ \|\boldsymbol{H}-\hat{\boldsymbol{H}}\|_F^2\}=\sigma_\omega^2\cdot\mathrm{trace}\{\boldsymbol{R}^{-1}\} \tag{5.53}$$

下面给出具体的证明过程。

$$\begin{aligned}\boldsymbol{r}&=E\{\boldsymbol{P}^{\mathrm{H}}(j)\boldsymbol{y}(j)\}\\ &=E\{\boldsymbol{P}^{\mathrm{H}}(j)\boldsymbol{P}(j)\}\cdot\boldsymbol{H}+E\{\boldsymbol{P}^{\mathrm{H}}(j)\boldsymbol{X}(j)\}\cdot\boldsymbol{H}+E\{\boldsymbol{P}^{\mathrm{H}}(j)\cdot\omega(j)\}\\ &=\boldsymbol{R}\cdot\boldsymbol{H}+E\{\boldsymbol{P}^{\mathrm{H}}(j)\omega(j)\}\end{aligned} \tag{5.54}$$

则

$$\hat{\boldsymbol{H}}=\boldsymbol{R}^{-1}\boldsymbol{r}=\boldsymbol{H}+\boldsymbol{R}^{-1}E\{\boldsymbol{P}^{\mathrm{H}}(j)\boldsymbol{\omega}(j)\}=\boldsymbol{H}+\boldsymbol{R}^{-1}\boldsymbol{R}_{p\omega} \tag{5.55}$$

由于$\{\omega(j)\}$为高斯白噪声序列，所以$E\{\boldsymbol{\omega}(j)\cdot\boldsymbol{\omega}^{\mathrm{H}}(j)\}=\sigma_\omega^2$，则有

$$E\{\boldsymbol{R}_{p\omega}\cdot\boldsymbol{R}_{p\omega}^{\mathrm{H}}\}=\sigma_\omega^2\boldsymbol{R},\quad E\|\hat{\boldsymbol{H}}-\boldsymbol{H}\|_F^2=\sigma_\omega^2\{\boldsymbol{R}^H\}^{-1}=\sigma_\omega^2\boldsymbol{R}^{-1} \tag{5.56}$$

定义训练序列归一化互相关矩阵为$\boldsymbol{R}_0=\frac{1}{P_{\mathrm{tr}}}\boldsymbol{R}$，则

$$\sigma_{\hat{H}}^2=\frac{\sigma_\omega^2}{P_{\mathrm{tr}}}\mathrm{trace}\{\boldsymbol{R}_0^{-1}\} \tag{5.57}$$

其中，$\sigma_{\hat{H}}^2=\mathrm{trace}\{E\|\hat{\boldsymbol{H}}-\boldsymbol{H}\|^2\}=\sigma_\omega^2\cdot\mathrm{trace}\{\boldsymbol{R}^{-1}\}$；$\|\cdot\|_F$ 表示矩阵 Frobenius 范数；trace{·}表示矩阵的迹。

从式(5.57)可以看出，信道估计精度主要受两个因素影响，即导频序列与信息序列的功率分配和训练序列的相关程度。当$\boldsymbol{R}_0$为对角矩阵时，$\mathrm{trace}\{\boldsymbol{R}_0^{-1}\}$达到最小值，$\boldsymbol{R}_0$对角化程度越高，信道估计精度越高。

### 5.3.2 信息序列与导频序列的功率分配

本节通过最大化有效信噪比[19]的方法对 IDMA 系统序列叠加信道估计方法中训练序列与信息序列的功率分配进行了最优化。

首先，将接收序列写成如下形式，即

$$\begin{aligned}y(j)&=\boldsymbol{X}(j)\cdot\hat{\boldsymbol{H}}+\boldsymbol{P}(j)\cdot\hat{\boldsymbol{H}}+[\boldsymbol{X}(j)+\boldsymbol{P}(j)]\cdot(\boldsymbol{H}-\hat{\boldsymbol{H}})+\omega(j)\\&=\boldsymbol{X}(j)\cdot\hat{\boldsymbol{H}}+\boldsymbol{P}(j)\cdot\hat{\boldsymbol{H}}+[\boldsymbol{X}(j)+\boldsymbol{P}(j)]\cdot\hat{\boldsymbol{H}}+\omega(j)\end{aligned} \tag{5.58}$$

令$x_d(j)=\boldsymbol{X}(j)\cdot\hat{\boldsymbol{H}}$为根据信道估计所接收到的用户数据，称之为有效信号，而相应地，$n(j)=[\boldsymbol{X}(j)+\boldsymbol{P}(j)]\cdot\widetilde{\boldsymbol{H}}+\omega(j)$为信道估计误差所影响的信号序列和信道加性白噪声的综合，总称为有效噪声。

定义功率损失因子$\alpha=\frac{P_{\mathrm{tr}}}{P}$，表示分配给导频序列的功率占总功率的比例，其中，$P_{\mathrm{tr}}$为分配给导频符号的功率，$P=P_d+P_{\mathrm{tr}}$为总功率，则导频符号功率$P_{\mathrm{tr}}=\alpha P$，用户发送数据功率$P_d=(1-\alpha)P$。因此，有效信噪比为

$$\mathrm{SNR}_e=\frac{\sigma_x^2}{\sigma_n^2}=\frac{P_d\cdot\sigma_{\hat{H}}^2}{\sigma_\omega^2+(P_d+P_{\mathrm{tr}})\cdot\sigma_{\tilde{H}}^2}=\frac{(1-\alpha)P\cdot(\sigma_H^2+\sigma_{\tilde{H}}^2)}{\sigma_\omega^2+P\cdot\sigma_{\tilde{H}}^2} \tag{5.59}$$

根据有效信噪比的物理意义，最优功率分配策略与最大化有效信噪比是等价的，即寻找最优功率损失因子$\alpha$值。

$$\begin{aligned}\mathrm{SNR}_e&=\frac{\alpha(1-\alpha)P\sigma_H^2/\sigma_\omega^2+(1-\alpha)\mathrm{trace}\{\boldsymbol{R}_0^{-1}\}}{\alpha+\mathrm{trace}\{\boldsymbol{R}_0^{-1}\}}\\&=\frac{f\alpha^2+g\alpha+\mathrm{trace}\{\boldsymbol{R}_0^{-1}\}}{\alpha+\mathrm{trace}\{\boldsymbol{R}_0^{-1}\}}\end{aligned} \tag{5.60}$$

其中，$f=-P\frac{\sigma_H^2}{\sigma_\omega^2}$；$g=P\frac{\sigma_H^2}{\sigma_\omega^2}-\text{trace}\{\boldsymbol{R}_0^{-1}\}$。

根据$\frac{d\text{SNR}_e}{d\alpha}=0$，得

$$\alpha=\text{trace}\{\boldsymbol{R}_0^{-1}\}\cdot\left(-1+\sqrt{1-\frac{g-1}{f\cdot\text{trace}\{\boldsymbol{R}_0^{-1}\}}}\right) \tag{5.61}$$

因为$\alpha\in(0,1)$，定义接收信噪比为$\text{SNR}=\frac{P}{\sigma_\omega^2}$，可以得到式(5.61)的限制条件为

$$\text{SNR}>\frac{\text{trace}\{\boldsymbol{R}_0^{-1}\}+1}{\sigma_H^2} \tag{5.62}$$

### 5.3.3　仿真结果及性能分析

本节利用计算机仿真进行算法性能研究，实验环境是16用户的IDMA系统，每帧数据长度为1024，采用码率为1/16的低码率重复码和BPSK调制，信道阶数为3，且各条径延时分别为$\tau_0=0$、$\tau_1=1$、$\tau_2=2$。训练序列通过$m$序列生成，首先产生一个原始$m$序列，通过移位产生不同统计特性的$m$序列。

从图5.11可以看出，分配给训练序列的功率越大，信道估计的准确性越高。结合图5.12和图5.13可以发现，随着接收信噪比的增加，最优功率损失因子也增加且逐渐趋于0.5。固定发送功率不变，若接收信噪比比较高，则高斯白噪声方差较低，此时可以通过增大功率损失因子而降低信道估计均方差，从而降低系统有效噪声；若信噪比很低，则信道估计性能对有效噪声的影响相对较小，所以此时为降低功率损失而适当减小$\alpha$值。

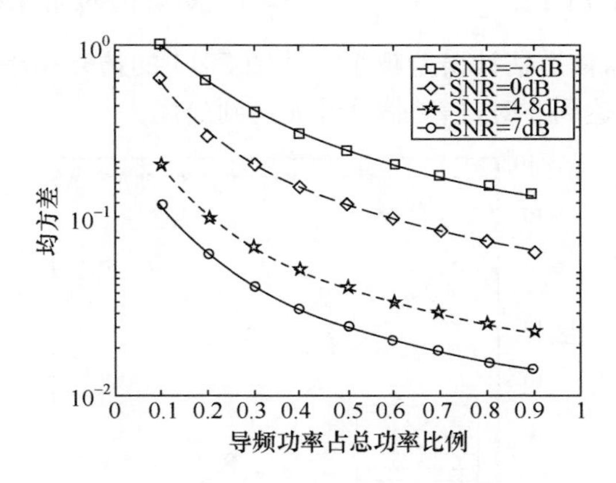


图5.11　功率分配对估计误差的影响

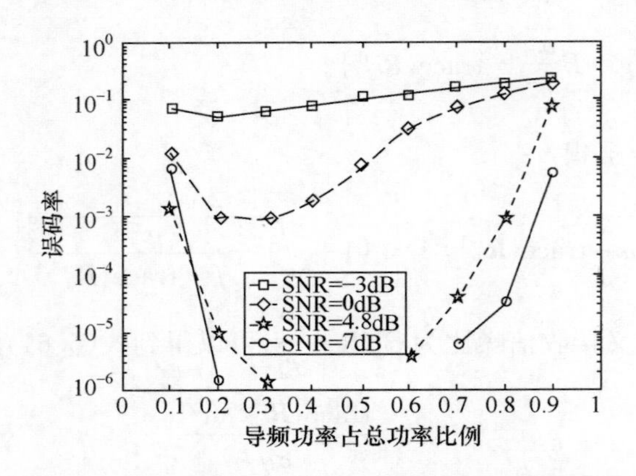


图 5.12　不同信噪比下功率分配对误码率性能的影响

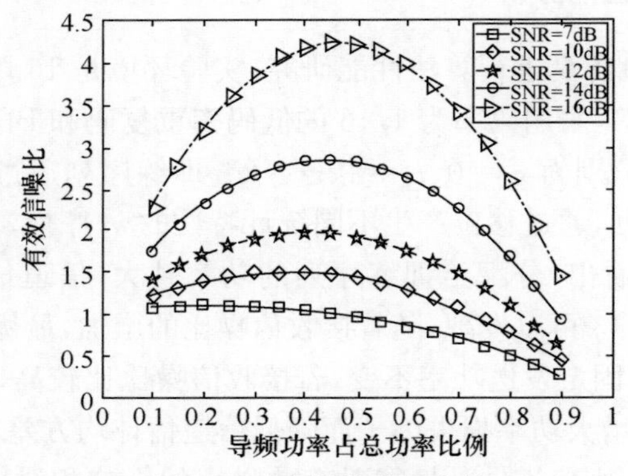


图 5.13　有效信噪比曲线

定义 $d=\sum|\boldsymbol{R}[i][i]|/\sum\limits_{i\neq j}|\boldsymbol{R}[i][j]|$ 来衡量矩阵的对角化程度，$d$ 值越大，矩阵对角化程度越高，信道估计误差越小。从图 5.14 的仿真结果可以看出，当矩阵 $\boldsymbol{R}$ 的对角化程度 $d$ 达到 5 时，信道估计性能达到最优。

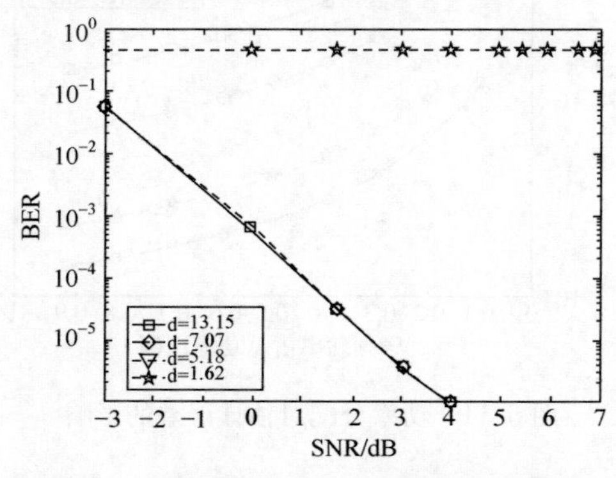


图 5.14　不同训练序列对误码率性能的影响

图 5.15 和图 5.16 分别从信道容量[50]和误码率性能比较功率分配算法和其他功率分配策略。可以看出,较其他分配策略,功率分配算法在有效降低误码率的同时有利于提高信道容量。

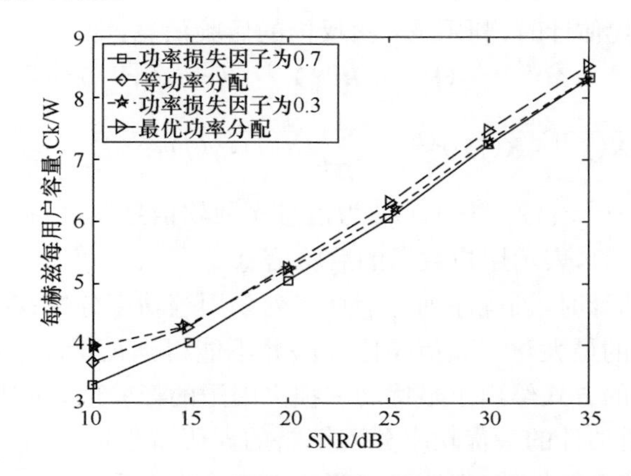


图 5.15　不同功率分配下信道容量变化曲线

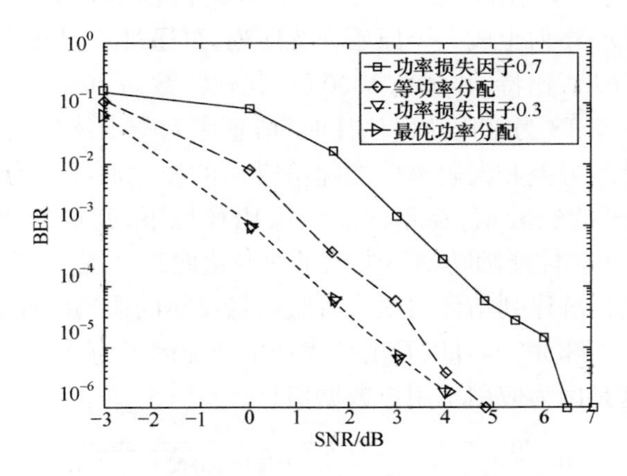


图 5.16　不同功率分配下误码率性能

### 5.3.4　迭代序列叠加信道估计及其功率分配

为进一步提高系统性能,可以利用 IDMA 系统相邻码片近似不相关的特性,即将数据软信息输出与原始导频一起进行迭代信道估计,从而改善信道估计性能。下面给出迭代序列叠加信道估计算法,并通过仿真给出最优功率分配的经验值。

从前面的讨论,我们知道,利用后验信息反馈可以得到更精确的信道估计,所以本节利用后验信息反馈。与前面介绍的 EM 混合迭代信道估计类似,我们得到下面的迭代算法,在首次信道估计时,由于不存在用户数据的反馈信息,因此完全

由训练序列进行估计，即

$$\hat{\boldsymbol{H}}^{(0)}=\boldsymbol{R}^{(\mathrm{tr})^{-1}}\boldsymbol{r}^{(\mathrm{tr})} \tag{5.63}$$

其中，$\boldsymbol{R}^{(\mathrm{tr})}=E\{\boldsymbol{P}^{\mathrm{H}}(j)\cdot\boldsymbol{P}(j)\}$；$\boldsymbol{r}^{(\mathrm{tr})}=E\{\boldsymbol{P}^{\mathrm{H}}(j)\cdot y(j)\}$。

第 $i+1$ 次迭代估计时，利用第 $i$ 次反馈的后验信息，即

$$\hat{\boldsymbol{H}}^{(i+1)}=(\bar{\boldsymbol{R}}^{(d)}+\bar{\boldsymbol{R}}^{(\mathrm{tr})})^{-1}\cdot(\bar{\boldsymbol{r}}^{(d)}+\bar{\boldsymbol{r}}^{(\mathrm{tr})}) \tag{5.64}$$

其中，$\bar{\boldsymbol{R}}^{(d)}=\sum_{j=1}^{J+L-1}\overline{\boldsymbol{X}(j)}^{\mathrm{H}}\cdot\overline{\boldsymbol{X}(j)}$；$\bar{\boldsymbol{r}}^{(d)}=\sum_{j=1}^{J+L-1}\overline{X(j)},y(j),\overline{X(j)}=[\overline{x_1}(j-0)\cdots\overline{x_1}(j-L+1)\ \overline{x_2}(j-0)\cdots\overline{x_K}(j-L+1)]$ 为信息序列软信息向量，各分量值为 $\overline{x_k}(j)=\tanh(e_{\mathrm{DEC}}(x_k(j))/2)$，表示用户数据的后验信息。

在初次信道估计时，训练序列与信息序列采用等功率分配；在接下来的迭代估计中，采用上一节的最大化有效信噪比方法并不能得到最优功率损失因子的解析解，因此通过仿真的方式给出了最优功率损失因子的经验值，并对只用训练序列进行估计和迭代信道估计的最优功率分配策略的误码率性能进行了比较，说明迭代算法能提供更好的系统性能，但明显计算复杂度有很大提高。

仿真用户数为 16，采用码率为 1/16 的重复码和 BPSK 调制，信道径数 3，延时 1 个码片，首先用 $m$ 序列生成一个原始训练序列，再通过不同移位产生各个用户的训练序列。每帧 1024 比特，共仿真 1000 帧，迭代次数为 10 次。

图 5.17 和图 5.18 为采用迭代估计时，信息序列与训练序列在不同功率分配策略下，信道估计均方差和误码率性能随信噪比的变化曲线。为了更方便地得到最优功率损失因子的经验值，在不同的信噪比环境下，我们绘出了图 5.19 和图 5.20 均方差和误码率性能随功率损失因子的变化曲线。图 5.21 在等功率分配策略下，比较了只用训练序列估计与联合后验信息反馈的误码率性能。

对比图 5.17～图 5.20，可以看出最优功率分配因子为 0.05 左右，比只用训练序列大大减少，这是因为应用了用户数据信息。

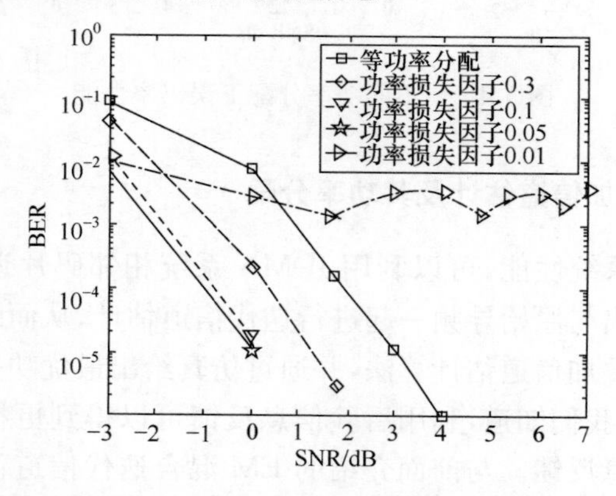


图 5.17　迭代估计不同功率分配下误码率性能

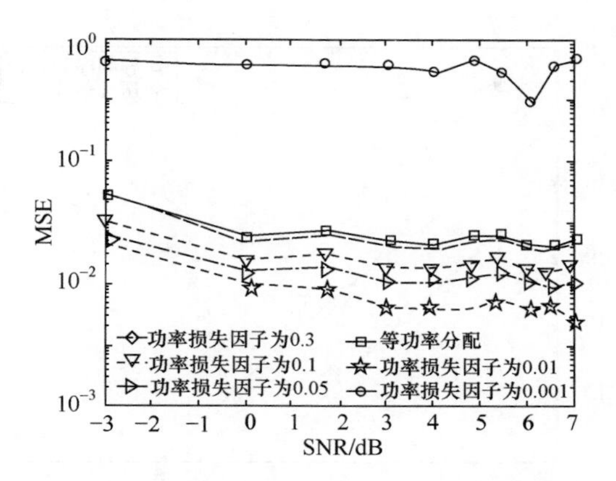


图 5.18 迭代估计不同功率分配下均方差性能

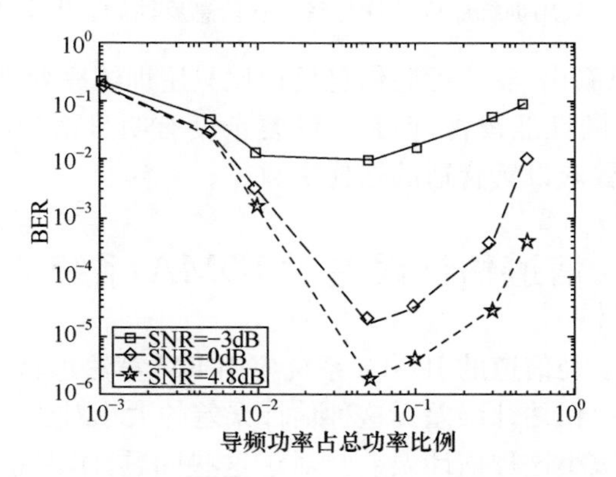


图 5.19 迭代估计不同信噪比下功率分配对误码率性能的影响

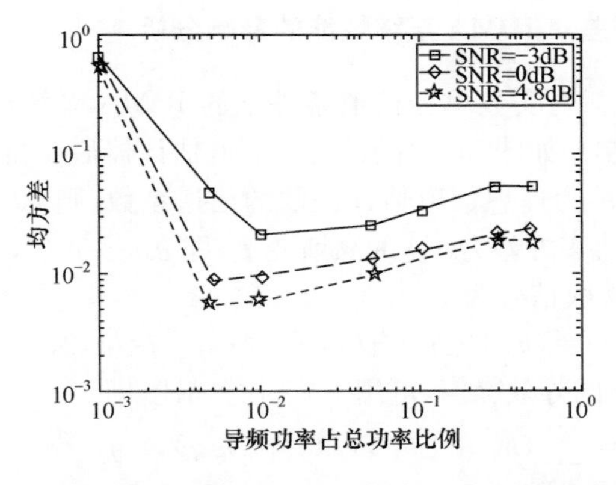


图 5.20 迭代估计不同信噪比下功率分配对均方差性能的影响

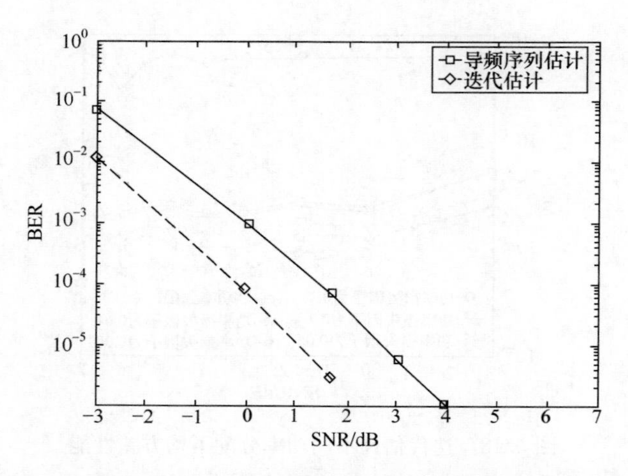


图 5.21　只用训练序列估计与联合软信息反馈的误码率性能比较

从图 5.21 可以看出，联合后验信息反馈比只用训练序列进行信道估计的误码率性能有 2dB 左右的性能改善，但是算法复杂度有明显增加，当然可以根据系统对信道估计精度的要求设置合适的迭代次数。

## 5.4　信道估计误差对 IDMA 系统的影响

前面的章节对多径信道的 IDMA 系统应用 EM 算法进行了信道估计，对于任何参数估计都难免存在估计误差。这种估计误差的大小对于整个系统的性能存在怎样的影响？如何减小这种估计误差？对于这些问题，本课题组也进行了相关的研究[20]，本节对其进行相关的讨论。

### 5.4.1　信道估计误差对 IDMA 系统性能的影响分析

为了简化分析，只对实数单径信道条件下的 IDMA 系统进行分析，发射信号使用 BPSK 进行调制。如图 5.1 所示，经过信道估计器后获得的信道估计系数为 $\hat{h}_K=h_k+\Delta h_k$，其中 $h_k$ 为理想信道估计获取的信道系数，则 $\Delta h_k$ 为信道估计误差，假设 $\Delta h_k$ 是一个均值零方差为 $\delta^2_{\Delta h_k}$ 的高斯变量，即 $\Delta h_k \sim N(0,\delta^2_{\Delta h_k})$。

根据式(2.1)，接收信号为

$$r(j)=(h_k+\Delta h_k)x_k(j)+\xi_k(j),\quad j=1,2,\cdots,J \tag{5.65}$$

其中，$\xi_k(j)$为用户 $k$ 的等效噪声，可用下式进行描述，即

$$\xi_k(j)=\sum_{k'\neq k}(h_{k'}+\Delta h_{k'})x_{k'}(j)+n(j),\quad j=1,2,\cdots,J \tag{5.66}$$

根据 2.1 节的多用户迭代检测算法，可以在考虑信道估计误差情况下对迭代检测算法归纳。

① 初始化,设置

$$e_{\mathrm{DEC}}(x_k(j))=0,\quad \forall k,j \tag{5.67}$$

② 主要过程操作,即

$$E(x_k(j))=\tanh\left(\frac{e_{\mathrm{DEC}}(x_k(j))}{2}\right),\quad \forall k,j \tag{5.68}$$

$$\mathrm{Var}(x_k(j))=1-(E(x_k(j)))^2,\quad \forall k,j \tag{5.69}$$

$$E(\xi_k(j))=\sum_{k'\neq k}\hat{h}_k x_{k'}(j),\quad \forall k,j \tag{5.70}$$

$$\mathrm{Var}(\xi_k(j))=\sum_{k'\neq k}|\hat{h}_k|^2 x_{k'}(j),\quad \forall k,j \tag{5.71}$$

$$e_{\mathrm{ESE}}(x_k(j))=2\hat{h}_k\frac{r(j)-E(\zeta_k(j))}{\mathrm{Var}(\zeta_k(j))},\quad \forall k,j \tag{5.72}$$

对比 2.1 节的迭代检测算法,两者基本相同,这里只是考虑了信道系数的估计误差。

这里使用 $e_{\mathrm{ESE}}(x_k(j))$的第 $j$ 个比特的平均信干噪比作为性能评价的定量分析,在 2.3 节我们对单径信道下的 IDMA 系统进行性能分析时,就对不考虑信道估计误差情况下的 $e_{\mathrm{ESE}}(x_k(j))$的第 $j$ 个比特的平均信干噪比进行了推导,则有

$$\mathrm{SINR}_{\text{no-error}}=\frac{E(|h_k x_k(j)|^2)}{V_{\xi k}}=\frac{|h_k|^2}{\sum\limits_{k'\neq k}|h'_k|^2 V_{xk'}+\delta^2} \tag{5.73}$$

我们做了如下的近似处理对式(2.58)中的 $\mathrm{Var}(\zeta_k(j))$使用它的算术平均 $V_{\zeta_k}$ 进行近似替换,则有

$$\mathrm{Var}(\zeta_k(j))\approx V_{\zeta_k}\equiv\sum_{k'\neq k}|h_{k'}|^2 V_{x_{k'}}+\sigma^2 \tag{5.74}$$

其中,$V_{x_k}\equiv\frac{1}{J}\times\sum\limits_{j=1}^{J}\mathrm{Var}(x_k(j))$;$V_{x_k}$ 和 $V_{\zeta_k}$ 分别是$\{\mathrm{Var}(x_k(j)),\forall j\}$和$\{\mathrm{Var}(\zeta_k(j)),\forall j\}$的算术平均。

将式(5.74) 中的信道系数用 $\hat{h}_k$ 进行替换,则得到考虑信道估计误差下的 $e_{\mathrm{ESE}}(x_k(j))$ 的第 $j$ 个比特的平均信干噪比为

$$\mathrm{SINR}_{\mathrm{error}}=\frac{E(|(h_k+\Delta h_k)x_k(j)|^2)}{V_{\xi k}}=\frac{|h_k|^2+\delta^2_{\Delta h_k}}{\sum\limits_{k'\neq k}(|h_{k'}|^2+\delta^2_{\Delta h_{k'}})V_{xk'}+\delta^2} \tag{5.75}$$

通过对式(5.73)和式(5.75)的比较发现,当 $\delta^2_{\Delta h_k}\to 0$ 时,$\mathrm{SINR}_{\mathrm{error}}\to\mathrm{SINR}_{\text{no-error}}$,则信道估计误差引起的性能损失降低到最小,而 $\delta^2_{\Delta h_k}\to 0$ 可以在接收端的混合迭代信道估计时通过增加迭代次数来实现。

### 5.4.2 仿真结果及性能分析

首先给出仿真参数和符号进行说明:使用码率为 1/16 的重复码作为信道编

码；导频序列使用 $m$ 序列产生；数据使用 BPSK 调制模式；用户数 $K$ 为 16；一帧数据中有效信息长度 $N_{\inf}$ 为 1024，导频长度 $M$ 为 128；用 IT 表示迭代次数；假设信道估计误差的方差为 $\text{Det}=\delta_{\Delta h_k}$，并有 $\delta_{\Delta h_1}=\delta_{\Delta h_2}=\cdots=\delta_{\Delta h_k}$。

图 5.22 是 IDMA 系统在单径信道条件当信道估计误差方差 Det 在 0～0.5 变化时获取的误码率性能曲线，其中迭代次数 IT=5。图 5.23 显示的是 IDMA 系统在多径信道条件下(信道长度 $L=3$)随着信道估计误差方差的变化获取的误码率性能曲线，其中迭代次数 IT=10，用户数均为 16。

当 Det=0 时，意味着估计准确而没有误差，当 Det 逐渐增加时表示信道估计误差变大，这从图 5.22 和图 5.23 都可以看出。随着 Det 的增加 IDMA 系统的 BER 性能是在逐渐变差的，为了对 EM 算法的估计性能进行比较，图中也给出了基于 EM 算法进行信道估计的 IDMA 系统的误码率性能曲线。可以看出，通过 EM 算法进行信道估计获取的信道估计误差方差在 0.1～0.3，这就说明运用这种信道估计算法获得的估计值和理论值之间还是有着很大的差距。在图 5.22 中我们可以看到，当用户数为 8 时，EM 算法的估计性能能够接近理想信道估计，这主

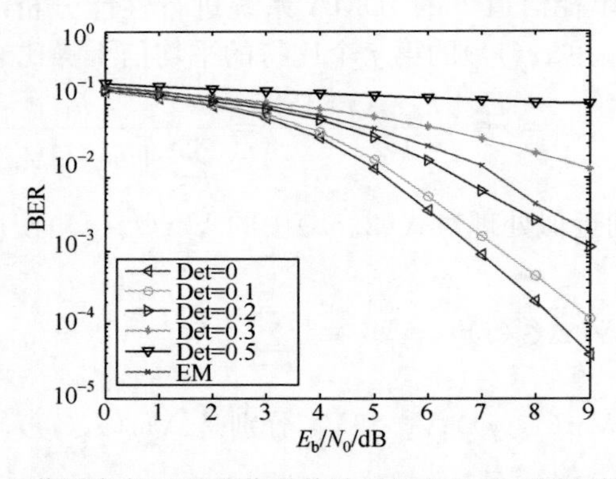


图 5.22 IDMA 在单径信道条件下随着信道估计误差方差的不同所得到的误码率性能曲线

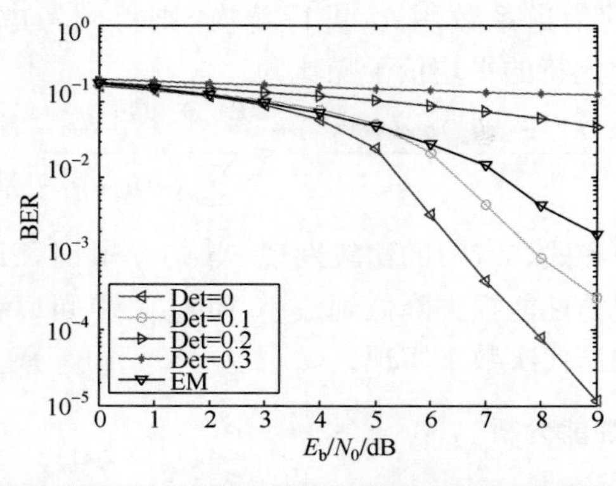


图 5.23 IDMA 在多径信道条件下随着信道估计误差方差的不同所得到的误码率性能曲线

要是因为在仿真的过程中使用码率为 1/16 的重复码作为信道编码，所以当用户负载增加到 16 时，如图 5.23 所示的 EM 信道估计性能就不是很理想。因此，就需要我们继续寻找一种新的信道估计算法来弥补 EM 算法的不足。

## 5.5 小　　结

本章推导了 IDMA 系统中基于期望最大算法的信道估计算法，即第一次迭代由导频估计出信道初始值，第一次迭代以后把译码器输出的软信息值(外信息和后验信息)也视为导频并结合原始导频更新信道信息。本章在序列叠加信道估计研究的基础上，以交织多址接入系统为模型，利用导频训练序列与信息序列不相关的特性在接收端估计出信道状态信息，并采用最大化有效信噪比的方法给出了训练序列与信息序列的最优功率分配策略。实验结果显示，这种基于 EM 算法的信道估计具有算法简单易于实现的优点，并且估计性能也很不错。由于任何估计都会存在估计误差，所以本章最后对信道估计误差对 IDMA 系统性能进行了研究。实验结果显示，这种估计误差对系统具有很大的影响，所以必须选用一种更为精确的信道估计算法。

### 参 考 文 献


[1] Hendrik S, Adam H P. Semi-blind pilot aided channel estimation with emphasis on interleave-division multiple access systems//IEEE Globecom, 2005: 3513-3517.

[2] 徐巧勇，陈浩珉，王宗欣. MIMO 系统中基于交织的联合迭代信道估计和多用户检测. 复旦学报：自然科学版，2005，44(1): 128-133.

[3] Clemens N, Gerald M, Franz H. A factor graph approach to joint iterative data detection and channel estimation in pilot-assisted IDMA transmissions. ICASSP, 2008: 2697-2700.

[4] Jang C H, Choi H, Lee H. Novel detection algorithm of IDMA system under channel estimation error. VTC-2008-fall, IEEE: 1-5.

[5] Zhou X Y, Shi Z N, Reed M C. Iterative channel estimation for IDMA systems in time-varying channels. IEEE GLOBECOM Proceedings, 2007: 4020-4024.

[6] Dempster L N, Rubin D. Maximum-likelihood from incomplete data via the EM algorithm. J. Royal Statistics Soc., Ser. B, 1977, 39(1): 1-38.

[7] Guernch M, Vanderdorpe L. Performance analysis of joint EM/SAGE estimation and multistage detection in UTRA-WCDMA uplink. Int. Conf. Communications, 2000, 2: 638-640.

[8] Fawer U, Aazhang B. A multiuser receiver for code division multiple access communications over multipath channels. IEEE Trans. Commun., 1995, 43(234): 1556-1565.

[9] Cozzo C, Hughes B. The expectation-maximization algorithm for space-time communications//Proc. Int. Symp. on Information Theory, 2000: 338.

[10] Logothetis A, Carlemalm C. SAGE algorithms for multipath detection and parameters esti-

mation in asynchronous CDMA systems. IEEE Trans. Signal Processing, 2001, 48(11): 3162-3174.

[11] Fessler J A, Hero A O. Space-alternating generalized expectation-maximization algorithm. IEEE Trans. Signal Processing, 1994, 42(10): 2664-2677.

[12] Georghiades C, Han J C. Sequence estimation in the presence of random parameters via the EM algorithm. IEEE Trans. Commun., 1997, 45(3): 300-308.

[13] Kobayashi M, Boutros J, Gaire G. Successive interference cancellation with SISO decoding and EM channel estimation. IEEE J. Select. Areas Commun., 2001, 19(8): 1450-1460.

[14] Muquet B, Courville M, Duhamel P. Subspsace-based blind and semi-blind channel estimation for OFDM systems. IEEE Transactions on Signal Processing, 2002, 50(7): 1699-1712.

[15] Necker M C, Stuber G L. Totally blind chnnel estimation for OFDM on fast varying mobile radio channel. IEEE Transactions on Wireless Communications, 2004, 3(5): 1514-1525.

[16] Zeng Y H, Ng T S. A semi-blind channel estimation method for multiuser multi-antenna OFDM systems. IEEE Transactions on Signal Processing, 2004, 52(5): 567-571.

[17] Ho K Y, Leung S H. A generalized semi-blind channel estimation for pilot-aided OFDM systems. IEEE International Symposium on Circuits and Systems, 2005, 6: 6086-6089.

[18] Tugnait J K, Luo W L. On channel estimation using superimposed training and first order statistics. IEEE Communications Letters, 2003, 7: 413-415.

[19] Tugnait J K, Meng X H. On superimposed training for channel estimation: performance analysis, training power allocation, and frame synchronization. IEEE Trans. Signal Processing, 2006, 54(2): 752-764.

[20] Xiong X Z, Hu J H, Yang F, et a1. Effect of channel estimation error on the performance of the interleave-division multiple access systems. IEEE ICACT2009, 2009: 1538-1542.

# 第六章　IDMA 时间同步技术

本章首先研究采样时偏对于 IDMA 系统性能的影响。我们建立一个异步 IDMA 系统上行链路模型,系统中不同用户具有随机时偏,以此来研究采样时偏对于 IDMA 系统性能的影响。理论分析证明,采样时偏会将码间干扰(ISI)和多址干扰(MAI)引入传统 IDMA 检测算法中,进而引起系统性能损失。同时,我们还对不同程度的时偏对系统性能影响进行评估,从而为同步机制的研究和设计提供了性能参考。然后,介绍一种无数据辅助同步技术。通过对 SNR-variance 技术的理论分析,将其应用于 ZP-IDMA 系统中完成时间捕获。在基站端(BS)我们可以通过接入用户的平均方差对其时偏进行估计,然后基于反馈环路返回相应的用户端进行发射时间调整。由此,完成无数据辅助方式时间捕获过程。研究发现,无数据辅助同步方式在应用于用户端高速移动场景时,性能受限。最后,我们将 CDMA 系统中使用的 PN 码辅助同步方式应用在 IDMA 系统中。通过对 PN 码捕获机制和早迟门同步器的改进,我们仍然将基站端估计时偏通过反馈环路返回用户端进行处理,取得了不错的性能,但是同时牺牲了系统容量。

## 6.1　采样时偏对 IDMA 系统性能影响

### 6.1.1　系统模型

假设一个包含 $K$ 个并发用户的 IDMA 系统,如图 6.1 所示。序列$\{d_k(n), n=1,2,\cdots,N\}$为用户 $k$ 的原始信息序列,经低码率的编码器 $C$ 编码之后产生编码序列 $C_k\equiv[c_k(1),\cdots,c_k(j),\cdots,c_k(J)]^{\mathrm{T}}$,其中 $J$ 为帧长度,或称为块长度。然后 $C_k$ 进入交织器 $\pi_k$,编码序列的顺序被打乱,交织之后数据序列为 $X_k\equiv[x_k(1),\cdots,x_k(j),\cdots,x_k(J)]^{\mathrm{T}}$。我们定义 $X_k$ 中元素为码片,码片宽度为 $T_c$。不失普遍性,在本模型中我们采用 BPSK 调制。为了研究异步传输对系统带来的影响,我们将传统 IDMA 系统的基带离散传输模型进行扩展:在交织之后,我们在系统中加入基带成型滤波器,用来带限传输带宽。我们将经过成型之后的码片称为符号。注意,此时的符号已经是连续时间波形。定义 $A_k$ 为用户 $k$ 的传输波形,延时模块生成的随机延时 $\tau_k$ 的加入使系统的异步特性得以体现。这样就构成了异步 IDMA 系统。

经过 AWGN 信道后,$r_a$ 为所有用户的信号叠加之和。在 IDMA 接收机一侧,首先采样过程应将接收到的模拟信号采样成数字信号 $r$。数字信号 $r$ 进入 IDMA

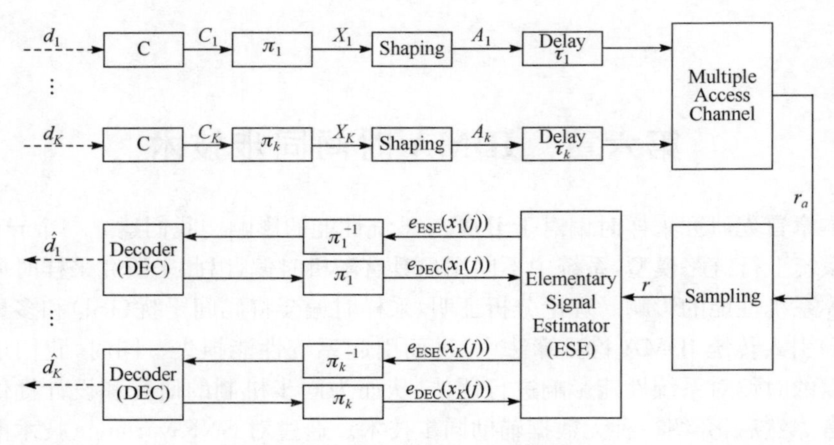


图 6.1　异步 IDMA 系统框图

接收机的后续流程,完成信号检测及译码。

根据奈奎斯特第一定律,对于每一个符号,我们都能找到一个 $A_k(i)$满足这个点带有最多的本码片信息,而且不含有码间干扰,如图 6.2 所示。

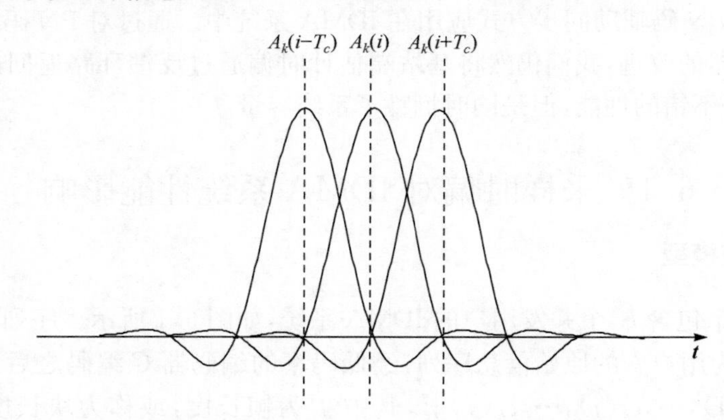


图 6.2　理想情况下由奈奎斯特第一定律得到的最佳采样点

如图 6.2 所示,$A_k(i)$和 $A_k(i\pm T_c)$为最佳采样点,但是由于随机延时单元的引入,对于每个用户的每一帧,都会存在一个随机延时 $\tau_k$,从而带来上行链路的异步。在本系统中,我们假设无线信道为准静态多径衰落信道,存在 $L-1$ 条径,并且定义$\{h_{k,0},h_{k,1},\cdots,h_{k,L-1}\}$为用户 $k$ 各条径的信道系数。假设信道系数在接收端已知,并且不考虑信道估计的误差。因此,异步系统经过 AWGN 信道之后的发送信号变为(只考虑单径)

$$r_a(i)=\sum_{k=1}^{K}h_{k,0}A_k(i-t_k)+n(i) \tag{6.1}$$

其中,$h_{k,0}$ 为第一条径的信道系数;$\{n(i)\}$为方差 $\sigma^2=N_0/2$ 的 AWGN 信道的采

样值。

这样，我们就搭建了一个异步 IDMA 系统模型，从而研究时偏对 IDMA 系统性能的影响。

### 6.1.2　采样时偏分析

1. 采样时偏的定义

文献[1]建立的同步 IDMA 系统对于准静态的 $L$ 径衰落环境，接收前端信号定义为

$$r(j)=\sum_{k=0}^{K-1}\sum_{l=0}^{L-1}h_{k,l}x_k(j-l)+n(j),\quad j=1,2,\cdots,J+L-1 \tag{6.2}$$

当没有传输延时时，定义第 $m$ 帧的第一个码片的到达时间为参考时间，则式(6.2)中的信号模型是基于以下两点假设。

① 对于每个符号而言，$x_k(j)$都可以看成是本符号周期内的对用户 $k$ 的最佳采样点，也就是说没有符号间干扰 ISI。

② 整个系统是码片间同步的。

如图 6.3 所示，它给出了一种基于以上两个假设的典型同步时序。在图 6.3 中，用户 1 和用户 2 的第 $m$ 帧的到达时间相同，用户 $k$ 第 $m$ 帧的到达时间与参考时间相比滞后了 2Tc(Tc 为码片周期)。

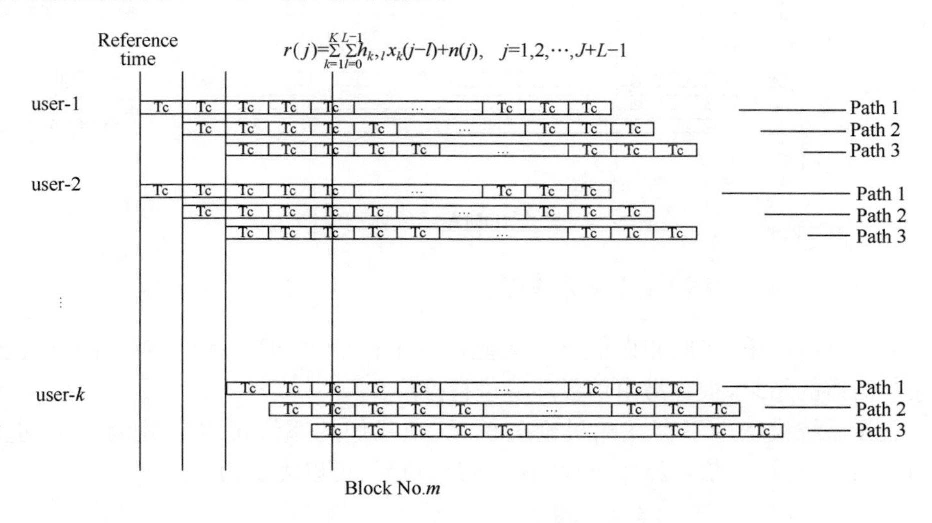


图 6.3　同步 IDMA 系统帧内部时序

由于 IDMA 特殊的类似于 Rake 接收机的检测算法，假设我们在接收端已知某用户的整数倍延时，则这种整数倍延时带来的时序不会影响到采样时的最佳采样点的偏差，其影响可以看成是特殊的多径效应。所以，用户 $k$ 的这种整数倍延

时,我们仍然可以看成同步的时序。

在实际系统中,用户 $k$ 的任意传输延时 $D_k$ 都可以分解成整数倍 Tc 部分及分数倍 Tc 部分,即

$$D_k = n\mathrm{Tc} + \tau_k, \quad n=0,1,2,\cdots \tag{6.3}$$

对于整数部分 $n$Tc 而言,若我们在接收端已知 $n$ 值(可以采用上层的帧同步方法得到),则此部分的影响可以忽略不计[1],对于分数部分 $\tau_k$ 而言,则会引起采样误差,从而引入符号间干扰。我们定义分数倍码片周期 Tc 的延时 $\tau_k$ 为采样时偏,假设 $\tau_k$ 为均匀分布,则可以得到

$$\tau_k \in [0, \mathrm{Tc}) \tag{6.4}$$

带有采样时偏的异步系统的典型时序如图 6.4 所示。

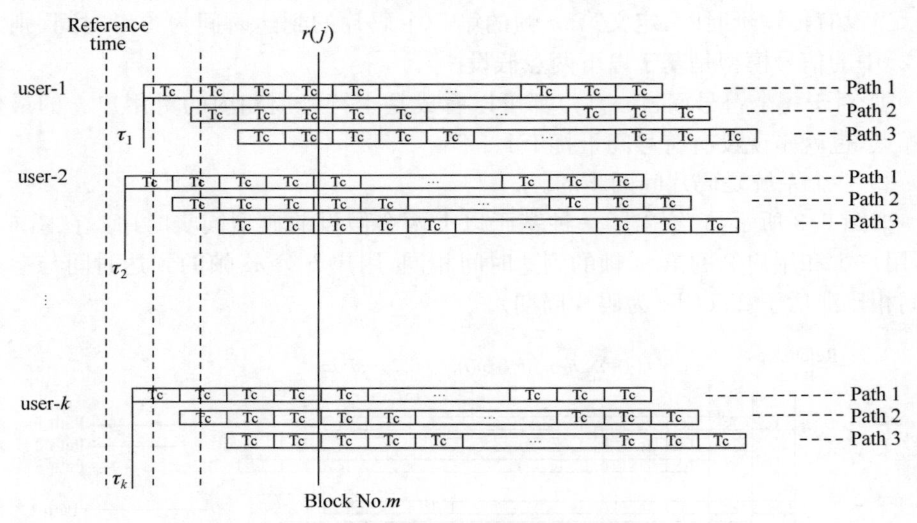


图 6.4　异步 IDMA 系统典型时序

2. 采样时偏对 IDMA 检测算法影响

为了分析简单,我们假设信道为无记忆的单径信道,即 $L=1$。对于准静态多径衰落信道的结果,很容易由单径环境进行推广。

假设系统模型中不存在随机延时单元,则我们的系统可以等效为一个同步 IDMA 系统。这是,信号经过 AWGN 无线信道后,可以表示为

$$r_a(i) = \sum_{k=0}^{K-1} h_{k,0} A_k(i) + n(i), \quad i = 1,2,\cdots,I \tag{6.5}$$

定义 $t$ 为采样时刻的起始时间,则经过采样后的信号 $r(j)$ 可以表示为

$$r(j) = r_a(i)\Big|_{i=t+Tj} = \sum_{k=0}^{K-1} h_k A_k(i)\,\Big|_{i=t+Tj} + n(j), \quad j = 1,2,\cdots,J \tag{6.6}$$

根据奈奎斯特第一定律,我们总是可以找到一个最佳采样时刻对于所有的同步用户均为最佳采样时刻,表示为

$$A_k(i)|_{i=t+Tj}=x_k(j) \tag{6.7}$$

此时,$t$ 时刻对于所有用户保持一致。把式(6.7)带入式(6.6)中,得到

$$r(j)=\sum_{k=1}^{K}h_k x_k(j)+n(j),\quad j=1,2,\cdots,J \tag{6.8}$$

很显然,此时的采样后信号没有受到 ISI 的影响,但是当随机延时单元被引入系统中,而造成采样时偏的时候,结果就会带来改变。我们定义 $A_k'$代表 $A_k$ 经过延时之后的信号,则 $A_k'$可以写为

$$A_k'(i)=A_k(i-\tau_k) \tag{6.9}$$

现在将式(6.6)中的 $A_k$ 用 $A_k'$来替换。因为 $\tau_k$ 均匀分布在区间[0,Tc),我们很难找到统一的采样时刻$(t+Tj)$,对于所有用户都为最佳采样时刻。定义$x_k'(j)$代表当采样起始时刻 $t$ 为任意值时,$r(j)$中用户 $k$ 码片的采样值。重写式(6.8),我们得到

$$r(j)=\sum_{k=1}^{K}h_k x'_k(j)+n(j),\quad j=1,2,\cdots,J \tag{6.10}$$

在这种情况下,ESE 的输出可以写为

$$\mathrm{LLR}(x_k'(j))=e_{\mathrm{ESE}}(x_k'(j))=2h_k\frac{r(j)-E(\zeta_k(j))}{\mathrm{Var}(\zeta_k(j))} \tag{6.11}$$

其中,$\zeta_k(j)$为 $x_k'(j)$的总干扰项,可以表示为

$$\zeta_k(j)=\sum_{k'\neq k}h_{k'}x'_{k'}(j)+n(j),\quad j=1,2,\cdots,J \tag{6.12}$$

参考带限无线信道的性质,如果 $x_k'(j)$不是最佳采样点,则 $x_k'(j)$可以被分解成两个部分,其中一个部分与 $x_k(j)$相关,而另一部分是来自其余符号的干扰。所以 $x_k(j)$可以写为

$$x_k'(j)=f(x_k(j))+\mathrm{ISI}(k,j) \tag{6.13}$$

其中,$f(x_k(j))$代表 $x_k(j)$的相关信息;$\mathrm{ISI}(k,j)$代表 $x_k(j)$的符号间干扰。

$f(x_k(j))$可以变相的看作 $x_k(j)$经过信道后的衰减。联系信道系数 $h_k$ 和 $f(x_k(j))$,我们定义新的信道系数 $h_k'$为

$$\begin{aligned}r(j)&=\sum_{k=0}^{K-1}h_k(f(x_k(j))+\mathrm{ISI}(k,j))+n(j)\\&=\sum_{k=0}^{K-1}h'_k x_k(j)+w_k(j)+n(j),\quad j=1,2,\cdots,J\end{aligned} \tag{6.14}$$

其中,$h_k'$的定义为$h_k'\cdot x_k(j)=h_k\cdot f(x_k(j))$;$w_k(j)$的定义为$w_k(j)=\dfrac{\mathrm{ISI}(k,j)}{h_k'}$。

对于 $h_k'$,我们很难写出它的闭式表达式,除非每个用户的采样时偏已知。

我们定义用户 $k$ 的总干扰项为

$$\zeta'_k(j) = \sum_{k' \neq k} h'_{k'} x_{k'}(j) + w_{k'}(j) + n(j), \quad j = 1,2,\cdots,J \tag{6.15}$$

ESE 的 LLR 输出为

$$\mathrm{LLR}(x_k(j)) = e_{\mathrm{ESE}}(x_k(j)) = 2h'_k \frac{r(j) - E(\zeta'_k(j))}{\mathrm{Var}(\zeta'_k(j))} \tag{6.16}$$

由于 $h'_k$ 的存在，对于传统的 IDMA 信号检测机制，我们很难得到 E()和 Var()的闭式解，所以很难得到 ESE 的 LLR 输出的闭式解。实际上，在异步时序中，对于传统 IDMA 信号检测算法来讲，式(6.11)被用作 DEC 模块的输入，而不是式(6.16)。于是，我们定义 ESE 的性能损失为

$$\mathrm{ESE}_{\mathrm{loss}}(x_k(j)) = |e_{\mathrm{ESE}}(x_k(j)) - e_{\mathrm{ESE}}(x'_k(j))| \tag{6.17}$$

式(6.17)可以代表 ESE 模块的性能损失，同时也是 DEC 模块的输入误差。

由以上的分析可知，采样时偏引起的符号间干扰 ISI 对于传统 IDMA 信号检测算法的影响比较严重。

采样时偏的影响使得传统 IDMA 信号迭代检测算法在更新 $E(x_k(j))$和 $\mathrm{Var}(x_k(j))$时引入了新的噪声，并且这些新的噪声在迭代的过程中很难被消除。我们关心的问题是一种特殊的情况：假设对于某一确定用户 $k$，我们总能保证每次采样时刻都对应此用户的最佳采样点。对于其余用户，此假设不成立。基于这个假设，下面研究确定用户 $k$ 的 ESE 模块性能，从而来研究采样时偏对于多址干扰抵消的影响。

我们重写 $E(r(j))$和 $\mathrm{Var}(r(j))$如下，即

$$E(r(j)) = \sum_{k' \neq k} h_{k'} E(x_{k'}(j)) + h_k E(x_k(j)) \tag{6.18}$$

$$\mathrm{Var}(r(j)) = \sum_{k' \neq k} |h_{k'}|^2 \mathrm{Var}(x_{k'}(j)) + |h_k|^2 \mathrm{Var}(x_k(j)) + \delta^2 \tag{6.19}$$

对于用户 $k$，有

$$E(\zeta_k(j)) = \sum_{k' \neq k} h_{k'} E(x_{k'}(j)) \tag{6.20}$$

$$\mathrm{Var}(\zeta_k(j)) = \sum_{k' \neq k} |h_{k'}|^2 \mathrm{Var}(x_{k'}(j)) + \delta^2 \tag{6.21}$$

然后，我们可以得到

$$e_{\mathrm{ESE}}(x_k(j)) = 2h_k \frac{r(j) - E(\zeta_k(j))}{\mathrm{Var}(\zeta_k(j))} = 2h_k \frac{r(j) - \sum_{k' \neq k} h_{k'} E(x_{k'}(j))}{\sum_{k' \neq k} |h_{k'}|^2 \mathrm{Var}(x_{k'}(j)) + \delta^2} \tag{6.22}$$

由式(6.22)可以看出，用户 $k$ 的 $e_{\mathrm{ESE}}(x_k(j))$信息更新来自其余用户 $k' \neq k$ 的信息

$E(x_{k'}(j))$和 $\mathrm{Var}(x_{k'}(j))$。由上面分析可知，采样时偏的影响使 $E(x_{k'}(j))$和 $\mathrm{Var}(x_{k'}(j))$的更新出现噪声，所以即使对于可以确保最佳采样时刻的确定用户 $k$，由于其余用户不准确信息的影响，使 $e_{\mathrm{ESE}}(x_k(j))$的更新也产生性能损失。由此，多址干扰被引入到 IDMA 信号检测算法中来。

使用图 6.1 搭建的系统模型进行计算机仿真。为了使结果更加明显，我们将异步系统性能与理想同步系统的 BER 性能相比较。

其仿真环境设置如下：每个用户的低码率编码器为 1/16 的重复码编码器。编码后信号经过随机交织，无线信道的多径数量为 $L=3$。我们设定每一帧（块）的信息比特长度 $N_{\mathrm{inf}}=1024$，$K$ 为系统的并发用户数量，IT 为信号检测中的迭代次数，$t$ 为采样的起始时刻。在仿真中，我们忽略成型滤波器的群延时和其余处理延时。这就意味着当 $t=0$ 时，采样的起始时刻与参考时刻一致。仿真使用的内插和下采样倍数都为 $T=16$，成型滤波器的滚降系数为 rf=0.5，采样时偏为随机整数，均匀分布在区间 0～15。

图 6.5 给出了当起始采样点 $t$ 不同时，异步 IDMA 系统用传统同步 IDMA 接收机进行接收时的性能对比，其中迭代次数为 10，总用户数为 8。结果表明，当 $t=15$ 时，异步系统获得最好的 BER 性能，但是与理想的同步情况相比，在 BER$=10^{-3}$时，仍然有 7dB 的性能损失。对于异步系统而言，在 BER$=10^{-3}$时，性能存在瓶颈。

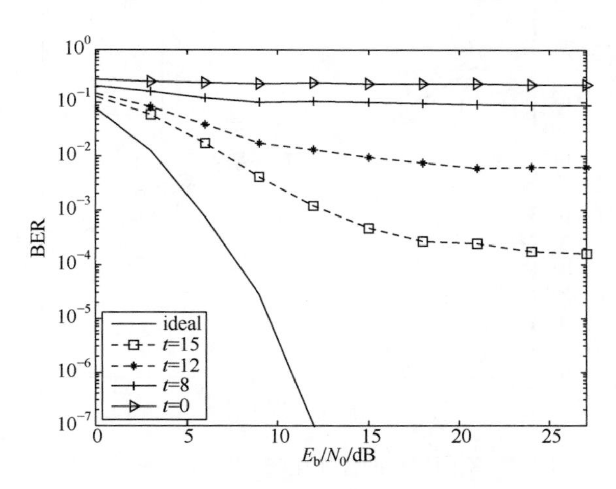


图 6.5　起始采样点处于不同时刻时异步 IDMA 系统的 BER 性能

图 6.6 给出当我们在接收端增加迭代次数时的 BER 性能比较，其中用户数为 8。当 $t=15$ 时，我们在接收端分别使用 10、20、30 次迭代。结果显示，增加迭代次数也未能改善系统在采样时偏存在时的 BER 性能。

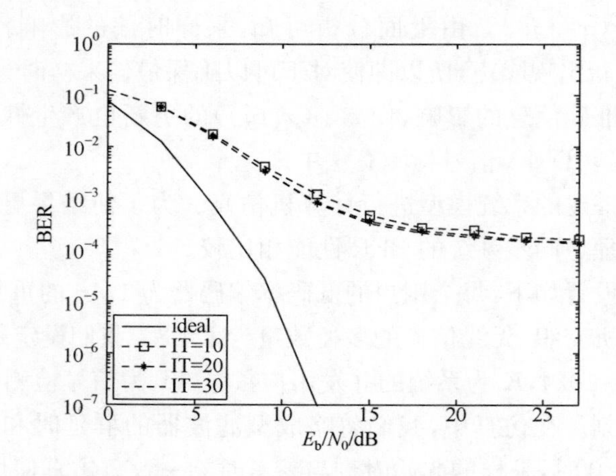


图 6.6　接收端不同迭代次数对 BER 影响的性能比较

我们还对不同用户的性能进行了仿真。假设对于特定用户 5,起始采样时刻 $t$ 的选取,使得每次采样都可以确保用户 5 的最佳采样点。对于其余用户,该条件不满足。图 6.7 结果表明,用户 5 的 BER 性能轻微好于其余用户,但是在 BER$=10^{-5}$时仍然存在性能瓶颈。与理想同步的性能曲线相比,在 BER$=10^{-3}$时,有大约 6dB 的性能损失。

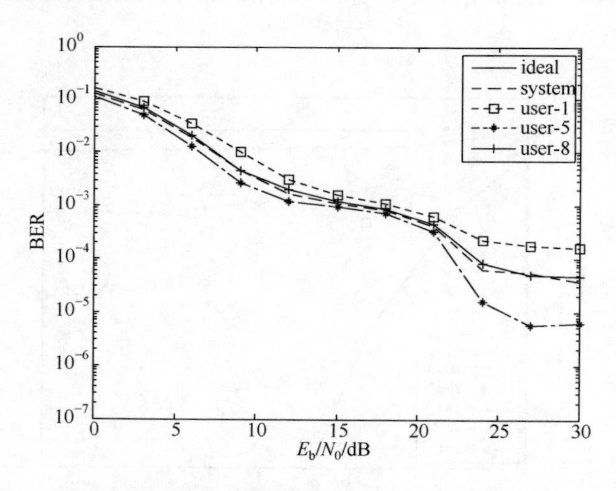


图 6.7　不同用户的性能比较,用户 5 为同步用户

图 6.8 给出了不同程度的采样时偏对于系统性能的影响。仿真假设用户数为 8,迭代次数为 10,并且系统可以对时偏进行校正,可以将采样时偏矫正到高斯分布于$(0,\sigma^2)$的随机变量,其中 $\sigma$ 代表归一化的标准差,以码片周期 Tc 为归一化尺度。仿真结果表明,当标准差为 1/4 和 1/8 时,系统性能损失很严重。例如,当

$\sigma=1/8$时，系统 BER 曲线与理想同步系能曲线相比，在 BER$=10^{-3}$时损失了大约7dB。当标准差为$\sigma=1/16$时，系统性能很接近理想同步系统性能，如 BER$=10^{-4}$时，仅有大约 1dB 的损失。所以我们认为$\sigma=1/16$是可以接受的，这应该看作时偏纠正应达到的目标。

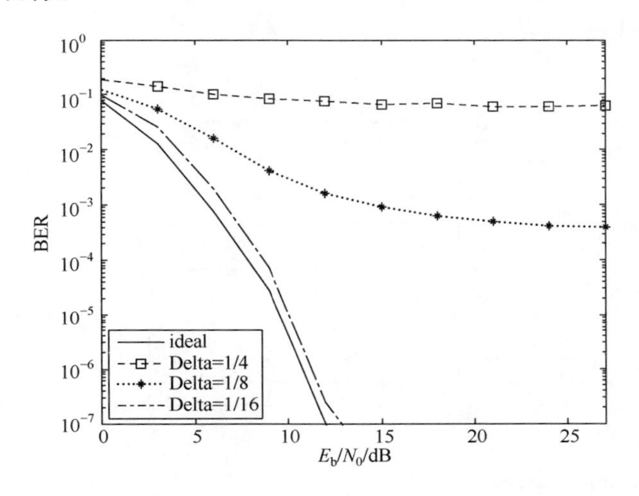


图 6.8 不同程度采样时偏对系统性能影

# 6.2 IDMA 系统无数据辅助同步技术

## 6.2.1 系统模型

对于上行链路的同步技术，最好的方法是直接接收端补偿由于时偏产生的性能损失。由于 IDMA 接收机中使用的逐码片联合检测机制，使其对很小的定时误差非常敏感。正是由于这种特殊的检测机制，我们很难在接收端将每个用户抽出分别进行同步捕获和追踪，并在基站端对信号进行处理。另一种可行的办法是由基站端对不同用户进行时偏估计，然后将时偏信息反馈到发送段，由用户端进行时偏补偿。

对于传统蜂窝无线系统，不同的用户是依次一个一个被接入到系统中的。我们仍然在异步 IDMA 系统的上行链路中使用这种方法。对于整个系统而言，上行链路仅存在一个接入信道，从而在某一时刻只能接入一个用户。在接入的过程中基站端估计时偏，并将时间调整量经过编码之后通过下行链路返回。如图 4.4 所示，我们建立了一个基于反馈环路的系统模型。从多层 IDMA 系统的概念出发[3]，我们可以将时间调整量作为物理信道的控制信息而规划到控制信息层，这样理解系统结构比较清晰。

我们将研究重点放在如何估计采样时偏上，而对于整数倍码片时偏，属于帧同步的范畴。我们可以假设这样的一种情景，当一个新的用户被接入信道接入的时候，其余所有已接入用户已经获得同步。在图 6.9 中，我们用下标"$K$"表示正被接入的新用户。不失普遍性，我们在系统中使用升余弦滤波器来成型基带波形，成型波脉冲 $\mathrm{Rc}(t)$ 可以表示为

$$\mathrm{Rc}(t)=\frac{\sin\left(\frac{\pi t}{\mathrm{Tc}}\right)}{\frac{\pi t}{\mathrm{Tc}}}\times\frac{\cos\left(\frac{\pi R t}{\mathrm{Tc}}\right)}{1-\frac{4R^2t^2}{\mathrm{Tc}}} \tag{6.23}$$

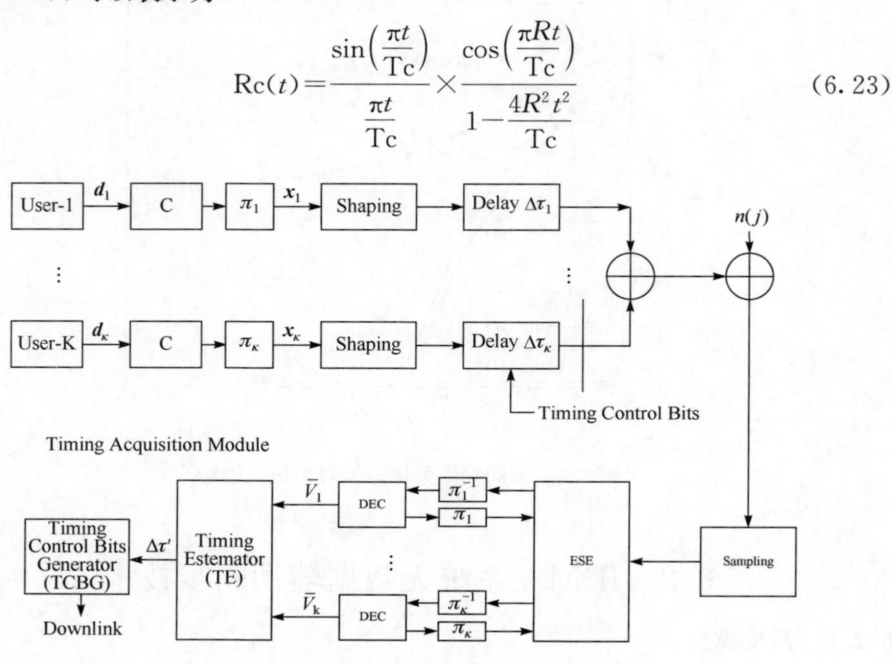


图 6.9 带有时偏校正模块的异步 IDMA 系统框图

其中，$R$ 表示滚降系数；Tc 表示码片周期。

考虑用户 $K$ 正在尝试接入的过程。应用之前的假设，当用户 $K$ 接入系统时，其余已接入用户都已同步，因此其余用户为理想同步时序，而没有时偏存在。定义 $\Delta\tau_k$ 为用户 $k$ 的时偏，则我们可以得到

$$\Delta\tau_k=0,\quad k=1,2,\cdots,K-1 \tag{6.24}$$

对于用户 $K$ 而言，我们可以认为其时偏为一个随机变量。由于我们只讨论采样时偏，所以可以假设 $\Delta\tau_K$ 满足一个码片周期之内的均匀分布，可以表示为

$$\Delta\tau_K\sim U\left[\frac{-\mathrm{Tc}}{2},\frac{\mathrm{Tc}}{2}\right) \tag{6.25}$$

因此，对于当前多用户系统而言，已接入的 $K-1$ 个用户的交叠信号可以表示为

$$r(t)=\sum_{k=1}^{K-1}h_k x_k(j)\mathrm{Rc}(t-j\mathrm{Tc}-\Delta\tau_k)+n(t) \tag{6.26}$$

其中，$x_k(j)$为用户 $k$ 经过交织之后一帧的第 $i$ 个码片；$h_k$ 为信道系数；$n(t)$为双边带功率谱密度为 $N_0/2=\sigma^2$ 的高斯白噪声。

为了避免产生块间干扰 IBI，我们采用 ZP 技术[2]，将一串零值放在一帧信息比特之后为后缀。零值的长度应该大于信道的记忆长度与最大传输延时之差。

现在，我们讨论用户 $K$ 接入系统时的情况，接收信号可以表示为

$$
\begin{aligned}
r(t) = & \sum_{j=1}^{J}\sum_{k=1}^{K-1} h_k x_k(j)\mathrm{Rc}(t - j\mathrm{Tc} - \Delta\tau_k) \\
& + \sum_{j=1}^{J} h_K x_K(j)\mathrm{Rc}(t - j\mathrm{Tc} - \Delta\tau_K) + n(t)
\end{aligned} \tag{6.27}
$$

将式(6.24)和式(6.25)代入式(6.27)中，则得到

$$
\begin{aligned}
r(t) = & \sum_{j=1}^{J}\sum_{k=1}^{K-1} h_k x_k(j)\mathrm{Rc}(t - j\mathrm{Tc}) \\
& + \sum_{j=1}^{J} h_K x_K(j)\mathrm{Rc}(t - j\mathrm{Tc} - \Delta\tau_K) + n(t)
\end{aligned} \tag{6.28}
$$

在接收端，时偏估计器(TE)计算用户 $K$ 的最近一帧的平均方差$\overline{V_K}$，然后利用此数据对时偏进行估计。$\overline{V_K}$可以表示为

$$
\overline{V_K} = \frac{1}{J} \times \sum_{j=1}^{J} \mathrm{Var}(x_K(j)) \tag{6.29}
$$

经过时偏估计之后，得到用户 $K$ 时偏的估计值，我们定义为 $\Delta\tau'$。然后时序控制编码器(TCBG)将 $\Delta\tau'$映射成时间控制比特通过下行链路的控制层返回相应用户。当用户 $K$ 得到上行链路返回的时间控制比特，用户端会根据此时偏信息来调整自己的发射时间从而达到上行链路的同步。这个调整过程可以表示为

$$
\begin{aligned}
r(t) = & \sum_{j=1}^{J}\sum_{k=1}^{K-1} h_k x_k(j)\mathrm{Rc}(t - j\mathrm{Tc}) \\
& + \sum_{j=1}^{J} h_K x_K(j)\mathrm{Rc}(t - j\mathrm{Tc}) - (\Delta\tau_K - \Delta\tau') + n(t)
\end{aligned} \tag{6.30}
$$

则最优化的调整结果为

$$
\Delta\tau_K - \Delta\tau' = \mathrm{Dis}(K) = 0 \tag{6.31}
$$

其中，我们定义 Dis($K$)来评估用户 $K$ 经过时间调整后的性能。

在下一节中，我们将对单个接入用户的时偏对 IDMA 检测算法的影响进行分析，同时提出同步方案的理论基础[10]。

### 6.2.2　无数据辅助同步技术的理论分析

本节分析当单用户接入系统时，其时偏对 IDMA 迭代检测中 SNR-variance 演

进的影响。同时，分析仍然基于上一节中提出的假设，基站端所有已接入用户都能获得理想同步时序，即 $\mathrm{Dis}(k)=0, k=1,2,\cdots,K-1$。

为了简化讨论，我们仅保留成型波的主瓣。因为旁瓣的幅度与主瓣相比较小，对结果影响不大。我们用 $\mathrm{Rc}_{\mathrm{main}}(t)$ 来表示成型波的主瓣。因此，我们可以将式(6.23)简化为

$$\mathrm{Rc}(t)=\begin{cases}\mathrm{Rc}_{\mathrm{main}}(t)=\dfrac{\sin\left(\dfrac{\pi t}{\mathrm{Tc}}\right)}{\dfrac{\pi t}{\mathrm{Tc}}}\times\dfrac{\cos\left(\dfrac{\pi R t}{\mathrm{Tc}}\right)}{1-\dfrac{4R^2t^2}{\mathrm{Tc}}}, & t\in[-\mathrm{Tc},\mathrm{Tc}]\\ 0, & \text{其他}\end{cases} \tag{6.32}$$

现在我们聚焦研究接收机之前的采样过程，根据奈奎斯特定律，我们将采样周期 Ts 取值为码片周期 Tc。根据式(6.30)，得到的采样信号为

$$\begin{aligned} r(j) &= r(t)\,|_{t=j\mathrm{Tc}} \\ &= \sum_{k=1}^{K-1} h_k x_k(j) + \sum_{j=1}^{J} h_K x_K(j)\mathrm{Rc}(\Delta\tau_K) + n(j) \end{aligned} \tag{6.33}$$

将式(6.32)代入式(6.33)得

$$\begin{aligned} r(j) = &\sum_{k=1}^{K-1} h_k x_k(j) + h_K \mathrm{Rc}_{\mathrm{main}}(\Delta\tau_K) x_K(j) \\ &+ h_K \mathrm{Rc}_{\mathrm{main}}(\mathrm{Tc}-|\Delta\tau_K|) x_K(j\pm 1) + n(j) \end{aligned} \tag{6.34}$$

则式(6.33)代表采样后数字信号，此信号下一步被送到 ESE 中。在式(6.34)中，右边第二项代表用户 $K$ 的有用信号，其余项为干扰项。$x_K(j\pm1)$ 为 $x_K(j-1)$ 的码间干扰，由于在分析中我们仅讨论成型波的主瓣，所以在某一个采样时刻应该只能为 $x_K(j+1)$ 和 $x_K(j-1)$ 其中之一。图 6.10 给出了此过程示意图。

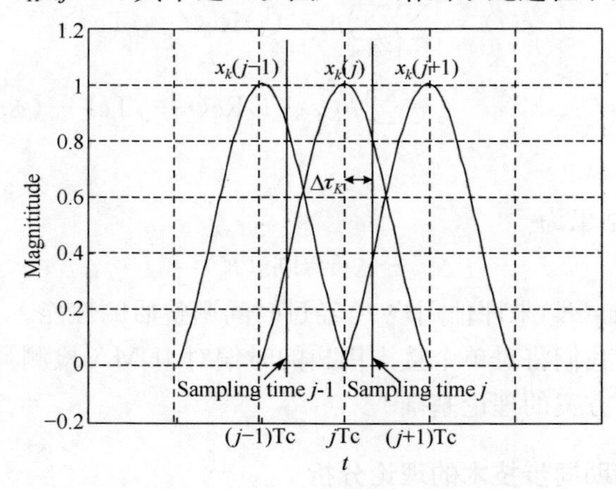


图 6.10　采样时偏带来的干扰

ESE的输出为$\{x_k(j)\}$的对数似然比外信息LLRs，文献[4]中的定义为

$$e_{\text{ESE}}(x_k(j)) \equiv \log\left(\frac{p(y|x_k(j)=+1)}{p(y|x_k(j)=-1)}\right) \tag{6.35}$$

由式(6.34)可知，$\Delta\tau_K$在实际系统中为随机变量，但如果假设$\Delta\tau_K$在接收端为先验已知，从而来讨论时偏对检测算法的影响，则式(6.35)可以重新写为

$$e_{\text{ESE}}(x_k(j)|\Delta\tau_K) \equiv \log\left(\frac{p(y|x_k(j)=+1,\Delta\tau_K)}{p(y|x_k(j)=-1,\Delta\tau_K)}\right) \tag{6.36}$$

令$\zeta_k(j)$代表用户$k$的干扰项，重新将式(6.34)写成信号加干扰的形式为

$$r(j)=\begin{cases} h_k x_k(j)+\zeta_k(j), & k=1,2,\cdots,K-1 \\ h_k \text{Rc}_{\text{main}}(\Delta\tau_k)x_k(j)+\zeta_k(j), & k=K \end{cases} \tag{6.37}$$

由中心极限定理，当并发用户数比较大的时候，$\zeta_k(j)$可以看作服从高斯分布。为了进一步研究时偏对IDMA检测性能的影响，我们引出时偏下ESE检测算法。仍然假设初始状态为$E(x_k(j))=0$和$\text{Var}(x_k(j))=1, \forall k,j$。为了简化分析，我们只讨论单径信道下的算法。多径信道可以得到相同结论。

单径信道下带有时偏的ESE检测算法。

第一步，干扰均值和方差估计，即

$$\begin{aligned} E(r(j)) = {} & \sum_{k=1}^{K-1} h_k E(x_k(j)) + h_K \text{Rc}_{\text{main}}(\Delta\tau_K)E(x_K(j)) \\ & + h_K \text{Rc}_{\text{main}}(Tc - |\Delta\tau_K|)E(x_K(j-1)) + n(j) \end{aligned} \tag{6.38}$$

$$\begin{aligned} \text{Var}(r(j)) = {} & \sum_{k=1}^{K-1} |h_k|^2 \text{Var}(x_k(j)) \\ & + |h_K|^2 \text{Rc}_{\text{main}}{}^2(\Delta\tau_K)\text{Var}(x_K(j)) \\ & + |h_K|^2 \text{Rc}_{\text{main}}{}^2(\text{Tc} - |\Delta\tau_K|)\text{Var}(x_K(j-1)) + n(j) \end{aligned} \tag{6.39}$$

$$E(\zeta_k(j)) = \begin{cases} E(r(j)) - h_k E(x_k(j)), & k=1,2,\cdots,K-1 \\ E(r(j)) - h_K \text{Rc}_{\text{main}}(\Delta\tau_K)E(x_K(j)), & k=K \end{cases} \tag{6.40}$$

$$\text{Var}(\zeta_K(j)) = \begin{cases} \text{Var}(r(j)) - |h_k|^2 \text{Var}(x_k(j)), & k=1,2,\cdots,K-1 \\ \text{Var}(r(j)) - |h_k|^2 \text{Rc}_{\text{main}}{}^2(\Delta\tau_K)\text{Var}(x_k(j)), & k=K \end{cases} \tag{6.41}$$

第二步，生成LLR，即

$$e_{\text{ESE}}(x_k(j)) = \begin{cases} \dfrac{2h_k(r(j)-E(\zeta_k(j)))}{\text{Var}(\zeta_k(j))}, & k=1,2,\cdots,K-1 \\ \dfrac{2h_k \text{Rc}_{\text{main}}(\Delta\tau_K)(r(j)-E(\zeta_k(j)))}{\text{Var}(\zeta_k(j))}, & k=K \end{cases} \tag{6.42}$$

仿真结果说明，当并发用户数比较多时，用户$K$的异步时序对其余用户$1\sim k-1$的性能影响非常轻微。

在我们的研究中，仍然使用文献[4]中的一个化简，用 $V_{\zeta_K}$ 来代 $\mathrm{Var}(\zeta_K(j))$。文献[4]已经证明该化简对性能影响比较微小。同样的技术，在文献[5]，[6]中应用 CDMA 接收机，在文献[4]中用于 IDMA 接收机。由式(6.42)得，ESE 对于用户 $K$ 的输出可以表示为

$$e_{\mathrm{ESE}}(x_K(j))=\frac{h_K\mathrm{Rc}_{\mathrm{main}}(\Delta\tau_K)x_K(j)+\zeta_K(j)-E(\zeta_K(j))}{V_{\zeta_K}}\times 2h_K\mathrm{Rc}_{\mathrm{main}}(\Delta\tau_K),\quad j=1,2,\cdots,J \tag{6.43}$$

其中，$V_{\zeta_k}=\sum\limits_{k'\neq k}|h_{k'}|^2\overline{V_{k'}}+|h_K|^2\mathrm{Rc}_{\mathrm{main}}{}^2(\mathrm{Tc}-|\Delta\tau_K|)+\sigma^2$。

由式(6.35)和式(6.36)，对于用户 $K$ 的符号 $j$，ESE 的输出 SNR，定义为 $\mathrm{SNR}_K$，表示为

$$\begin{aligned}\mathrm{SNR}_K&=\frac{E(|h_K\mathrm{Rc}_{\mathrm{main}}(\Delta\tau_K)x_K(j)|^2)}{E(|\zeta_K(j)-E(\zeta_K(j))|^2)}\\&\approx\frac{E(|h_K\mathrm{Rc}_{\mathrm{main}}(\Delta\tau_K)x_K(j)|^2)}{V_{\zeta_K}}\\&=\frac{h_K{}^2\mathrm{Rc}_{\mathrm{main}}{}^2(\Delta\tau_K)}{\sum\limits_{k=1}^{K-1}|h_k|^2\overline{V_k}+|h_K|^2\mathrm{Rc}_{\mathrm{main}}(\mathrm{Tc}-|\Delta\tau_K|)+\sigma^2}\end{aligned} \tag{6.44}$$

在准静态信道模型中，信道系数 $h_k$ 可以看作常量，$\overline{V_k}$ 可以表示为时偏 $\Delta\tau_K$ 的函数。因此，$\mathrm{SNR}_K$ 也可以看作 $\Delta\tau_K$ 的函数，表示为

$$\mathrm{SNR}_K=S(\Delta\tau_K),\quad \Delta\tau_K\in\left[-\frac{\mathrm{Tc}}{2},\frac{\mathrm{Tc}}{2}\right) \tag{6.45}$$

在我们的研究中，仅讨论 $S(\Delta\tau_K)$ 的单调性来简化分析。对于最好的系统性能，应该设法使 ESE 输出的 SNR 最大化，可以得到 $S(\Delta\tau_K)$ 是个偶函数。当 $\Delta\tau_K\in[0,\mathrm{Tc}/2)$，$S(\Delta\tau_K)$ 单调递减。当 $\Delta\tau_K\in[-\mathrm{Tc}/2,0)$ 时，$S(\Delta\tau_K)$ 单调递增。因此，当 $\Delta\tau_K=0$ 时，$S(\Delta\tau_K)$ 得到最大值。我们可以近似的用形状"∩"来描述函数 $S(\Delta\tau_K)$ 的大体轮廓。

由式(6.43)，我们定义新的信道系数 $h'_K$ 为

$$h'_K=h_K\mathrm{Rc}_{\mathrm{main}}(\Delta\tau_K) \tag{6.46}$$

由于采用 ZP 技术，新的信道系数仍然可以写成循环矩阵的形式。式(6.47)中表现了当多径数为 $L=3$ 时，新的信道矩阵形式为

$$\mathbf{H}_K^{ZP}=\left\{\begin{matrix} & h'_k(2) & h'_k(1)\\ & \vdots & h'_k(2)\\ \mathbf{H}'_K & & \vdots\\ & h'_k(0) & \\ & h'_k(1) & h'_k(0)\end{matrix}\right\}_{\{J+(L-1)\}\times\{J+(L-1)\}} \tag{6.47}$$

$$\mathbf{H}'_K=\begin{Bmatrix} h_k(0) & & & & \\ h_k(1) & h_k(0) & & & \\ h_k(2) & h_k(1) & & & \\ & h_k(2) & \ddots & & \\ & & & h_k(0) & \\ & & & h_k(1) & h_k(0) \\ & & & h_k(2) & h_k(1) \\ & & & & h_k(2) \end{Bmatrix}_{\{J+(L-1)\}\times J} \tag{6.48}$$

其中，$\mathbf{H}'_K$可以写成循环矩阵的形式，但是元素用新的信道系数 $h'_K(0)$、$h'_K(1)$和$h'_K(2)$来分别代替 $h_K(0)$、$h_K(1)$和 $h_K(2)$。

基于此循环信道矩阵，带有时偏的信道模型仍然可以使用 SNR-variance 演进对迭代模型进行化简[7]。我们可以建立当接收机迭代处于某一次时，时偏 $\Delta\tau_K$ 与平均方差$\overline{V_k}$的关系为

$$\mathrm{SNR}_K=S(\Delta\tau_K)=\phi(\overline{V_K}) \tag{6.49}$$

由式(6.49)与 ESE 传输函数 $\rho=\phi(\bar{v})$的单调一致性，我们可以得到其反函数，即

$$\bar{v}=\phi^{-1}(\rho) \tag{6.50}$$

与原函数相比，$\bar{v}=\phi^{-1}(\rho)$具有与之相反的单调性。式(6.50)与 DEC 的传输函数$\bar{v}=\psi(\rho)$在意义上完全不同。由式(6.49)和式(6.50)，我们得到

$$\overline{V_K}=\phi^{-1}(\mathrm{SNR}_K)=\phi^{-1}(S(\Delta\tau_K)) \tag{6.51}$$

定义$\overline{V_K}$以 $\Delta\tau_K$ 为自变量的函数，即

$$\overline{V_K}=\mho(\Delta\tau_K) \tag{6.52}$$

由以上我们对函数 $S(\Delta\tau_K)$和 $\phi^{-1}(S(\Delta\tau_K))$的分析，可以得到以下规律。当时偏 $\Delta\tau_K$ 趋向于零，$\overline{V_K}$得到最小值，同时 $\mathrm{SNR}_K$ 得到最大值。在这种情况下，系统得到最好的性能，当 $\Delta\tau_K$ 的绝对值增大时，$\overline{V_K}$同时增大，系统的性能损失也变严重。我们用仿真的形式证明了此趋势的正确性。图 6.11 给出了当接入用户号为 $K=2$ 时，$\overline{V_K}$与 $\Delta\tau_K$ 的关系。

在图 6.11 中，我们用虚线表示式(6.52)的拟合曲线。对于当异步用户 $K$ 正在接入系统之时，如果可以用一种机制使$\overline{V_K}$接近曲线的底部，则我们以很大的概率预测此时 $\Delta\tau_K=0$。图 6.11 中表现的规律是我们的时偏估计机制提供了线索。下面介绍时间捕获机制。

### 6.2.3 时间捕获机制

对于时间捕获，我们的目标就是使在基站端检测到的平均方差$\overline{V_K}$接近类似于图 6.11 中拟合曲线的底部。可以证明，$\overline{V_K}=\mho(\Delta\tau_K)$以 $T=\mathrm{Tc}$ 为周期显示周期

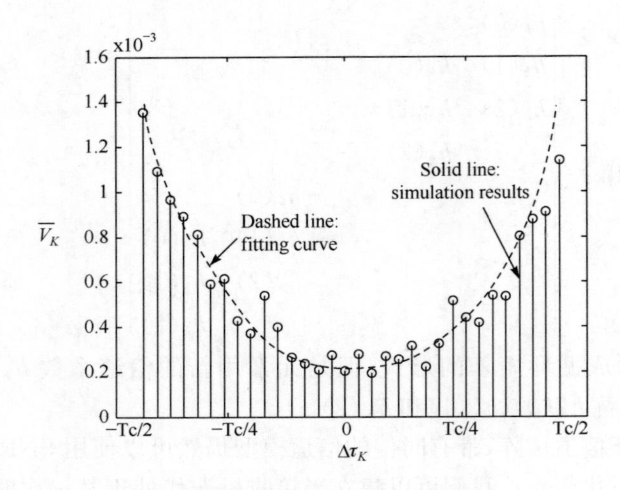


图 6.11　时偏与平均方差之间的关系

特性。其证明如下，即

$$\mho(\Delta\tau_K+n\mathrm{Tc})=\mho((\Delta\tau_K+n\mathrm{Tc})\ \mathrm{mod}\ \mathrm{Tc})=\mho(\Delta\tau_K) \tag{6.53}$$

如果可以得到$\overline{V_K}=\mho(\Delta\tau_K)$的整个周期，则我们很容易判断$\overline{V_K}$的最小值，从而找到时偏最小的点。由此建立时间捕获机制，令接入用户 $K$ 以固定步长 $\Delta t$ 每帧向同一方向调整发射时间 $\Delta\tau_K$，经过足够长时间，我们可以得到整个一个周期内$\overline{V_K}=\mho(\Delta\tau_K)$的波形。然后，可以通过寻找最小值的方法找到$\overline{V_K}=\mho(\Delta\tau_K)$的波形中极值点对应的发射时间，可以认为此时用户 $K$ 的发射时序与系统当前同步时序一致的可能性最大。然后通过计算最小值点与当前点的时间差，得到时偏估计值 $\Delta\tau'$。

下面介绍具体操作过程。

令 $T_b$ 代表一帧的持续时间，我们将接收信号$\overline{V_K}=\mho(\Delta\tau_K)$的刻度转换到以 $t$ 为自变量，即

$$\mho_r(t)=\mho\left(\Delta\tau_K+\frac{t}{T_b}\Delta t\right) \tag{6.54}$$

其中，$t=0,\mathrm{Tb},2\mathrm{Tb},\cdots$；当 $t=0$ 时，意味着此时用户 $K$ 开始尝试接入到系统中来，并且开始在上行链路发送第一帧数据帧。在任意时刻 $t$，$\Delta\tau_K+\frac{t}{T_b}\Delta t$代表此时时间偏差，因此对于系统第一帧的时偏为 $\Delta\tau_K$。

令 $T_u$ 表示当定步长 $\Delta t$ 调整发射时间时，在接收端能得到完整周期$\overline{V_K}$的最短时间，则 $T_u$ 能表示为

$$T_u=\frac{\mathrm{Tc}}{\Delta t}\times T_b \tag{6.55}$$

事实上，我们可以认为 $T_u$ 是接收端信号 $\mho_r(t)$ 的周期，以下为证明，即

$$
\begin{aligned}
\mho_r(t+nT_u) &= \mho(\Delta\tau_K+\frac{t+nT_u}{T_b}\Delta t) \\
&= \mho(\Delta\tau_K+\frac{t}{T_b}\Delta t+n\mathrm{Tc}) \\
&= \mho(\Delta\tau_K+\frac{t}{T_b}\Delta t) \\
&= \mho_r(t)
\end{aligned}
\tag{6.56}
$$

为了增加捕获概率，可以在接收端接收几个 $T_u$ 周期时间，经过定步长 $\Delta t$ 的发射机时间调整，时偏估计器(TE)可以找到接收信号 $\mho_r(t)$ 的最小值。图 6.12 显示了函数 $\mho_r(t)$ 两个周期的大体轮廓。

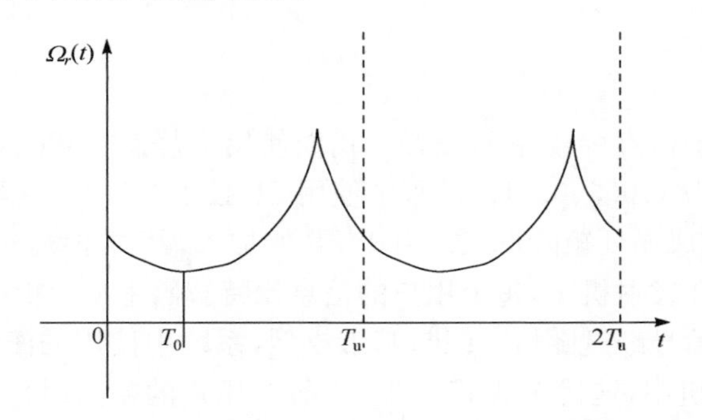


图 6.12　接收信号 $\mho_r(t)$ 的特性曲线

令 $T_a$ 代表定步长时间调整的持续时间。图 6.12 表示 $T_a=2T_u$。当 $t=T_0$ 时，得到 $\mho_r(t)$ 的最小值。接下来，时偏估计器 TE 能计算对于时偏的估计，即

$$
\Delta\tau'=-\frac{T_0}{T_b}\Delta t \tag{6.57}
$$

从而完成时偏估计过程。

完成时偏估计后，$\Delta\tau'$ 被时间控制比特编码器进行编码生成时间控制比特(TCB)，TCB 会经过物理信道控制层被下行链路返回相应用户 $K$，从而完成时间调整，我们称这个过程为时间捕获。

由图 6.13 所示，系统中的时间捕获模块分为时偏估计器 TE 和时间控制比特编码器。

时偏估计单元的目的在于寻找接收信号 $\mho_r(t)$ 的最小值点。在实际系统中，$\mho_r(t)$ 会受到噪声的影响而幅度产生较大波动，因此我们可以通过设计低通滤波器来平滑 $\mho_r(t)$ 的曲线。在以上分析中，由于 $\mho_r(t)$ 的周期性特点，低通滤波器的归一化数字通带频率可以表示为

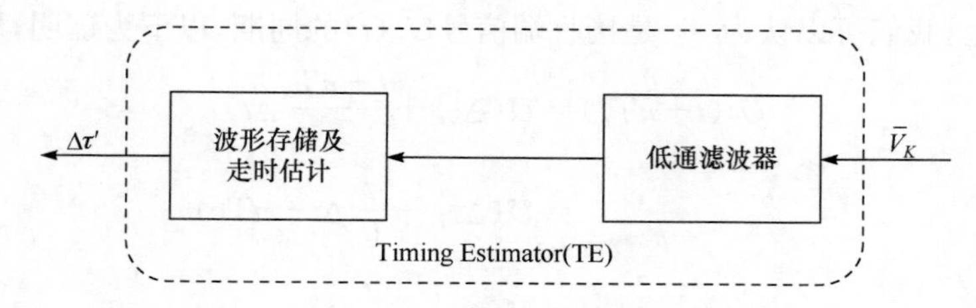


图 6.13 TE 模块框图

$$\omega=2\frac{f_u}{f_b}=2\frac{T_b}{T_u}=2\frac{\Delta t}{\mathrm{Tc}} \tag{6.58}$$

图 6.13 给出了 TE 模块的具体操作。经过滤波之后，TE 模块可以由以上的方法估计出时偏。

### 6.2.4 仿真结果

首先说明系统仿真中使用的设置。我们使用准静态 AWGN 信道模型，其多径信道系数分别为 1、0.3、0.01。仿真中使用 ZP 技术对每个数据帧的尾部进行零后缀添加，从而构成循环矩阵形式。由于 ZP 的加入，其对系统功率和频谱效率的影响并无考虑。在发射机中，每个用户的信息比特被码率为 1/16 的重复编码器编码。然后编码后信号经过随机交织与基带成型，系统中使用的滚降滤波器系数为 $R=0.5$。在接收机中，迭代次数 IT=0.5。每个用户的初始时偏为均匀分布在 $-\mathrm{Tc}/2\sim\mathrm{Tc}/2$ 的随机变量。另外，每个信息帧的长度设置为 $J=256$。由于时间捕获阶段的持续时间比较短，我们可以假设每个用户在此过程中的地理位置不变。同时，假设理想的功率分配策略使每个用户的功率在基站端相等。

图 6.14 给出当用户 2 接入系统中时，接收端信号 $\overline{V_K}=\Omega_r(t)$ 的幅度。通过定步长时间调整过程，我们可以得到此图形。我们选择初始调整步长为 $\Delta t=\mathrm{Tc}/33$，并且每 100 帧调整一次，这样可以使曲线趋势更加明显。假设用户 2 的初试时间偏差为 $\Delta\tau_K=0$，这样我们可以得到 $\overline{V_K}$ 的“∪”型曲线。在图 6.14 中，对于每一次调整，得到 100 个 $\overline{V_K}$ 的值。

为了使趋势更加明显，我们将图 6.14 中曲线送入相应带宽的数字低通滤波器，得到如图 6.15 所示的曲线。图 6.14 和图 6.15 证明我们对信号 $\overline{V_K}=\Omega(\Delta\tau_K)$ 性能的分析。

接下来给出我们提出的时间捕获机制的捕获性能。时间调整步长 $\Delta t=\mathrm{Tc}/33$，在接收端，配置时间调整持续 $T_a=2T_u$。应用式(6.45)中定义的 Dis($K$)来评估时偏真实值与估计值之间的误差。根据系统模型的特点，系统依次接入用户1～16。表 6.1 给出每个用户的时间捕获概率。通过表 4.2 中的数据，我们可以看出从第一个接入用户到最后一个接入用户，捕获性能没有明显降低，所以捕获性能对于用

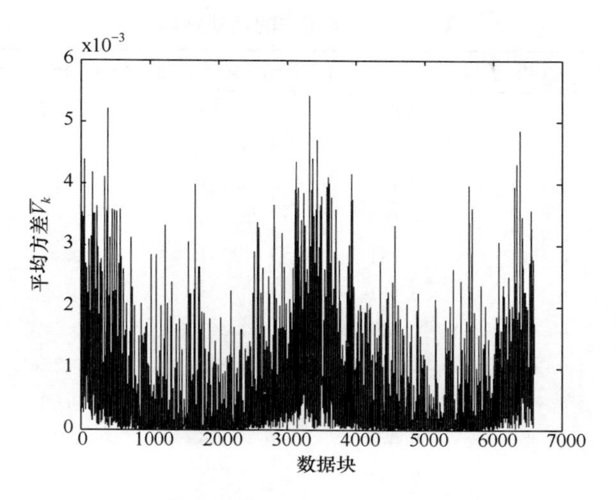


图 6.14 基站端接收到的"∪"型曲线(两个周期)

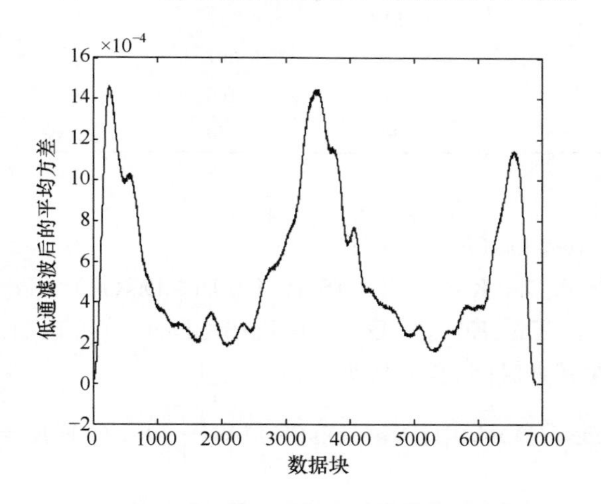


图 6.15 上图信号经过低通滤波器之后波形

户是稳定的。此外,我们还计算了 Dis($K$)的均值和方差,分别表示为 $E$(Dis($K$))和 Var(Dis($k$))。对于不同用户,$E$(Dis($K$))和 Var(Dis($k$))也表现稳定。由文献[6]的研究,我们认为当|Dis($K$)|>Tc/4 时,系统性能严重损失,因此我们定义当|Dis($K$)|>Tc/4 时,为错误捕获。

在以往的研究中[6],如果系统可以将时偏纠正到高斯分布(0,(Tc/16)$^2$),则系统性能被认为可以接收。因此,Dis($K$)的均值和方差可以作为衡量捕获概率的度量。表 6.2 给出了不同的信噪比条件下的捕获性能,当 $E_b/N_0$=0dB 时,我们得到最差的捕获性能;当 $E_b/N_0$ 增加时,捕获性能开始变好。因此,我们的时间捕获机制,会在高信噪比下得到很好的性能。

**表 6.1　不同用户的捕获性能**

| $K$ | $E_b/N_0$/dB | Prob. In Zone Ⅰ | Prob. In Zone Ⅱ | Prob. In Zone Ⅲ | Miss Prob. |
|---|---|---|---|---|---|
| 1 | 6 | 0.651 | 0.216 | 0.124 | 0.021 |
| 2 | 6 | 0.619 | 0.214 | 0.131 | 0.030 |
| 3 | 6 | 0.702 | 0.131 | 0.095 | 0.070 |
| 4 | 6 | 0.690 | 0.190 | 0.071 | 0.013 |
| 5 | 6 | 0.631 | 0.261 | 0.083 | 0.024 |
| 6 | 6 | 0.651 | 0.228 | 0.096 | 0.025 |
| 7 | 6 | 0.663 | 0.241 | 0.084 | 0.012 |
| 8 | 6 | 0.531 | 0.265 | 0.156 | 0.039 |
| 9 | 6 | 0.687 | 0.216 | 0.090 | 0.012 |
| 10 | 6 | 0.675 | 0.156 | 0.144 | 0.024 |
| 11 | 6 | 0.711 | 0.241 | 0.036 | 0.012 |
| 12 | 6 | 0.663 | 0.180 | 0.132 | 0.024 |
| 13 | 6 | 0.651 | 0.216 | 0.096 | 0.036 |
| 14 | 6 | 0.593 | 0.301 | 0.096 | 0.020 |
| 15 | 6 | 0.631 | 0.265 | 0.045 | 0.054 |
| 16 | 6 | 0.690 | 0.170 | 0.091 | 0.012 |

说明：

Zone Ⅰ：$-\mathrm{Tc}/16<\mathrm{Dis}(K)<\mathrm{Tc}/16$。

Zone Ⅱ：$-\mathrm{Tc}/8<\mathrm{Dis}(K)\leqslant-\mathrm{Tc}/16$ 且 $\mathrm{Tc}/16\leqslant\mathrm{Dis}(K)\leqslant\mathrm{Tc}/8$。

Zone Ⅲ：$-\mathrm{Tc}/4<\mathrm{Dis}(K)\leqslant-\mathrm{Tc}/8$ 且 $\mathrm{Tc}/8\leqslant\mathrm{Dis}(K)<\mathrm{Tc}/4$。

当 Dis($K$)落在其余区间，我们认为是错误捕获。

在仿真中，$E(\mathrm{Dis}(K))\approx 0$ 且 $\mathrm{Var}(\mathrm{Dis}(K))\approx\left(\frac{\mathrm{Tc}}{14}\right)^2$，对于 $K=1,2,\cdots,16$。

**表 6.2　不同信噪比下时间捕获性能**

| $K$ | $E_b/N_0$/dB | Mean | Standard Deviation | Miss Prob. |
|---|---|---|---|---|
| 8 | 0 | 0.018 | 0.197 | 0.29 |
|  | 1 | 0.029 | 0.144 | 0.16 |
| 8 | 2 | 0.022 | 0.113 | 0.13 |
| 8 | 3 | −0.026 | 0.102 | 0.089 |
| 8 | 4 | 0.025 | 0.094 | 0.056 |
| 8 | 5 | −0.027 | 0.080 | 0.027 |
| 8 | 6 | −0.026 | 0.075 | 0.028 |
| 8 | 7 | −0.034 | 0.091 | 0.012 |
| 8 | 8 | 0.020 | 0.066 | 0.011 |

说明:Dis($K$)的均值和标准差被码片周期 Tc 归一化。

图 6.16 给出了异步系统经过时间捕获之后的 BER 性能。我们仍然配置时间调整步长为 $\Delta t = \mathrm{Tc}/33$,并且定步长时间调整持续时间为 $T_a = 2T_u$。在仿真中,系统的用户数分别为 3、8、16,我们得到不同的性能曲线。为了使对比更加明显,画出了理想系统性能曲线和没有经过时偏校正的异步系统性能曲线。图 6.13 表明,我们提出的时间捕获机制能将系统性能提高到很接近理想同步系统的情况,而且没有性能瓶颈。

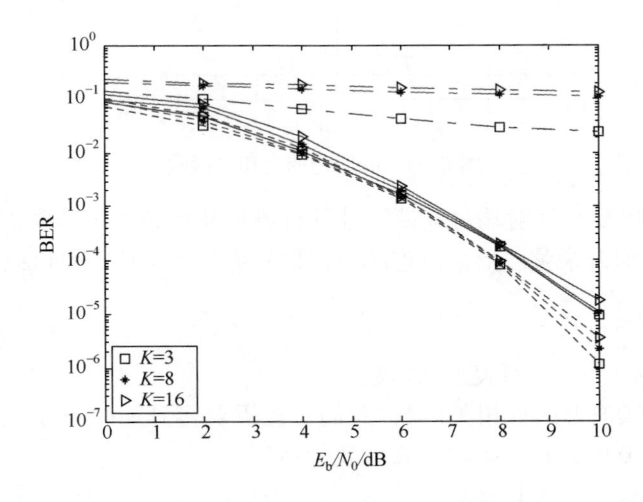


图 6.16　理想同步系统和异步系统经过时偏校正系统 BER 性能比较

在图 6.16 中,点画线为异步系统性能,实线为经过时偏校正后系统性能,虚线为理想系统性能。

## 6.3　IDMA 系统 PN 码辅助同步技术

本节研究传统 PN 码辅助同步方式在 IDMA 系统同步中的应用。首先介绍 PN 码同步原理及方法,然后搭建系统模型对同步方式之时间捕获和定时追踪分别研究,最后对 PN 码辅助同步方式进行总结。

### 6.3.1　PN 码辅助同步原理及应用

关于 PN 码的原理,在文献[8]中有详细的描述,这里只简要介绍。

PN 码用于同步,主要是根据其良好的自相关及互相关性能。以 $m$ 序列为例,周期长为 $N$ 的 $m$ 序列,其自相关函数为

$$R_c(n)=\begin{cases}N-\dfrac{N+1}{Tc}|n|, & |n|\leqslant 1\\ -1, & 1<|n|<(N-1)\end{cases} \tag{6.59}$$

$m$ 序列的自相关函数如图 6.17 所示。

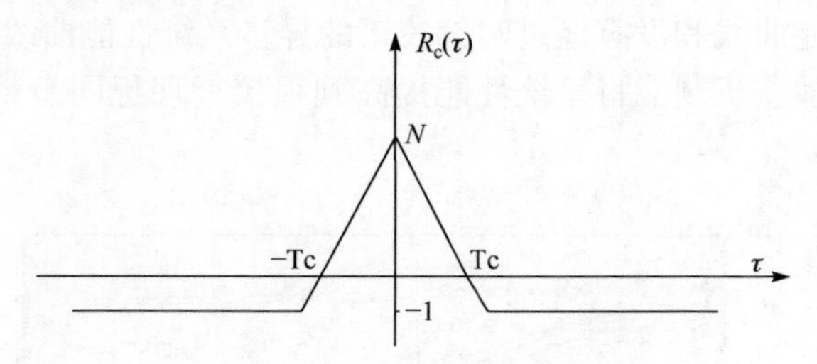


图 6.17　$m$ 序列的自相关函数

系统发射机要在发射端对基带信号进行成形从而转换成连续时间波形，我们用 sin$c$ 基来近似升余弦波形。设连续波形信号为 $C(t)$，则 $C(t)$ 可以表示为

$$C(t)=\sum_{n=-\infty}^{\infty}c_n\varphi(t-n\mathrm{Tc}) \tag{6.60}$$

其中，$c_n$ 表示 $m$ 序列；$\varphi(t)$ 表示基函数。

要得到连续波形的自相关函数，我们首先需要得到 sin$c$ 基的自相关函数，利用文献[8]，对于基 $\varphi(t)=\mathrm{sin}c(t/\mathrm{Tc})$，我们得到

$$\begin{aligned}R_\varphi(\tau)&=\int_{-\infty}^{\infty}\varphi(t)\varphi(t-\tau)\mathrm{d}t\\&=\int_{-\infty}^{\infty}F\{\varphi(t)\}F^*\{\varphi(t-\tau)\}\mathrm{d}f\\&=\int_{-\infty}^{\infty}\mathrm{TcRect}(\mathrm{Tc}f)\times\mathrm{Tc}\cdot\mathrm{Rect}(\mathrm{Tc}f)\mathrm{e}^{-\mathrm{j}2\pi f\tau}\mathrm{d}f\\&=\mathrm{Tc}^2\int_{-\infty}^{\infty}[\mathrm{Rect}(\mathrm{Tc}f)]^2\mathrm{e}^{-\mathrm{j}2\pi f\tau}\mathrm{d}f\\&=\mathrm{Tc}^2\int_{-\infty}^{\infty}[\mathrm{Rect}(\mathrm{Tc}f)]\mathrm{e}^{-\mathrm{j}2\pi f\tau}\mathrm{d}f\\&=\mathrm{Tcsin}c(\tau/\mathrm{Tc})\end{aligned} \tag{6.61}$$

则 $C(t)$ 的自相关函数可以表示为

$$R_c(\tau)=\frac{1}{P\mathrm{Tc}}\sum_{n=-\infty}^{\infty}R_c(n)R_\varphi(\tau-n\mathrm{Tc}) \tag{6.62}$$

其波形如图 6.18 所示。

$m$ 序列的互相关性能相差比较大，在工程应用中选用互相关性能好的 $m$ 序列构成优选对，从而在多用户系统中得以应用。

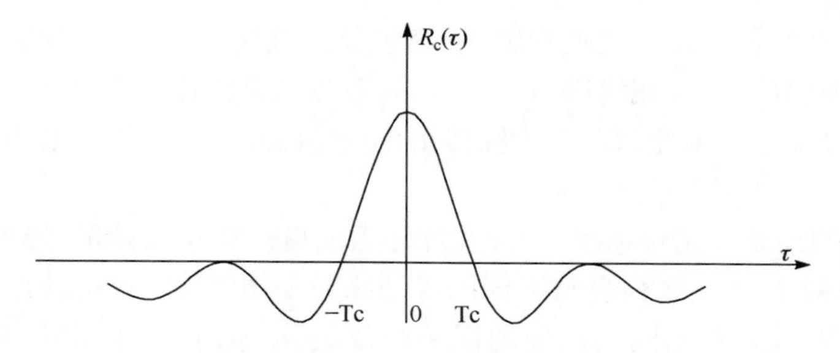


图 6.18 Sinc 基的 PN 码自相关函数

### 6.3.2 IDMA 系统中的 PN 码辅助同步方法

我们将 PN 码同步方法应用到 IDMA 系统中。由于我们没有找到一种合适的算法使 IDMA 接收机能在接收端克服时偏带来的影响,因此仍然建立一种带有反馈机制的时间调整链路,其反馈机制与 6.2 节介绍反馈机制相同。

由多层 IDMA 的概念[3],我们可以将 PN 码、时间控制信息、信息比特流分别归入不同层次,如图 6.19 所示。

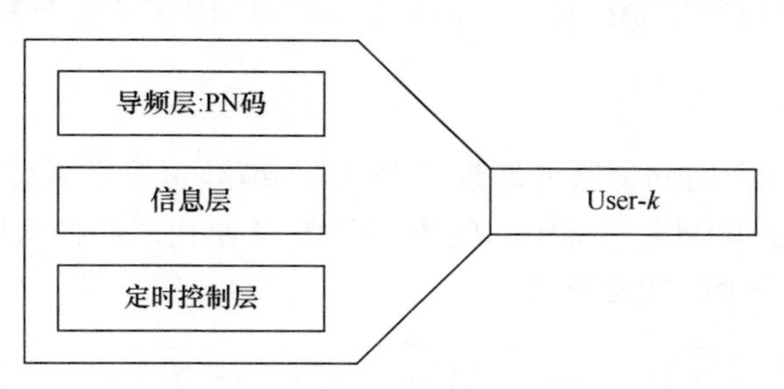


图 6.19 用户 $k$ 的抽象层次

PN 码的加入不仅单为系统同步所用,文献[9]的研究表明,其在信道估计等处理中也发挥了重要作用。系统发射机模型如图 6.20 所示。

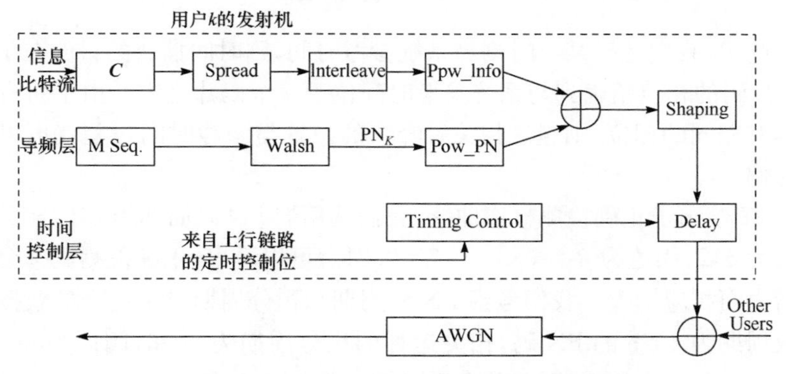


图 6.20 PN 码辅助方式系统发射机模型

从图 6.20 我们可以清楚地看出，系统包含信息比特流层、导频层和时间控制层。由于之前的研究[9]，在信道估计中，当导频与信息比特的能量比为 3∶7 时，为最佳的功率分配点。因此，在 PN 码辅助的同步机制中，我们仍然沿用此功率分配机制。

由于 IDMA 是多用户系统，为使叠加之后的信号在接收端的处理中能彼此正交，每个用户使用的 $m$ 序列会与不同的 Walsh 序列相乘，以获得较好的互相关性能。在系统中，我们对不同用户使用同一相位的 $m$ 序列，但用不同序号的 Walsh 函数进行正交化。对于用户 $k$，经过正交化的 $m$ 序列，定义为 $PN_k$。

时间控制层在发射端独立为一层。考虑到 IDMA 信号的准正交特性，在 IDMA 接收端很难处理时偏。因此，我们仍然将时偏调整放到 IDMA 的发射端来做。时间控制模块解析下行链路中的时间控制比特信息，然后调整发射端的发射时间从而完成时间校准。

同步过程分为两个过程，即时间捕获和定时跟踪。其中，确定 PN 码序列相位，称为捕获；保持 PN 序列相位的精确同步，称为跟踪。由于这两个过程在时间上有先后之分，故时间控制比特的返回也是分时的，因而没有冲突。

1. 时间捕获

由于 PN 码用于时间捕获的原理已经比较成熟，这里不做详细论述。我们将重点放在 PN 码于 IDMA 系统中的应用。图 6.21 给出时间捕获模型，其时间捕获模型可以等效成一个匹配滤波器。

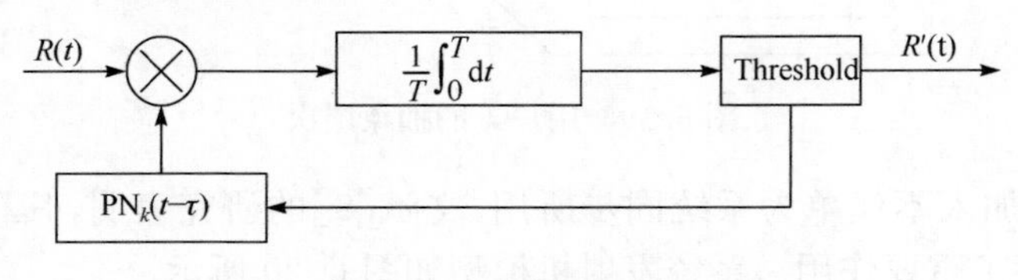


图 6.21　时间捕获过程

在系统中，我们选择某一时刻为系统参考时间，则时间捕获的目的在于将所有用户的 PN 码的相位精确到与系统参考时间位于一个码片之内。由于所有用户的 $m$ 序列具有相同的相位，则经过相关后峰值的位置与参考时间之差就可以看作各自用户时偏。

图 6.22 给出了正确检测概率曲线，我们选用的 PN 码周期为 512，相关运算的积分周期为 512，阈值为 $\beta_T=0.3\times0.7=0.21$。可以看出，正确检测概率会随着信噪比的增大而相应增大。我们考察 PN 码周期和积分周期对于正确捕获概率的影响。选取周期为 4096 的 PN 码，相关运算的积分周期为 4096，阈值为 $\beta_T=0.3\times0.7=0.21$。图 6.23 给出了正确捕获概率。与图 6.22 相比，当 PN 码周期增大

时，对信噪比的要求降低。

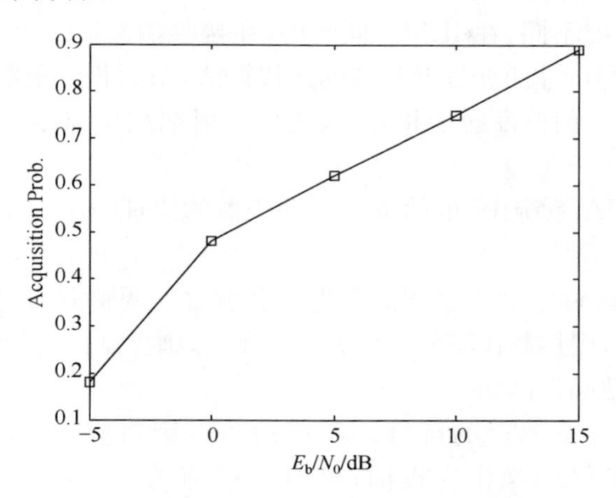


图 6.22　积分周期为 512 时捕获概率曲线

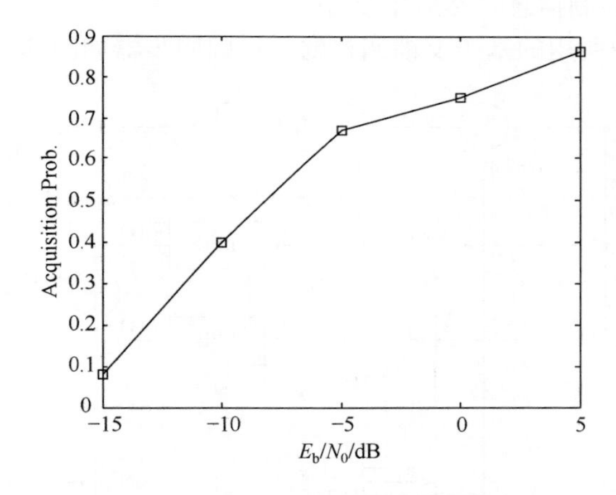


图 6.23　积分周期为 4096 时捕获概率曲线

2. 定时追踪

当接收到的信号和本地 PN 序列的参考相位在一个码片周期之内，我们就说时间参考已经建立。进一步的，通过粗捕获建立的相位参考，可以与传统的锁相技术相结合，从而通过跟踪使本地 PN 码和输入 PN 码相对相位差为零。IDMA 中的码跟踪基本方法，将采用传统的 PN 码延迟锁定环(DLL)技术。总体来说，码跟踪环为了使接收机端 PN 码与输入 PN 码同步，需要两个相关器，即超前相关器和迟后相关器。超前相关器使用的参考码波形比估计码相位要超前一些，而迟后相关器要落后一些。超前和迟后相关器的差用于确定超前和迟后输入 PN 码的定时之间的差别，所以也称为早迟门同步器。

与 CDMA 系统不同，在 IDMA 同步中，在接收端选取一个系统参考时间，由于 IDMA 系统信号的非正交性及特殊的迭代算法，精确相位跟踪的目的不在于调整本地相位，而在于调整发射端相位，最终使发射端相位与接收端系统参考相位相同。

因此，在 IDMA 系统中，虽然早迟门同步器的原理与图 5.10 中的相同，但是具体操作不同。

① 设置定步长调整量 $\Delta t$。设置发射端发射时间调整方向对应的时间控制比特，如操作为延时，则控制比特的首位为'1'；反之，则控制比特的首位为'0'。此设置为用户端和基站端都已知。

② 判断误差信号 $e(\tau)$ 的符号。若 $e(\tau)>0$，则对应发射端操作为延时；若 $e(\tau)<0$，则对应发射端操作为提前；延时与提前的步长，为上一步中设定；若 $e(\tau)=0$，则相位精确同步。

③ 反馈时间控制信息。然后重复②。

IDMA 系统中所用的基于反馈调整的早迟门同步器如图 6.24 所示。

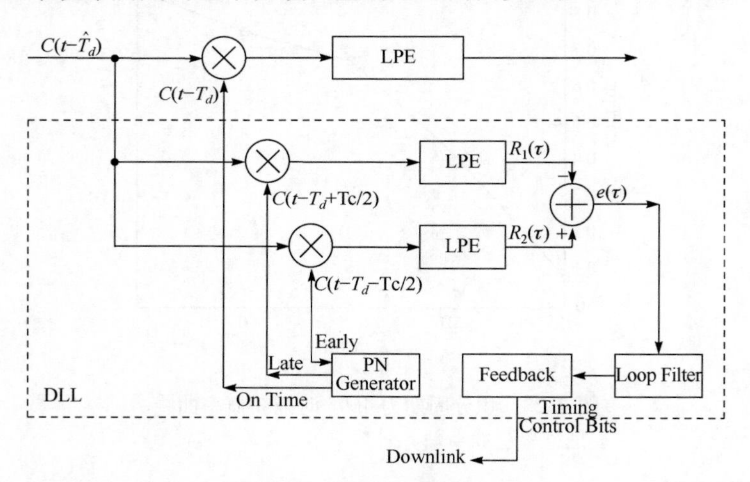


图 6.24　基于反馈调整的早迟门同步器

如图 6.24 所示，通过反馈发射端调整相位 $C(t-\hat{T}_d)$，而接收端保持本地相位不变，最终达到同步。

通过仿真得到经过改进后的早迟门同步器的同步性能。仿真中 PN 码的周期为 4096，而且假设经过时间捕获，我们已经将发射时偏纠正到一个码片周期 Tc 内。我们仍然采用时偏估计误差的归一化均值和方差来衡量跟踪的性能。表 6.3 给出了 8 用户系统中，不同信噪比下的追踪性能。仍然假设用户在追踪期间即时速度为 0。另外，若时偏估计误差绝对值大于 Tc/4，我们认为此次追踪失败。

表 6.3　改进后的早迟门追踪性能

| $K$ | $E_b/N_0$/dB | Mean | Standard Deviation | False Prob. |
|---|---|---|---|---|
| 8 | −5 | 0.118 | 0.097 | 0.225 |
| 8 | 0 | 0.139 | 0.044 | 0.113 |
| 8 | 5 | 0.122 | 0.033 | 0.076 |
| 8 | 10 | 0.130 | 0.045 | 0.053 |
| 8 | 15 | 0.126 | 0.064 | 0.034 |

我们发现，经过追踪之后，时偏估计的误差均值在 1/8 码片周期左右。研究发现，这是由多径效应造成。在接收机相关时，多径的 PN 分量都会在不同的位置产生峰值进而叠加在一起使主径的峰值产生一定的偏移。这在实际工程中是难以避免的。同时，由于基于早迟门的追踪过程比较迅速，可以支持用户即时速度为 100km/h 左右。图 6.25 给出了经过 PN 码辅助方式的定时追踪和捕获之后，系统性能与理想系统性能比较。我们可以看到，经过定时追踪和捕获之后，系统 BER 性能与理想情况相比有 1dB 的差距。

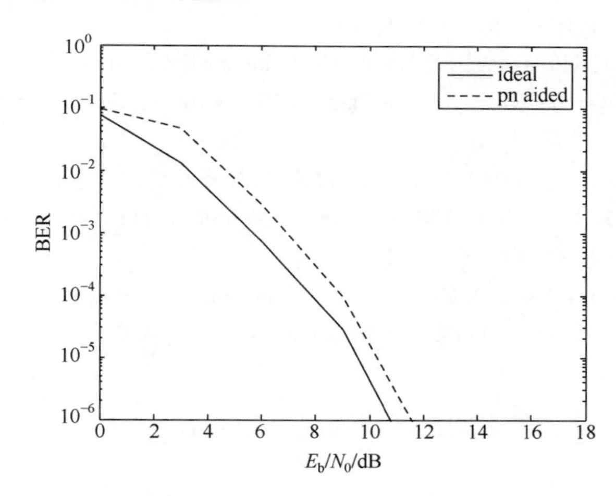


图 6.25　8 用户经过同步校正之后的 BER 性能与理想系统性能比较

## 6.4 小　　结

本章研究了时偏对 IDMA 系统性能的影响，并通过系统仿真得到定时同步技术应该达到的矫正标准。基于此，本章讨论了一种无数据辅助方式时间捕获算法，得到了不错的时偏校正性能。进一步，在 CDMA 系统同步方式的基础上，将 PN 码同步方法应用在 IDMA 系统中。

# 参 考 文 献

[1] Li P，Liu L H，Leung W K. A simple approach to near-optimal multiuser detection：interleave-division multiple-access. IEEE International Conference on Wireless Communications and Networking，2003：391-396.

[2] Guo Q H，Yuan X J，Li P. Single and multi-carrier IDMA schemes with cyclic prefixing and zero padding techniques. European Transactions on Telecommunications，2008，19(5)：537-547.

[3] Hoeher P A，Schoeneich H，Fricke J C. Multi-layer interleave-division multiple access：theory and practice. European Transactions on Telecommunications，2008，19(5)：523-536.

[4] Li P，Liu L H，Wu K Y，et al. Interleave-division multiple-access. IEEE Transactions on Wireless Communication，2006，5(4)：938-947.

[5] Caire G，Muller R R，Tanaka T. Iterative multiuser joint decoding：optimal power allocation and low-complexity implementation. IEEE Trans. Inform. Theory，2004，50 (9)：1950-1973.

[6] Wang Z，Hu J H，Xiong X Z. Effect of sample-timing error on performance of asynchronous IDMA systems. ICICS2009，2009，1：1-6.

[7] Yuan X J，Guo Q H ，Wang X D，et al. Evolution analysis of low-cost iterative equalization in coded linear systems with cyclic prefixes. IEEE Journal on Selected Areas in Communications，2008，26 (2)：301-310.

[8] Lee J S ，Miller L E. CDMA工程手册. 许希斌，等，译. 北京：电子工业出版社，2000.

[9] Song J，Hu J H，Xiong X Z. EM-estimation algorithm for TDR-IDMA systems in complex multipath channel. ICCTA2009，2009，1：1-5.

[10] Wang Z，Hu J H，Xiong X Z，et al. Non-data-aided timing acquisition for asynchronous IDMA systems. Wireless Personal Communications，2013，69(2)：957-978.

# 第七章　交织器的性能分析和设计

本章首先介绍交织器的基本工作原理，从矩阵的角度建立交织器的数学模型，并在此基础上分析交织器算法以及交织器与解交织器的相互关系。本章在 IDMA 系统简化模型的基础上，分析 IDMA 系统中交织器的主要作用并给出设计一维交织器和二维交织器的设计方法，进行有关的仿真结果及分析。

## 7.1　交织器的数学模型

### 7.1.1　交织器概述

交织是通信系统进行数据处理采用的一种技术。交织器从其本质上来说就是一种实现最大限度的改变信息结构而不改变信息内容的器件。从传统上来讲就是使信道传输过程中突发产生集中的错误最大限度的分散化。因此，所谓交织是指对一串数据的位置上的重新排列，本质上并不改变输入数据的权重。实现该功能的器件称为交织器。交织可以认为是一种序列到序列的映射，两种序列元素类型及数量相同，序列元素中的位置发生了变化，因而可从两种角度分析交织器映射关系[1,2]。

第一种交织器实现了对输入数据进行置换的作用，输入数据和输出数据仅仅是位置上的不同。假设输入向量为 $a$，输出向量为 $b$，则交织器可以定义为某种映射规则 $\pi$，在该映射关系下，有 $\pi:a\rightarrow b$。向量 $a$ 和向量 $b$ 含有相同的元素类型和数量，仅仅是元素位置的不同。

**例 7.1**　假设输入数据为 $\tilde{a}:\{1, 0, 1, 0, 0, 1, 1, 0\}$，经过交织器 $\pi$ 交织后，数据变为 $\tilde{b}:\{0, 0, 1, 0, 1, 1, 1, 0\}$，则该交织器实现的映射关系为 $\pi:\tilde{a}\rightarrow\tilde{b}$。很明显，交织前后数据类型没有发生变化，仅仅是位置上的不同。

第二种交织器实现对输入数据位置索引置换的作用。假设交织前数据的位置索引为 $\{1,2,\cdots,N-1,N\}$，交织器定义为位置索引的映射函数，即交织后的数据位置索引为 $\{\pi(1),\pi(2),\cdots,\pi(N-1),\pi(N)\}$。显然，交织器的映射函数满足 $\pi(i)\leqslant N,\ 1\leqslant i\leqslant N$。

**例 7.2**　假设输入数据的位置索引为 $\tilde{c}:\{1, 2, 3, 4, 5, 6, 7, 8\}$，如果交织器 $\pi$ 的置换关系为 $\tilde{d}:\{2, 4, 1, 8, 3, 7, 6, 5\}$，则交织器 $\pi$ 实现的映射关系为 $\pi:\tilde{c}\rightarrow\tilde{d}$。

当输入数据 $\tilde{a}$ 为 $\{1, 0, 1, 0, 0, 1, 1, 0\}$，通过交织器 $\pi$ 交织后，按照向量 $\tilde{d}$

表示的位置函数顺序读出数据，结果可知输出数据为{0，0，1，0，1，1，1，0}，即例 7.1 中所述的向量 $\bar{b}$。在本章交织器有关的论述中，均是基于数据位置索引的映射函数出发进行交织器设计和分析的。

与交织器的设计过程相对应，其逆过程为在交织位置序列的基础上进行初始顺序序列的恢复，即解交织的过程。实现解交织过程的器件即为解交织器。

### 7.1.2　交织器的数学模型及交织、解交织关系分析

1. 交织器的数学模型

假设某交织器 $\pi$，其交织深度为 $n$。由 7.1.1 节可知，交织器可以看作是位置索引 $1\sim n$ 的无规则排列。假设存在某种空间 $\alpha$，且该空间存在 $n$ 个互相正交的子空间 $s_i(1\leqslant i\leqslant n)$。如果将 $n$ 个子空间 $s_i$ 与交织器中的 $n$ 个位置索引建立一一对应的关系，则可以用该空间 $\alpha$ 对交织器 $\pi$ 进行等价描述。

如果用 $n-1$ 个'0'字符和字符'1'组成一个向量，则由字符'1'在向量中的位置的变化可生成不同的向量。该方法最多可以产生 $n$ 个向量，且向量之间两两正交，那么就可以在该类型的向量和位置索引 $i(1\leqslant i\leqslant n)$之间建立一一对应的映射关系，即利用该向量组可以唯一表示长为 $n$ 的交织器。其映射关系 $\omega$ 为向量中字符'1'在该向量中的位置映射该向量代表的自然数，即位置索引。

**例 7.3**　假设已知某长度为 8 的交织器 $\pi$:{2，4，1，8，3，7，6，5}，则由上面定义可知，8 个自然数可以分别用 7 个'0'字符和'1'字符组成不同的向量表示。其对应映射关系分别为

$$
\begin{aligned}
\omega:\ 2&\rightarrow[0\ \ 1\ \ 0\ \ 0\ \ 0\ \ 0\ \ 0\ \ 0]\\
\omega:\ 4&\rightarrow[0\ \ 0\ \ 0\ \ 1\ \ 0\ \ 0\ \ 0\ \ 0]\\
\omega:\ 1&\rightarrow[1\ \ 0\ \ 0\ \ 0\ \ 0\ \ 0\ \ 0\ \ 0]\\
\omega:\ 8&\rightarrow[0\ \ 0\ \ 0\ \ 0\ \ 0\ \ 0\ \ 0\ \ 1]\\
\omega:\ 3&\rightarrow[0\ \ 0\ \ 1\ \ 0\ \ 0\ \ 0\ \ 0\ \ 0]\\
\omega:\ 7&\rightarrow[0\ \ 0\ \ 0\ \ 0\ \ 0\ \ 0\ \ 1\ \ 0]\\
\omega:\ 6&\rightarrow[0\ \ 0\ \ 0\ \ 0\ \ 0\ \ 1\ \ 0\ \ 0]\\
\omega:\ 5&\rightarrow[0\ \ 0\ \ 0\ \ 0\ \ 1\ \ 0\ \ 0\ \ 0]
\end{aligned}
$$

很显然，这 8 个向量可组成一个 $8\times 8$ 方形矩阵，且该矩阵的特点是每一行和每一列有且只有一个元素为 1。因此，对于方形矩阵来说，如果该矩阵的每一行和每一列有且只有一个元素为 1，剩余元素全为 0，那么该矩阵可唯一表示一个交织器，其中矩阵的每一行对应一个位置索引。我们称此类矩阵为交织矩阵。

**例 7.4**　已知某矩阵 $\boldsymbol{M}$ 为

$$\begin{bmatrix} 0&1&0&0&0&0&0&0\\ 0&0&0&1&0&0&0&0\\ 1&0&0&0&0&0&0&0\\ 0&0&0&0&0&0&0&1\\ 0&0&1&0&0&0&0&0\\ 0&0&0&0&0&0&1&0\\ 0&0&0&0&0&1&0&0\\ 0&0&1&0&0&0&0&0 \end{bmatrix}$$

矩阵 $\boldsymbol{M}$ 中每一行仅有一个元素为‘1’,其余元素为‘0’。每一列仅有一个元素为‘1’, 其余元素为‘0’,则称矩阵 $\boldsymbol{M}$ 可为交织矩阵。其表示的交织器的位置索引为

$$\boldsymbol{M}\times[1\ 2\ 3\ 4\ 5\ 6\ 7\ 8]^{\mathrm{T}}=[2\ 4\ 1\ 8\ 3\ 7\ 6\ 5]$$

2. 交织和解交织的关系分析

由于交织和解交织是互逆的过程,则用交织矩阵和解交织矩阵表示该特性。定义任意输入数据为 $\boldsymbol{a}$,交织矩阵为 $\boldsymbol{M}$,解交织矩阵为 $\boldsymbol{N}$,可得

$$\boldsymbol{N}\times\boldsymbol{M}\times\boldsymbol{a}=\boldsymbol{a} \tag{7.1}$$

由于输入数据 $\boldsymbol{a}$ 具有任意性,可得

$$\boldsymbol{N}\times\boldsymbol{M}=\boldsymbol{I} \tag{7.2}$$

由于交织矩阵和解交织矩阵均为满秩矩阵,可得交织矩阵 $\boldsymbol{M}$ 和解交织矩阵 $\boldsymbol{N}$ 互为逆矩阵。

假设矩阵 $\boldsymbol{M}$ 为交织矩阵,即矩阵 $\boldsymbol{M}$ 每一行及每一列有且仅有一个元素为 1,其他所有元素为 0。矩阵 $\boldsymbol{M}$ 可以通过单位矩阵 $\boldsymbol{E}$ 作行交换得到。假设单位矩阵 $\boldsymbol{E}$ 通过 $n$ 次行初等交换得到矩阵 $\boldsymbol{M}$,即

$$\boldsymbol{M}=\boldsymbol{P}_1\boldsymbol{P}_2\cdots\boldsymbol{P}_{n-1}\boldsymbol{P}_n \tag{7.3}$$

其中,$\boldsymbol{P}_i$ 为单位矩阵作一次行交换得到的初等矩阵。

由线性代数的相关知识可知,$\boldsymbol{P}_i$ 的逆矩阵和转置矩阵均等于 $\boldsymbol{P}_i$,即

$$\boldsymbol{P}_i=\boldsymbol{P}_i^{-1}=\boldsymbol{P}_i^{\mathrm{T}}$$

则

$$\boldsymbol{N}=\boldsymbol{M}^{-1}=\boldsymbol{P}_n^{-1}\boldsymbol{P}_{n-1}^{-1}\cdots\boldsymbol{P}_2^{-1}\boldsymbol{P}_1^{-1}=\boldsymbol{P}_n^{\mathrm{T}}\boldsymbol{P}_{n-1}^{\mathrm{T}}\cdots\boldsymbol{P}_2^{\mathrm{T}}\boldsymbol{P}_1^{\mathrm{T}}=\boldsymbol{M}^{\mathrm{T}} \tag{7.4}$$

由式(7.4)可知,交织矩阵和解交织矩阵互为转置矩阵关系,即交织矩阵行中‘1’所在的位置对应的交织位置索引与其列中‘1’所在的位置对应的交织位置索引互为交织和解交织关系。

**例 7.5**　已知交织矩阵 $\boldsymbol{M}$ 为

$$\begin{bmatrix} 0 & 1 & 0 & 0 & 0 & 0 & 0 & 0 \\ 0 & 0 & 0 & 1 & 0 & 0 & 0 & 0 \\ 1 & 0 & 0 & 0 & 0 & 0 & 0 & 0 \\ 0 & 0 & 0 & 0 & 0 & 0 & 0 & 1 \\ 0 & 0 & 1 & 0 & 0 & 0 & 0 & 0 \\ 0 & 0 & 0 & 0 & 0 & 0 & 1 & 0 \\ 0 & 0 & 0 & 0 & 0 & 1 & 0 & 0 \\ 0 & 0 & 1 & 0 & 0 & 0 & 0 & 0 \end{bmatrix}$$

通过转置后，可得解交织矩阵 $\boldsymbol{M}^{\mathrm{T}}$，即

$$\begin{bmatrix} 0 & 0 & 1 & 0 & 0 & 0 & 0 & 0 \\ 1 & 0 & 0 & 0 & 0 & 0 & 0 & 0 \\ 0 & 0 & 0 & 0 & 1 & 0 & 0 & 0 \\ 0 & 1 & 0 & 0 & 0 & 0 & 0 & 0 \\ 0 & 0 & 0 & 0 & 0 & 0 & 0 & 1 \\ 0 & 0 & 0 & 0 & 0 & 0 & 1 & 0 \\ 0 & 0 & 0 & 0 & 0 & 1 & 0 & 0 \\ 0 & 0 & 0 & 1 & 0 & 0 & 0 & 0 \end{bmatrix}$$

可得解交织矩阵 $\boldsymbol{M}^{\mathrm{T}}$ 对应的位置索引为

$$\{3, 1, 5, 2, 8, 7, 6, 4\}$$

如果交织矩阵为对称矩阵，即 $\boldsymbol{M}=\boldsymbol{M}^{\mathrm{T}}$，这时交织器和解交织器的结构相同，一般称此类交织器为对称交织器。此外，如果交织前后某位置索引不发生变化，称此类位置为不动点，反映在交织矩阵上即为某对角元素为'1'。

一般而言，在实际的应用中，系统只需知道交织器的映射关系便可实现解交织过程，不会具体涉及解交织器的位置对应关系。与交织器交织原理类似，如果系统已知所采用交织器 $\pi$ 的具体映射关系，则一种实现解交织的设计思路是对接收到的第 $i$ 个数据，存入第 $\pi(i)$ 个位置便可完成解交织的过程，即

$$\pi^{\mathrm{T}}(\pi(i))=I \tag{7.5}$$

## 7.2　IDMA 系统交织器设计

### 7.2.1　IDMA 系统交织器设计准则

一般来说，在 IDMA 系统中，如果各个交织器彼此之间随机独立生成，则不同交织器之间的互相关性较弱，这时称此类交织器为随机交织器。如果采用随机交织器，IDMA 系统需要存储所有用户的交织器信息以便在接收端进行数据信息的迭代检测。结果系统需要消耗大量的存储资源用于存储所有用户的交织器信息。

此外,系统还需要消耗一定量的带宽资源用于所有交织器信息的传递。当系统用户增多或者交织深度增大时,随机交织器的劣势将趋于明显。显然,随机交织器不适用于大型的 IDMA 系统,因此选择一种具有弱的互相关性且具有低资源消耗特点的交织器设计算法是非常必要的。此外,由于移动通信的特点,系统需要能实时地进行数据传输。为了获取高效及时的信息传递,一种优良的交织器设计方法应该以较少的时钟周期完成各个用户交织器的生成。

此外,在 IDMA 系统中,每个交织器的距离特性仍然是一个重要的衡量标准,具有较好交织距离特性的交织器能够提高系统抗突发错误的能力,由于 IDMA 系统中不存在删除矩阵以及没有必要约束每个用户的交织器均为对称交织器。因此,IDMA 系统中交织器组设计方法优劣的评判原则应该至少包括如下几个方面。

① 好的交织器设计方法可以得到大量的具有弱相关性的交织器,且这些交织器可以同时应用于 IDMA 系统。

② 好的交织器设计方法应比较简单,且需要的硬件资源较少。

③ 好的交织器设计方法具有较快的生成速度。

④ 每个交织器应该有较好的互交织距离特性。

### 7.2.2 IDMA 系统中典型的交织器设计

自 IDMA 系统设计提出以来,人们已经提出一些 IDMA 系统交织器的设计方法,下面介绍几种典型的 IDMA 系统各类交织器设计的具体方法。

#### 1. 随机交织器设计

随机交织器是 IDMA 系统中最先采用的一种交织器设计方式[3]。系统中的任意一种交织器均是采用随机生成的方式得到。假设系统交织深度为 $N$,则对于用户 $k$ 来说,其交织器的生成方式如下。

① 产生长为 $N$ 的位置索引序列,即$\{1,2,\cdots,N-1,N\}$,并初始化指示量 $i=1$。

② 产生随机数 $j$,其中 $1\leqslant j\leqslant N-i$。

③ 将位置索引 $i$ 与位置索引 $i+j$ 置换。

④ $i\leqslant i+1$,返回步骤②。

当 $i$ 等于 $N-1$ 时,停止该过程,则得到的新位置索引为用户 $k$ 的交织器。

**例 7.6**　假设交织深度为 10,则利用该方法生成的三个随机交织器为

$$\pi_1:\{3,\ 6,\ 9,\ 1,\ 8,\ 4,\ 10,\ 2,\ 7,\ 5\}$$

$$\pi_2:\{2,\ 6,\ 1,\ 10,\ 3,\ 4,\ 5,\ 7,\ 8,\ 9\}$$

$$\pi_3:\{5,\ 6,\ 1,\ 8,\ 7,\ 10,\ 2,\ 9,\ 3,\ 4\}$$

由于随机交织器没有加入任何约束,各交织器部分可认为是随机且独立的生成,其

目的仅仅是为了得到一个长为 $N$ 的伪随机排列，因而可选用其他的设计方法生成随机交织器。

在 Matlab 中，可通过"randperm"的方式获得一个随机交织器。其算法是首先产生 $N$ 个随机数，其范围为[0,1]。对这 $N$ 个随机数按照大小顺序排序。按照由小至大的顺序找出各个数据在原始序列中的位置，可得 $1\sim N$ 的伪随机排列。该排列数值便可作为一个交织器使用。

**例 7.7**　如果交织深度为 10，利用 Matlab 命令字 rand(1,10)可产生 10 个随机数，假设得到随机数序列，即

[0.63145，0.71763，0.69267，0.084079，0.45436，0.44183，0.35325，0.15361，0.67564,0.69921]

利用命令字 sort 对该随机数序列按照有小到大的顺序排序，可得新的序列，即

[0.084079，0.15361，0.35325，0.44183，0.45436，0.63145，0.67564，0.69267，0.69921,0.71763]

对应两个序列之间的位置关系可得交织器为

$$[4,8,7,6,5,1,9,3,10,2]$$

很显然，对于随机交织器而言，各个用户的交织器均是随机独立生成的，各自交织器的生成过程不受其他用户的影响。该算法较为简单，但是系统需要大量的存储资源存储各个用户的交织器用于多用户检测并需要大量的带宽资源在基站和移动台之间进行交织信息的传递，因此随机交织器设计算法并不适于大规模的 IDMA 系统。

2. 嵌套交织器设计

嵌套交织器设计方法是在一个主交织器的基础上，采用嵌套的方式完成各个交织器的设计[3]，即在交织的基础上交织。其设计算法如下。

① 首先生成一个主交织器 $\pi_{\text{master}}$。

② 按照如下的递推公式设计各个用户的交织器，即

$$\pi_{k+1}(i)=\pi_{\text{master}}(\pi_k(i)) \tag{7.6}$$

即第 $k+1$ 个用户的交织器通过主交织器 $\pi_{\text{master}}$ 交织第 $k$ 个用户的交织器 $\pi_k$ 得到，其中 $\pi_1=\pi_{\text{master}}$。

嵌套交织器的设计方法降低了基站和移动台之间的信息交换，并节约了系统的存储资源。另外，为了减少系统的交织器生成时间，系统可先交织生成(或存储)标号为 $2^n(n\geqslant 0)$的交织器。例如，当系统已经存储 $\pi^2_{\text{master}}$、$\pi^4_{\text{master}}$ 和 $\pi^8_{\text{master}}$ 等交织器时，系统仅需要三个周期便可完成第 15 个用户交织器 $\pi_{15}$ 的生成，即

$$\pi_{15}=\pi_{\text{master}}(\pi_{14})=\pi^2_{\text{master}}(\pi_1 3)=\pi^8_{\text{master}}(\pi^4_{\text{master}}(\pi^2_{\text{master}}(\pi_{\text{master}})))$$

或者系统需要额外的三个周期用于 $\pi^2_{\text{master}}$、$\pi^4_{\text{master}}$ 和 $\pi^8_{\text{master}}$ 等三个交织器的生成。

观察嵌套交织器的生成方式可以发现，如果主交织器存在不动点的情况，即交织前后某比特位置不发生变化，则所有的交织器均存在不动点。不动点的出现显然会影响系统的性能。

**例 7.8** 已知交织深度为 10，且存在三个用户，并已知主交织器为

$$\pi_{\text{master}}:[10,\ 2,\ 6,\ 5,\ 8,\ 3,\ 9,\ 7,\ 4,\ 1]$$

观察发现，该主交织器的第 2 比特数据交织前后不会发生变化，利用嵌套交织器的递推公式(7.6)，可得

$$\pi_1:[10,\ 2,\ 6,\ 5,\ 8,\ 3,\ 9,\ 7,\ 4,\ 1]$$
$$\pi_2:[1,\ 2,\ 3,\ 8,\ 7,\ 6,\ 4,\ 9,\ 5,\ 10]$$
$$\pi_3:[10,\ 2,\ 6,\ 7,\ 9,\ 3,\ 5,\ 4,\ 8,\ 1]$$

显然，三个用户的交织器其位置索引‘2’交织前后均不发生变化，即为不动点。因此，在嵌套交织器的设计时，应该尽量避免主交织器出现不动点的情况。

此外，如果主交织器为对称交织器，即交织器规则和解交织规则相同，则嵌套交织器设计算法同样不适用于 IDMA 系统。如果对称交织器的基础上进行一次嵌套，则等价于进行解交织过程。

**例 7.9** 已知交织深度为 16，且存在三个用户，并已知主交织器为

$$\pi_{\text{master}}:[1,\ 5,\ 9,\ 13,\ 2,\ 6,\ 10,\ 14,\ 3,\ 7,\ 11,\ 15,\ 4,\ 8,\ 12,\ 16]$$

利用递推公式(7.6)，可得

$$\pi_1:[1,\ 2,\ 3,\ 4,\ 5,\ 6,\ 7,\ 8,\ 9,\ 10,\ 11,\ 12,\ 13,\ 14,\ 15,\ 16]$$
$$\pi_2:[1,\ 5,\ 9,\ 13,\ 2,\ 6,\ 10,\ 14,\ 3,\ 7,\ 11,\ 15,\ 4,\ 8,\ 12,\ 16]$$
$$\pi_3:[1,\ 2,\ 3,\ 4,\ 5,\ 6,\ 7,\ 8,\ 9,\ 10,\ 11,\ 12,\ 13,\ 14,\ 15,\ 16]$$

显然，用户 1 的交织器 $\pi_1$ 和相同用户 3 的交织器 $\pi_3$ 相同。这说明对于对称交织器而言，通过嵌套其产生的位置索引序列周期为 2，因此对称交织器不能用于嵌套交织器的算法设计。

3. 正交交织器设计

这里所述的正交交织器[4]是基于正交序列设计的。显然，正交交织器的个数受到正交序列长度的限制。常用的正交序列包括 $m$ 序列、walsh 序列等。下面以 $m$ 序列为例介绍正交交织器的具体设计算法。假设系统的信息序列长度为 $l$，采用码率为 $l/S$ 的重复码编码，重复码序列为$\{1,-1,\cdots,1,-1\}$，则得到的编码序列长度为 $lS$。编码的映射关系为 $1\to\{1,-1,\cdots,1,-1\}$，$0\to\{-1,1,\cdots,-1,1\}$。

正交交织器的设计算法如下。

① 生成一个 $m$ 序列，其长度为 $S-1$。选择合适的本原多项式，配置该 $m$ 序列线性移位寄存器的网络结构，设本原多项式为 $m$ 阶，则 $2^m=S$。

② 存储该移位寄存器的 $S-1$ 个移位序列，即当 $m$ 序列输出后，将该序列作

循环移位,并存储每次移位后生成的新的 $m$ 序列。这样共可以产生 $S-1$ 个 $m$ 序列。

③ 在每一个序列的最后添字符'0'。这样可以得到 $S-1$ 个正交序列 $\alpha_n(1\leqslant n\leqslant S-1)$。

④ 对于第 $k$ 个用户的编码序列 $c_k$,其前 $S$ 个交织位置生成方式如下。

第 1 步,初始化 $i=1$。

第 2 步,如果原始序列中的第 $i$ 为数值为$+1$,则将该 $\pi_k(i)$映射为正交序列 $\boldsymbol{\alpha}_k$ 中第 $i$ 个 1 所在的位置。如果原始序列中的第 $i$ 为数值为$-1$,则将该 $\pi_k(i)$映射为正交序列 $\boldsymbol{\alpha}_k$ 中第 $i$ 个 0 所在的位置。$i$ 加 1,重复执行该步骤。

第 3 步,如果 $i=S$,该过程停止。

⑤ 对于编码序列 $\boldsymbol{c}_k$ 的交织器 $\pi_k$,执行

$$\pi_k(mS+i)=mS+\pi_k(i),\quad 1\leqslant m\leqslant l-1 \tag{7.7}$$

正交交织器的优势在于降低了交织器设计的复杂度。例如,系统只需存储 6 比特用于配置 $m$ 序列发生器的网络结构,便可生成长为 64 的正交序列。此外,正交交织器的设计方法可用于设计任意信息序列长度的交织器。

**例 7.10**　已知某 $m$ 序列为[1, 0, 1, 0, 0, 1, 1]。为简化仅生成三个用户所需的正交序列,即

用户 1:[1, 0, 1, 0, 0, 1, 1, 0]

用户 2:[0, 1, 0, 0, 1, 1, 1, 0]

用户 3:[1, 0, 0, 1, 1, 1, 0, 0]

则可得三个用户前 8 比特的交织序列为

$\pi_1$:[1, 2, 3, 4, 6, 5, 7, 8]

$\pi_2$:[2, 1, 4, 6, 3, 5, 7, 8]

$\pi_3$:[1, 2, 4, 3, 5, 7, 6, 8]

假设信息序列的长度为 2,则可得三个用户的交织器为

$\pi_1$:[1, 2, 3, 4, 6, 5, 7, 8, 9, 10, 11, 12, 14, 13, 15, 16]

$\pi_2$:[2, 1, 4, 6, 3, 5, 7, 8, 10, 9, 12, 14, 11, 13, 15, 16]

$\pi_3$:[1, 2, 4, 3, 5, 7, 6, 8, 9, 10, 12, 11, 13, 15, 14, 16]

4. 伪随机交织器设计

由正交交织器的生成方式可以看出,正交交织器的个数受到正交序列长度的限制。因此,当用户数大于 $S$ 时,系统需要采用非正交的交织器。一种具有低相关性的交织器设计仍然在 $m$ 序列的基础上完成。其具体设计算法如下。

① 选择 $K$ 个 $m$ 阶的本原多项式,其中 $2^m=lS$,即为编码序列的长度。

② 每一个长为 $lS$ 的交织器采用其相应的本原多项式生成,用户 $k$ 的交织器

生成算法如下。

第 1 步，根据相应的本原多项式配置户 $k$ 相应的线性移位寄存器。

第 2 步，$t(1\leqslant t\leqslant lS-1)$，表示离散时间，其中 $lS-1$ 为 $m$ 序列的周期长度值。利用本原多项式初始化线性移位寄存器后，设置 $t=1$。设 $s(t)$ 为 $t$ 时刻寄存器状态值十进制表示形式。

第 3 步，每一个 $m$ 序列均存在一个最长的'0'字符串，假定其出现在 $x$ 时刻处，则状态值与交织器之间的映射关系为

$$\pi_k(t)=\begin{cases}s(t), & 1\leqslant t\leqslant x-1\\ lS, & t=x\\ s(t-1), & x+1\leqslant t\leqslant lS\end{cases}\tag{7.8}$$

伪随机交织器的优势在于对于交织长度 $2m=lS$，每个用户只需存储 $m$ 比特便可完成交织器的设计。例如，当系统中总的用户数为 120，且交织深度为 $lS=214$。这时整个系统只需存储 $120\times 14$ 比特便可完成交织器的设计。相对于随机交织器的设计算法，该类交织器设计明显降低了系统资源的消耗，且算法比较简单，易于硬件实现。

**例 7.11**　已知系统用户数为 2，交织深度为 8，则可知系统选用的两个本原多项式为

$$y_1=1+x+x^3 \text{ 和 } y_2=1+x^2+x^3$$

则各自的 $m$ 序列以及对应的十进制状态值分别为 $y_1$ 对应的 $m$ 序列寄存器状态值及 $m$ 序列输出，如表 7.1 所示。

**表 7.1　寄存器状态及 $m$ 序列输出**

| Reg1 | Reg2 | Reg3 | $m$ 序列 | 十进制数值 |
| --- | --- | --- | --- | --- |
| 0 | 0 | 1 | 1 | 4 |
| 1 | 0 | 0 | 0 | 1 |
| 0 | 1 | 0 | 0 | 2 |
| 1 | 0 | 1 | 1 | 5 |
| 1 | 1 | 0 | 0 | 3 |
| 1 | 1 | 1 | 1 | 7 |
| 0 | 1 | 1 | 1 | 6 |

$y_2$ 对应的 $m$ 序列寄存器状态值及 $m$ 序列输出，如表 7.2 所示。

**表 7.2　寄存器状态及 $m$ 序列输出**

| Reg1 | Reg2 | Reg3 | $m$ 序列 | 十进制数值 |
| --- | --- | --- | --- | --- |
| 0 | 1 | 0 | 0 | 2 |
| 0 | 0 | 1 | 1 | 4 |
| 1 | 0 | 0 | 0 | 1 |

续表

| Reg1 | Reg2 | Reg3 | $m$序列 | 十进制数值 |
|---|---|---|---|---|
| 1 | 1 | 0 | 0 | 3 |
| 1 | 1 | 1 | 1 | 7 |
| 0 | 1 | 1 | 1 | 6 |
| 1 | 0 | 1 | 1 | 5 |

由式(7.8)可知,两个用户分别应用的交织器为

$$\pi_1:\{4,1,8,2,5,3,7,6\}$$

$$\pi_2:\{2,4,1,8,3,7,6,5\}$$

## 7.3 IDMA系统移位交织器设计

交织多址采用交织器作为唯一区分用户的手段,因此不同的用户需分配不同的交织器。在IDMA系统简化模型的基础上,我们分析IDMA系统中交织器的主要作用并设计了一种简单的交织器设计算法,即移位交织器。同随机交织器相比,移位交织器的设计算法较为简单,而且需要的资源消耗相对较低。其核心算法是借助 $m$ 序列发生器的特点,首先生成一个满足交织深度要求的伪随机交织器;然后在该伪随机交织器的基础上,通过循环移位不同步长的方式生成一系列交织器。循环移位的单位移动步长由交织深度和系统总的用户数决定。IDMA系统计算机仿真结果表明,采用移位交织器的IDMA系统可以获得与采用随机交织器的IDMA系统非常接近的仿真性能。

### 7.3.1 IDMA系统交织器分析

从IDMA的系统结构可知,用户 $k$ 的接收数据信息受到两方面的干扰,一方面是信道引入的噪声,另一方面就是接收信息时所引入的多址干扰。显然,一种好的交织器设计算法在保证信息接收正确的同时,能够弱化接收信息中的多址干扰成分。为了更好的分析交织器在IDMA系统中的作用,我们简化IDMA系统结构,认为信息在无噪信道条件下进行传输,且信道因子为1。系统中仅存在两个用户,系统中两个用户的接收端串行进行信号的迭代译码。简化的IDMA系统模型如图7.1所示。

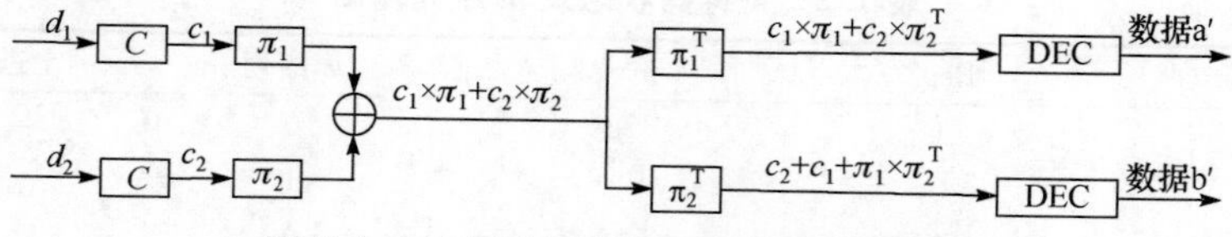


图7.1 两个用户的IDMA系统简化模型

该系统模型为仅考虑两个用户的 IDMA 无噪系统。用户 1 的数据 $\boldsymbol{d}_1$ 经过编码器 $C$ 编码后,得到编码序列 $\boldsymbol{c}_1$,$\boldsymbol{c}_1$ 通过交织器 $\pi_1$ 交织后进入信道,将其表示为 $\boldsymbol{c}_1\times\pi_1$。用户 1 接收端系统采用迭代译码的方式进行数据信息的恢复。首先,系统用户 1 的接收端接收到的数据形式为 $\boldsymbol{c}_1\times\pi_1+\boldsymbol{c}_2\times\pi_2$。显然,$\boldsymbol{c}_2\times\pi_2$ 是引入的多址干扰信息,该接收数据 $\boldsymbol{c}_1\times\pi_1+\boldsymbol{c}_2\times\pi_2$ 经过解交织器 $\pi_1^{\mathrm{T}}$ 解交织后,变为 $\boldsymbol{c}_1+\boldsymbol{c}_2\times\pi_2\times\pi_1^{\mathrm{T}}$。送入 DEC 模块进行相关软信息的更新。一般来说,如果向量 $\boldsymbol{c}_1$ 和向量 $\boldsymbol{c}_2\times\pi_2\times\pi_1^{\mathrm{T}}$ 之间完全正交,则用户 2 的多址干扰信息不会对用户 1 的解码过程构成影响。由于不同数据经过同一交织器交织后,数据的相关性并不发生变化,因而向量 $\boldsymbol{c}_1$ 和向量 $\boldsymbol{c}_2\times\pi_2\times\pi_1^{\mathrm{T}}$ 之间的正交性问题可转化为向量 $\boldsymbol{c}_1\times\pi_1$ 和向量 $\boldsymbol{c}_2\times\pi_2$ 之间的正交性问题分析。

为了描述两个交织器之间的互相关性能,我们首先给出两个向量的互相关性定义,即

$$C(\boldsymbol{a},\boldsymbol{b})=<\boldsymbol{a},\boldsymbol{b}> \tag{7.9}$$

其中,$C(\boldsymbol{a},\boldsymbol{b})$表示向量 $\boldsymbol{a}$ 和向量 $\boldsymbol{b}$ 之间的互相关;$<\boldsymbol{a},\boldsymbol{b}>$表示向量 $\boldsymbol{a}$ 和向量 $\boldsymbol{b}$ 的内积。

对图 7.1 系统模型中的两个用户来说,假设多址干扰不存在,即向量 $\boldsymbol{c}_1\times\pi_1$ 和向量 $\boldsymbol{c}_2\times\pi_2$ 之间完全正交,则满足

$$C(c_1\times\pi_1,c_2\times\pi_2)=0 \tag{7.10}$$

由式(7.10)可得 IDMA 系统正交交织器的定义。对于 IDMA 系统中任意两个编码序列 $\boldsymbol{c}_i$ 和 $\boldsymbol{c}_j$,且分别经过交织器 $\pi_i$ 和 $\pi_j$ 进行交织,当且仅当

$$C(\boldsymbol{c}_i\times\pi_i,\boldsymbol{c}_j\times\pi_j)=0 \tag{7.11}$$

称交织器 $\pi_i$ 和 $\pi_j$ 互为正交交织器。

由式(7.11)可以看出,IDMA 系统中的数据正交特性与原始的信息序列,编码方式和交织算法有关。因此,在实际的 IDMA 系统中,由于原始信息序列的随机性,很难获得通用的正交交织器组。一般来说,IDMA 系统中采用具有弱的互相关性的交织器便可满足通信性能的要求。既然交织器之间的互相关性受到原始信息数据和编码方式的制约,为了评判不同交织器之间的互相关性能,这里介绍一种所谓相关性峰值的概念来评价交织器之间的相关性能。

首先定义标准基为

$$e_i(j)=\begin{cases}1, & j=i\\ 0, & j\neq i\end{cases}\quad i,j\in\{1,2,\cdots,N\} \tag{7.12}$$

定义生成基为

$$w_i(j)=\begin{cases}1, & j\geqslant i\\ -1, & j<i\end{cases}\quad i,j\in\{1,2,\cdots,N\} \tag{7.13}$$

则相关性峰值可定义为

$$P(\pi_i,\pi_j)=\max_{w_j}\sum_{i=1}^{N}C\langle\pi_i\times c(e_i),\pi_j\times c(w_j)\rangle \tag{7.14}$$

解释如下,对于任意一个由 1 或者−1 元素组成的长为 $N$ 的输入向量 $\boldsymbol{w}$,均可通过标准基表示为 $\boldsymbol{w}=\sum_{i=1}^{N}a_ie_i,a_i\in\{1,-1\}$,如果输入向量 $\boldsymbol{w}$ 和一个生成基向量 $\boldsymbol{w}_n$ 分别经过一个相同的编码器,然后分别由交织器 $\pi_i$ 和 $\pi_j$ 进行交织后,其相关性可表示为 $C\{\pi_i\times\boldsymbol{c}(\boldsymbol{w}),\pi_j\times\boldsymbol{c}(\boldsymbol{w}_n)\}$。

使用三角不等式可得

$$\begin{aligned}&C\{\pi_i\times\boldsymbol{c}(\boldsymbol{w}),\pi_j\times\boldsymbol{c}(\boldsymbol{w}_n)\}\\&=C\{\pi_i\times\boldsymbol{c}(\sum_{i=1}^{N}a_ie_i),\pi_j\times\boldsymbol{c}(\boldsymbol{w}_n)\}\\&\leqslant\sum_{i=1}^{N}|a_i|\times|C\{\pi_i\times\boldsymbol{c}(e_i),\pi_j\times\boldsymbol{c}(\boldsymbol{w}_n)\}|\\&=\sum_{i=1}^{N}|C\{\pi_i\times\boldsymbol{c}(e_i),\pi_j\times\boldsymbol{c}(\boldsymbol{w}_n)\}|\end{aligned} \tag{7.15}$$

显然,当交织器 $\pi_i$ 和 $\pi_j$ 固定时,对于所有的生成基来说,有

$\sum_{i=1}^{N}|C\{\pi_i\times\boldsymbol{c}(e_i),\pi_j\times\boldsymbol{c}(\boldsymbol{w}_n)\}|$ $\sum_{i=1}^{N}|C\{\pi_i\times\boldsymbol{c}(e_i),\pi_j\times\boldsymbol{c}(\boldsymbol{w}_n)\}|$ 必存在一个最大值,称该值为描述交织器 $\pi_i$ 和 $\pi_j$ 互相关特性的相关性峰值 $P(\pi_i,\pi_j)$。显然,如果两个交织器 $\pi_i$ 和 $\pi_j$ 之间的相关性峰值 $P(\pi_i,\pi_j)$ 小,则交织器 $\pi_i$ 和 $\pi_j$ 之间的互关性较弱。

### 7.3.2　移位交织器设计

1. $m$ 序列特点

$m$ 序列[4,5]是最长线性反馈移存器序列的简称,它是由带线性反馈移存器产生的周期最长的一种序列,当移位寄存器的个数为 $n$ 时,$m$ 序列的周期为 $P=2^n-1$。$m$ 序列是一种伪随机序列,其数据按照一定的规律形式周期性的变化,且具有与随机噪声类似的尖锐自相关特性,因此在扩频通信系统和 CDMA 系统中获得了广泛的应用。

一个三阶的 $m$ 序列发生器如图 7.2 所示。

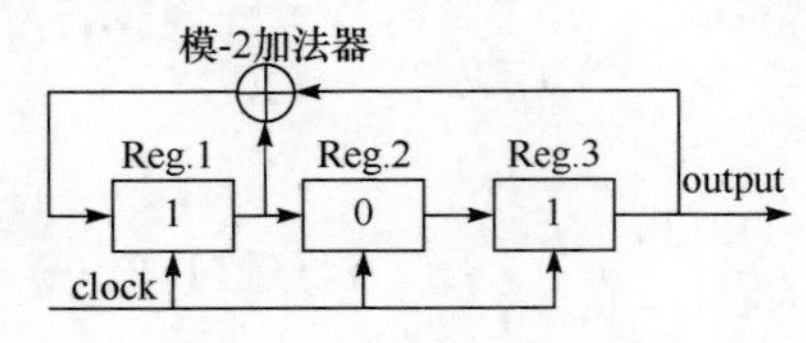


图 7.2　$m$ 序列发生器 $y=1+x+x^3$

如果三个寄存器的初始状态为{reg. 1, reg. 2, reg. 3}={1,0,1}，则该 $m$ 序列发生器输出的 $m$ 序列为

$$1010011$$

假设初始状态全为0，则各寄存器的状态值一直为0。显然，此状态应避免出现。这时三个寄存器的状态变化有7个可用，即该序列发生器的周期为7。

一般说来，一个 $m$ 级线性反馈寄存器可以产生的序列周期最长为 $2^m-1$，其网络结构由模2加法器和移位寄存器等构成。图7.3所示为一般线性移位寄存器的组成结构。

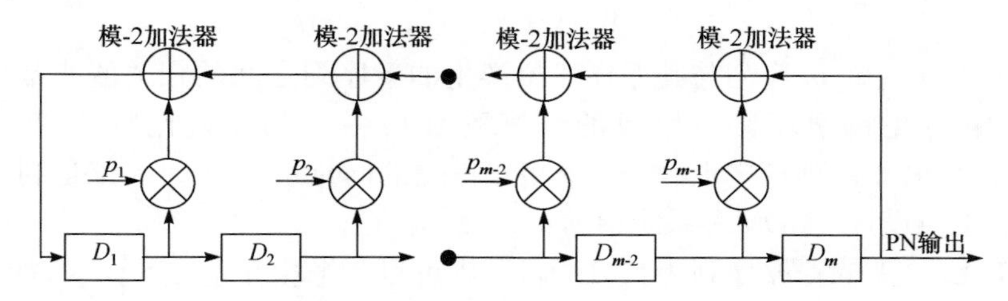


图7.3　产生 $m$ 序列的线性移位寄存器的组成结构

如图7.3所示，各寄存器的状态值可用 $s_i$ 表示，$s_i\in\{0,1\}(1\leqslant i\leqslant m)$。$p_i(1\leqslant i\leqslant m-1)$ 为1表示该路导通，$p_i(1\leqslant i\leqslant m-1)$ 为0表示该路断开。

设 $m$ 级移位寄存器的状态值为

$$s_1 s_2 s_3 \cdots s_{m-2} s_{m-1} s_m$$

经过一次移位后，各寄存器状态值变为 $s_0 s_1 s_2 s_3 \cdots s_{m-2} s_{m-1}$，其中 $s_0$ 满足

$$s_0=p_1\times s_1+\cdots+p_{m-1}\times s_{m-1}+s_m \tag{7.16}$$

式(7.16)称为移位寄存器的递推方程，反映了移位输入 $s_0$ 与移位前各寄存器状态之间的关系。

$p_i$ 的取值决定了移位寄存器的反馈链接和输出序列的结构，一般用下列形式表示，即

$$y=1+p_1x+\cdots+p_kx^k+\cdots+p_mx^m,\quad p_k\in \mathrm{GF}(2) \tag{7.17}$$

式(7.17)称为特征多项式或者特征方程，$x$ 本身并没有特殊的意义。图7.2所示网络结构的特征方程为 $y=1+x+x^3$，其含义为 $p_1=1$，$p_2=0$，$p_3=1$。

若移位寄存器的特征多项式满足欧拉方程的相关约束[6,7]，则称此类多项式为本原多项式。反馈移位寄存器能够产生 $m$ 序列的充要条件为表征网络结构的 $y$ 是本原多项式。

$m$ 序列有很多优良的特性，这里主要关注 $m$ 序列的互相关性和随机性。$m$ 序列的性质主要包括如下几个方面。

① 均衡性。在 $m$ 序列的一周期中，“1”的个数和“0”的个数大致相等，“1”的个

数比“0”的个数多一个。

② 游程分布。一个序列中取值相同的那些相继元素合称一个游程，在一个游程中元素的个数称为游程长度。在 $m$ 序列中，长度为 1 的游程，占游程总数的 1/2；长度为 2 的游程，占游程总数的 1/ 4；……。

③ 位相加特性。一个 $m$ 序列与其经过任意延迟移位产生的另一个不同序列做模 2 相加，得到的仍是该 $m$ 序列的某次延迟移位序列。

④ 自相关性。$m$ 序列的自相关函数为

$$R(j)=\begin{cases}1, & j=0\\ -1/(2^n-1), & j\neq 0\end{cases} \tag{7.18}$$

由式(7.18)知，$m$ 序列与其循环移位产生的新序列之间的相关值非常低。如果在 $m$ 序列及其循环移位生成的新序列最后一位都加入比特值‘0’，则由式(7.18)可知，$m$ 序列可产生 $2^n-1$ 个相互正交的向量组。Pupeza 正是利用了该 $m$ 序列的性质设计了 IDMA 系统中的正交交织器[5]。

**例 7.12** 已知某 $m$ 序列为“1010011”，则可得 7 个相互正交的向量，如表 7.3 所示。

**表 7.3 $m$ 序列产生的 7 个正交向量**

| | | | | | | | | |
|---|---|---|---|---|---|---|---|---|
| $S_1$ | 1 | 0 | 0 | 1 | 1 | 1 | 0 | 0 |
| $S_2$ | 0 | 0 | 1 | 1 | 1 | 0 | 1 | 0 |
| $S_3$ | 0 | 1 | 1 | 1 | 0 | 1 | 0 | 0 |
| $S_4$ | 1 | 1 | 1 | 0 | 1 | 0 | 0 | 0 |
| $S_5$ | 1 | 1 | 0 | 1 | 0 | 0 | 1 | 0 |
| $S_6$ | 1 | 0 | 1 | 0 | 0 | 1 | 1 | 0 |
| $S_7$ | 0 | 1 | 0 | 0 | 1 | 1 | 1 | 0 |

2. 移位交织器设计

移位交织器的具体算法描述如下：已知一个 $m$ 序列发生器，其本原多项式表征为

$y=1+p_1x+\cdots+ p_kx^k+\cdots+p_mx^m$，$p_k\in GF(2)$，$1\leqslant k\leqslant m$，$(2^{m-1}-1)\leqslant N\leqslant(2^m-1)$

如果定义状态值是 $m$ 序列发生器中移位寄存器组状态所对应的二进制数组，则该 $m$ 序列发生器的状态值变化范围为 $1\sim 2^m-1$，即其状态值在 $1\sim 2^m-1$ 内伪随机变化。将状态值变化对应于交织位置索引的变化，则可由 $m$ 序列发生器生成一个伪随机交织器。也就是说，任一个交织深度为 $n$ 的交织器，当满足于 $(2^{m-1}-1)\leqslant N\leqslant(2^m-1)$，通过选择一个 $m$ 阶的 $m$ 序列发生器，使其状态值在一个周期内

循环，便可得到一个长为 $N$ 的交织器。我们标示该交织器为主交织器 $\pi_{master}$。其他的交织器可采用循环移动主交织器的方式获得。因而，移位交织器设计算法可分为生成主交织器 $\pi_{master}$ 和循环移位两个过程。

第一步，生成主交织器 $\pi_{master}$。

① 分配一个长为 $N$ 的存储空间 $S$。

② 利用 $(2^{m-1}-1)\leqslant N\leqslant(2^m-1)$ 计算 $m$ 值大小，然后选择合适的 $p_k$ 初始化一个 $m$ 序列发生器，$p_k$ 满足 $\{p_k\in GF(2),1\leqslant k\leqslant m\}$，并标示当前 $m$ 序列发生器的寄存器状态值为 $state_1$。

③ 通过 $p_k$ 更新 $m$ 序列发生器，第 $i(1\leqslant i\leqslant m)$ 次更新后，标示当前的寄存器状态值为 $state_i$。

④ 在每次更新完成后，判断 $state_i$ 与 $N$ 的大小关系，当 $state_i$ 小于 $N$ 时，将该状态值输入 $S$ 中，然后返回第三步继续更新；否则，直接返回③继续更新。

⑤ 如果存储空间 $S$ 中存满 $N$ 个数值，则该更新过程停止。

通过该方法，$S$ 中存储的 $N$ 个状态值即为所需的主交织器 $\pi_{master}$。

**例 7.13**　假设 $N=12$，根据上述五个步骤，首先分配长为 12 的存储空间。根据 $(2^{m-1}-1)\leqslant N\leqslant(2^m-1)$，可得 $m=4$，利用 Matlab 命令“gf2primfd”计算可得一种可选的本原多项式为

$$p_k=\{0,\ 0,\ 1,\ 1\}$$

此类配置的 $m$ 序列发生器结构如图 7.4 所示。

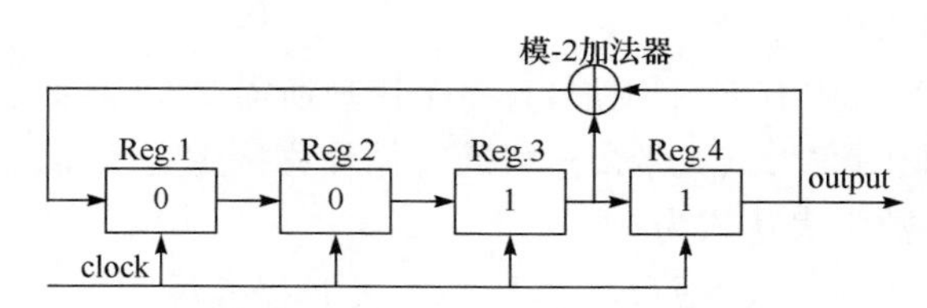


图 7.4　$m$ 序列发生器：$y=1+x^3+x^4$

利用 $p_k$ 对图 7.4 所示的 $m$ 序列发生器初始化后，四个寄存器{reg. 1，reg. 2，reg. 3，reg. 4，}在 $p_k$ 作用下进行更新，标示 $s_d$ 为四个寄存器状态值的十进制表示，并认为 reg. 1 为 LSB(least significant bit)，认为 Reg. 4 为 MSB(the most significant bit)。更新过程中各状态值的变化为如表 7.4 所示。

**表 7.4　m 序列发生器各状态值变化**

| Reg. 1 | Reg. 2 | Reg. 3 | Reg. 4 | $m$ 序列 | $S_d$ |
|---|---|---|---|---|---|
| 0 | 0 | 1 | 1 | 1 | 12 |
| 0 | 0 | 0 | 1 | 1 | 8 |
| 1 | 0 | 0 | 0 | 0 | 1 |

续表

| Reg. 1 | Reg. 2 | Reg. 3 | Reg. 4 | m序列 | $S_d$ |
|---|---|---|---|---|---|
| 0 | 1 | 0 | 0 | 0 | 2 |
| 0 | 0 | 1 | 0 | 0 | 4 |
| 1 | 0 | 0 | 1 | 1 | 9 |
| 1 | 1 | 0 | 0 | 0 | 3 |
| 0 | 1 | 1 | 0 | 0 | 6 |
| 1 | 0 | 1 | 1 | 1 | 13 |
| 0 | 1 | 0 | 1 | 1 | 10 |
| 1 | 0 | 1 | 0 | 0 | 5 |
| 1 | 1 | 0 | 1 | 1 | 11 |
| 1 | 1 | 1 | 0 | 0 | 7 |
| 1 | 1 | 1 | 1 | 1 | 15 |
| 0 | 1 | 1 | 1 | 1 | 14 |

由于 $N=12$，采用上述的更新过程，可知存储在状态空间 $S$ 中的值为

$$\{12,8,1,2,4,9,3,6,10,5,11,7\}$$

最后，得到主交织器，即

$$\pi_{\text{master}}=\{12,8,1,2,4,9,3,6,10,5,11,7\}$$

第二步，循环移位 $\pi_{\text{master}}$。

假设 IDMA 系统中有 $K$ 个用户，且每个用户所需交织器的长度均为 $N$。标示第 $k$ 个用户的交织图案为 $\pi_k$，那么 $\pi_k$ 可通过循环移位主交织器 $\pi_{\text{master}}$ 中 $L\times k$ 个单位的方式得到，其数学表达式为

$$\pi_k=f(\pi_{\text{master}},L\times k),\quad 1\leqslant k\leqslant K \tag{7.19}$$

其中，$f$(向量 $\beta$，整数 $b$) 表示循环右移向量 $\beta$、$b$ 个单位；$L$ 标示单位移动步长，其定义式为 $L=\text{int}(N/K)$，$\text{int}(x)$ 定义不大于 $x$ 的最大整数，$N$ 表示交织器长度，$K$ 表示 IDMA 系统中总的用户数。

**例 7.14** 假设 $K=2,N=15$，并已知

$$\pi_{\text{master}}=\{12,8,1,2,4,9,3,6,10,5,11,7\}$$

为得到三个用户的交织器，首先计算单位移动步长 $L$，即

$$L=\text{int}(N/K)=\text{int}(15/2)=7$$

然后利用式(7.19)，得

$$\pi_1=f(\pi_{\text{master}},7\times 1)=\{6,10,5,11,7,12,8,1,2,4,9,3\}$$

$$\pi_2=f(\pi_{\text{master}},7\times 2)=\{7,12,8,1,2,4,9,3,6,10,5,11\}$$

通过移位交织器设计方法，我们最多可以获得 $N$ 个相互独立的交织器。

移位交织器设计算法的优势在于，通过存储表征一个本原多项式的 $m$ 比特数据，系统可以生成所有最大深度为 $2^m-1$ 的交织器。移位交织器算法的资源消耗非常低，且与用户数 $K$ 无关。

### 3. 移位交织器的性能仿真

仿真结果如图 7.5 所示。为了便于分析，计算机仿真采用传统的 IDMA 系统结构，即单径准静态高斯信道，并提供随机交织器的性能仿真进行比较。重复编码的码率为 1/16，其编码方式为 1 映射为"－1,1，－1,1，－1,1，－1,1，－1,1，－1,1，－1,1，－1,1"，0 映射为"1，－1,1，－1,1，－1,1，－1,1，－1,1，－1,1，－1,1，－1"。数据帧长为 256，交织深度为 256×16＝4096。当用户数为 16 时，迭代次数为 20 次，当用户数为 28 时，迭代次数为 30 次。为准确统计，在仿真过程中，系统需要统计 10 000 个帧的误码。在计算机仿真中，系统使用的 13 阶 $m$ 序列发生器的本原多项式系数为

$$\{p_k, k=1,2,\cdots,13\}=\{1,0,1,1,0,0,0,0,0,0,0,0,1\}$$

从图 7.5 可以看出，移位寄存器的计算机仿真性能和随机交织器的性能非常接近。当系统总的用户数为 16 或者 28 时，用于移位交织器设计需要的存储资源并不发生变化，均为 13 比特。随机交织器需要的存储资源分别为 16×4096×12 比特和 28×4096×12 比特，显然移位交织器设计算法更易于 IDMA 系统的实现。

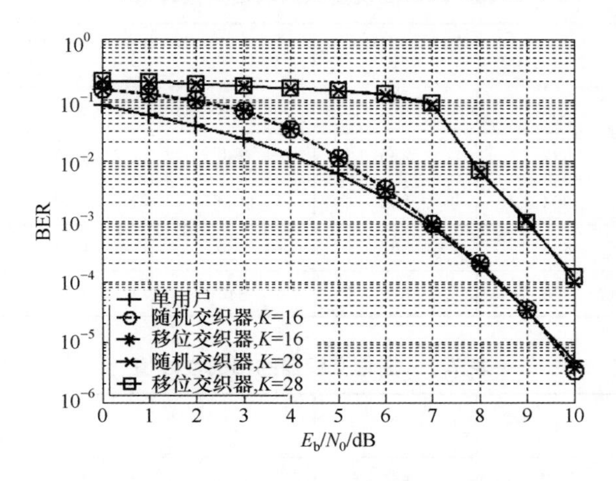


图 7.5　移位交织器的计算机仿真

比较正交交织器、随机交织器、嵌套交织器等，移位交织器的相关性峰值的数值结果。采用与误码率性能分析的 IDMA 参数，相关性峰值的数值计算仍然采用 1/16 码率的重复编码，帧长仍为 256。为简化运算，仅列出 5 个用户的互相关性峰值及自相关性峰值。

在表 7.5～表 7.8 中，对角元素表示的是自相关峰值，显然其值与交织深度相等，在本例中均为 4096。非对角元素代表的是某所在行对应的交织图案与其所在列对应的交织图案之间的相关性峰值。从这些表可以看出，正交交织器的互相关性峰值为 0。说明采用正交交织器的 IDMA 系统各个用户的数据经过各自的正交交织器交织后彼此正交，对每个用户的接收端而言，不会引入来自其他用户的多址干扰。此外，移位交织器的相关性峰值与随机交织器、嵌套交织器等交织算法的相关性峰值大小非常接近。因此，与随机交织器、嵌套交织器设计算法比较，采用移位交织器的 IDMA 系统可以获得与上述两类交织器相似的互相关性能。

**表 7.5　正交交织器的相关性峰值**

| 用户＼用户 | 1 | 2 | 3 | 4 | 5 |
|---|---|---|---|---|---|
| 1 | 4096 | 0 | 0 | 0 | 0 |
| 2 | 0 | 4096 | 0 | 0 | 0 |
| 3 | 0 | 0 | 4096 | 0 | 0 |
| 4 | 0 | 0 | 0 | 4096 | 0 |
| 5 | 0 | 0 | 0 | 0 | 4096 |

**表 7.6　随机交织器的相关性峰值**

| 用户＼用户 | 1 | 2 | 3 | 4 | 5 |
|---|---|---|---|---|---|
| 1 | 4096 | 864 | 908 | 892 | 894 |
| 2 | 832 | 4096 | 860 | 856 | 856 |
| 3 | 904 | 892 | 4096 | 856 | 884 |
| 4 | 864 | 864 | 880 | 4096 | 896 |
| 5 | 900 | 872 | 840 | 900 | 4096 |

**表 7.7　嵌套交织器的相关性峰值**

| 用户＼用户 | 1 | 2 | 3 | 4 | 5 |
|---|---|---|---|---|---|
| 1 | 4096 | 840 | 908 | 864 | 892 |
| 2 | 876 | 4096 | 840 | 908 | 864 |
| 3 | 876 | 876 | 4096 | 840 | 908 |
| 4 | 880 | 876 | 876 | 4096 | 840 |
| 5 | 892 | 880 | 876 | 876 | 4096 |

表 7.8　移位交织器的相关性峰值

| 用户＼用户 | 1 | 2 | 3 | 4 | 5 |
| --- | --- | --- | --- | --- | --- |
| 1 | 4096 | 856 | 860 | 896 | 908 |
| 2 | 840 | 4096 | 856 | 860 | 896 |
| 3 | 872 | 840 | 4096 | 856 | 860 |
| 4 | 832 | 872 | 840 | 4096 | 856 |
| 5 | 884 | 832 | 872 | 840 | 4096 |

## 7.4　IDMA 系统二维交织器设计

现有的 IDMA 交织器设计方法主要着眼于如何降低系统中各个交织器之间的互相关性，即保证 IDMA 系统采用的任意两个交织器之间有较弱的互相关性。对一个交织器而言，数据之间在交织前后的距离特性也是非常重要的。为了获得较好的一阶互交织距离特性，即保证相邻的两比特交织后不相邻，我们提出一种新颖的交织器设计方法，即二维交织器设计算法。该算法借鉴传统的分组交织器设计思路，其基本原理是将位置索引按照行顺序写入一个位置索引矩阵，用同样的一个低阶交织图案 $\Gamma$ 分别交织矩阵 $\boldsymbol{M}$ 的行位置索引和列位置索引。交织完成后，按照列顺序从第一列开始，顺序读出矩阵 $\boldsymbol{M}$ 中的位置索引，读出的位置索引可以构成一个新的高阶交织器。该过程所采用的低阶交织图案 $\Gamma$ 可通过一个低阶的 $m$ 序列发生器获得。

假设某 IDMA 系统，存在 $K$ 个交织深度均为 $N$ 的交织器 $\pi_k(1\leqslant k\leqslant K)$，则对第 $k$ 个交织器 $\pi_k$，其一阶最小互交织距离 DISTANCE$(k)$表征交织后交织器 $\pi_k$ 相邻两比特之间的最小距离，可以定义为

$$\text{DISTANCE}(k)=\min|\pi_k(i)-\pi_k(i-1)|,\quad 2\leqslant i\leqslant N \tag{7.20}$$

其中，$\pi_k(i)$表示交织器 $\pi_k$ 中第 $i$ 个位置对应的原始数据位置索引；$|\pi_k(i)-\pi_k(i-1)|$表示交织后相邻两比特在原始数据中的距离。

为了表征一类交织器组的一阶最小互交织距离特性，我们采用该类交织器中最小的 DISTANCE 作为参数指标，可以定义为

$$\text{MIN\_DIST}=\min(\text{DISTANCE}(k)),\quad 1\leqslant k\leqslant K \tag{7.21}$$

即 MIN_DIST 表示一类交织器组中最小的一阶互交织距离。

通过 7.3 节的论述可知，任一个交织深度为 $n$ 的交织器，当满足$(2^{m-1}-1)\leqslant n\leqslant(2^m-1)$时，通过选择一个 $m$ 阶的 $m$ 序列发生器，使其状态值在一个周期 $2^m-1$ 内循环，便可得到一个长为 $n$ 的交织器。我们标示该交织图案为 $\Gamma$。

**例 7.15**　假设 $n=12$，根据上述步骤，首先分配长为 12 的存储空间。根据 $(2^{m-1}-1)\leqslant n\leqslant(2^{m}-1)$，可得 $m=4$，利用 Matlab 中命令字“gf2primfd”计算，可得一种可选的本原多项式对应为

$$p_k=\{1,0,0,1\}$$

采用此类配置的 $m$ 序列发生器结构如图 7.6 所示。

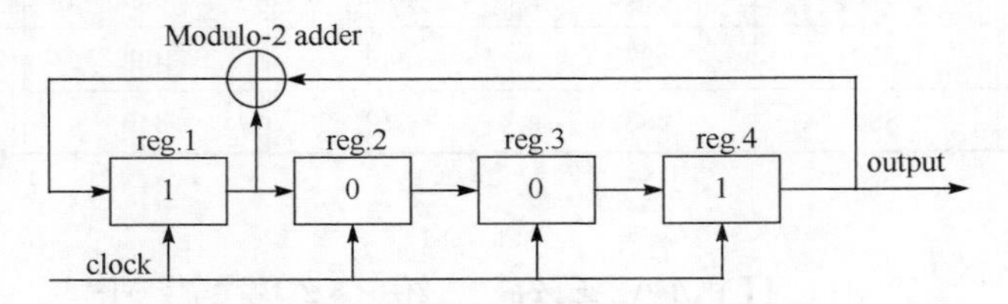


图 7.6　$m$ 序列发生器 $y=1+x+x^4$

利用 $p_k$ 对图 7.6 所示的 $m$ 序列发生器初始化后，四个寄存器{reg. 1，reg. 2，reg. 3，reg. 4}在 $p_k$ 作用下进行更新，其更新过程中状态值变化为

$$\begin{aligned}&\{1,0,0,1\}=>\{0,1,0,0\}=>\{0,0,1,0\}\\&=>\{0,0,0,1\}=>\{1,0,0,0\}=>\{1,1,0,0\}=>\{1,1,1,0\}\\&=>\{1,1,1,1\}=>\{0,1,1,1\}=>\{1,0,1,1\}=>\{0,1,0,1\}\\&=>\{1,0,1,0\}=>\{1,1,0,1\}=>\{0,1,1,0\}=>\{0,0,1,1\}\end{aligned}$$

假设 $s_d$ 为四个寄存器状态值组的十进制表示，并认为 reg. 1 为 LSB，reg. 4 为 MSB，则可以得到 $s_d$ 在 1～15 范围内伪随机变化，即

$$s_d=\{9,2,4,8,1,3,7,15,14,13,10,5,11,6,12\}$$

由于 $n=12$，采用上述的更新过程，可知存储在状态空间 $S$ 中的值为

$$\{9,2,4,8,1,3,7,10,5,11,6,12\}$$

最后，低阶交织图案 $\Gamma$ 为

$$\{9,2,4,8,1,3,7,10,5,11,6,12\}$$

### 7.4.1　二维交织器设计算法

7.3 节提出一种新型的交织设计思路，即移位交织器设计。同随机交织器相比，移位交织器可以获得同样的交织性能，但对于移位交织器来说，系统只需要存储一个 $m$ 序列发生器，便可满足系统的要求。

对于移位交织器而言，当交织深度增大时，系统需要花费极大的代价寻找一个合适的本原多项式。该代价包括系统运算和搜寻时间等资源的消耗。为了克服这种缺憾并提高交织器自身的距离特性，提出一种新型的交织器设计思路，即二维交织器设计算法：通过一个低阶的本原多项式，生成一个高阶的二维交织器。更重要的是，利用该算法产生的交织器组，其最小一阶互交织距离 MIN_DIST 值远远大

于其他已知的交织器算法设计。例如，随机交织器、嵌套交织器、移位交织器和伪随机交织器等设计算法。下面提供两种二维交织器设计算法。

1. 采用一个低阶交织图案 $\Gamma$ 的二维交织器设计

为便于比较，将采用一个低阶交织图案 $\Gamma$ 的二维交织器设计方法用 Type A 表示。该算法借鉴移位交织器的设计思路，主要区别在于主交织器的生成过程。对于移位交织器而言，主交织器通过一个高阶的 $m$ 序列发生器，利用 $m$ 序列发生器状态值的变化在一维空间直接得到。对于 Type A 交织器来说，其主交织器是在一个二维空间上利用一个低阶的 $m$ 序列发生器得到的。与移位交织器设计思路类似，Type A 交织器组的生成过程仍然分为两个步骤。

生成主交织器 $\pi_{\text{master}}$ 和循环移位 $\pi_{\text{master}}$。

步骤 1，生成 $\pi_{\text{master}}$。

首先，根据交织深度 $N$，确定一个方形矩阵 $M_{n\times n}$，其中 $n$ 为不小于 $N^{1/2}$ 的正整数。位置索引 $\{1, 2, \cdots, n^2\}$ 由第一行开始，按照行标顺序写入矩阵 $M_{n\times n}$ 中，即如果 $M(i, j)$ 表示矩阵 $M$ 中第 $i$ 行第 $j$ 列的元素，则其值为

$$M(i, j)=(i-1)\times n+j$$

其中，$1\leqslant i, j\leqslant n$。

然后，利用一个长为 $n$ 的低阶交织图案 $\Gamma$ 分别交织矩阵 $M_{n\times n}$ 的行位置索引 $\{1, 2,\cdots,n\}$ 和列位置索引 $\{1, 2,\cdots,n\}$。

最后，按照列标由第一列开始，顺序读出矩阵 $M$ 中的元素值，结果可得一个长为 $n^2$ 的交织器，将该交织器标示为初始交织器 $\pi$_init。该过程如图 7.7 所示。

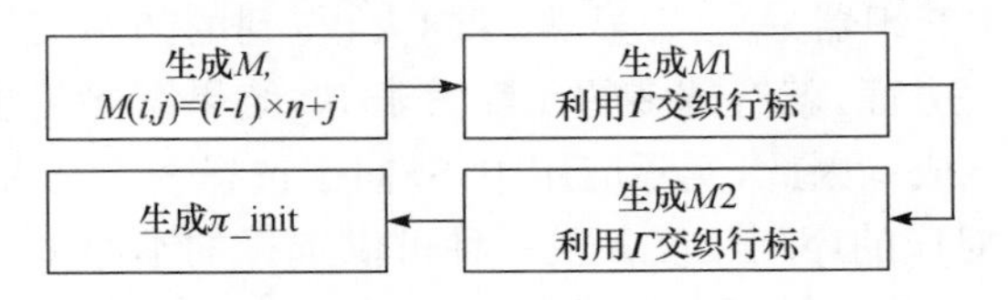


图 7.7　生成初始交织器 $\pi$_init 的主要过程

如图 7.7 所示，其主要生成过程如下。

① 生成矩阵 $\boldsymbol{M}_{n\times n}$。根据交织深度 $N$，确定一个方形矩阵 $\boldsymbol{M}_{n\times n}$，$n$ 为不小于 $N^{1/2}$ 的正整数。然后将位置索引 $\{1, 2,\cdots,n^2\}$ 由第一行开始，按照行标顺序写入 $M_{n\times n}$ 中，即

$$M(i, j)=(i-1)\times n+j,\quad 1\leqslant i,\quad j\leqslant n \tag{7.22}$$

其中，$M(i, j)$ 标示矩阵 $\boldsymbol{M}_{n\times n}$ 中第 $i$ 行第 $j$ 列元素。

② 利用长为 $n$ 的低阶交织图案 $\Gamma$ 交织矩阵 $\boldsymbol{M}_{n\times n}$ 的行位置索引 $\{1, 2,\cdots,n\}$，然后将生成的新矩阵标示为 $\boldsymbol{M}1$，即

$$M1(i,\ j)=M(\Gamma(i),\ j),\quad 1\leqslant i,\quad j\leqslant n \tag{7.23}$$

其中,$M1(i,\ j)$标示矩阵$\boldsymbol{M}1$中第$i$行第$j$列元素。

③ 利用长为$n$的低阶交织图案$\Gamma$交织矩阵$\boldsymbol{M}1$的列位置索引$\{1,\ 2,\cdots,n\}$,然后将得到的新矩阵标示为$\boldsymbol{M}2$,即

$$M2(i,\ j)=M1(i,\Gamma(j)),\quad 1\leqslant i,\quad j\leqslant n \tag{7.24}$$

其中,$M2(i,\ j)$标示矩阵$\boldsymbol{M}2$中第$i$行第$j$列元素。

④ 按照列标,由第一列开始,顺序读出矩阵$\boldsymbol{M}2$中的元素。形成一个长为长为$n^2$的交织器,将其定义为初始交织器,标示其为$\pi$_init,即

$$\pi\_\mathrm{init}((j-1)\times n+i)=\boldsymbol{M}2(i,\ j),\quad 1\leqslant i,\quad j\leqslant n \tag{7.25}$$

由式(7.22)~式(7.25)可知,上述生成$\pi$_init的四个过程可简化为

$$\pi\_\mathrm{init}((j-1)\times n+i)=(\Gamma(i)-1)\times n+\Gamma(j),\quad 1\leqslant i,\quad j\leqslant n \tag{7.26}$$

证明:

由式(7.25)知,$\pi\_\mathrm{init}((j-1)\times n+i)=M2(i,\ j)$

由式(7.24)知,$\pi\_\mathrm{init}((j-1)\times n+i)=M1(i,\Gamma(j))$

由式(7.23)知,$\pi\_\mathrm{init}((j-1)\times n+i)=M(\Gamma(i),\Gamma(j))$

由式(7.22)知,$\pi\_\mathrm{init}((j-1)\times n+i)=(\Gamma(i)-1)\times n+\Gamma(j),1\leqslant i,j\leqslant n$,式(7.26)得证。

由以上过程可以看出,通过一个低阶的交织图案$\Gamma$可以得到一个交织深度较大的交织器。

假设交织图案$\Gamma$长为$n$,则生成的初始交织器$\pi$_init其长度为$n^2$。生成初始交织器$\pi$_init后,利用上文所述的算法删除交织器$\pi$_init中大于$N$的元素,便可以得到长为$N$的主交织器$\pi_{\mathrm{master}}$。显然,$n$越大,得到的初始交织器$\pi$_init其位置索引越随机化,另一方面,就有越多的元素大于$N$,结果需要越多的系统资源用于主交织器$\pi_{\mathrm{master}}$的生成。因此,实际应用中,倾向于选择一个略大于实际需求的$n$。

交织深度$N$,对应的序列长度$n$及一种可供选择的本原多项式的对应关系如表7.9所示。

**表7.9 交织深度$N$,序列长度$n$及本原多项式的对应关系**

| 交织深度$N$ | 序列长度$n$ | 本原多项式 |
|---|---|---|
| $1\leqslant N\leqslant 9$ | $1\leqslant n\leqslant 3$ | $1+x+x^2$ |
| $10\leqslant N\leqslant 49$ | $4\leqslant n\leqslant 7$ | $1+x+x^3$ |
| $50\leqslant N\leqslant 225$ | $8\leqslant n\leqslant 15$ | $1+x+x^4$ |
| $226\leqslant N\leqslant 961$ | $16\leqslant n\leqslant 31$ | $1+x^2+x^5$ |
| $962\leqslant N\leqslant 3969$ | $32\leqslant n\leqslant 63$ | $1+x+x^6$ |
| $3970\leqslant N\leqslant 16129$ | $64\leqslant n\leqslant 127$ | $1+x+x^7$ |

**例 7.16**　假设交织深度 $N=15$，利用 $N^{1/2}\leqslant n$ 的性质，选取 $n$ 为 5，根据表 7.7，选择对应的本原多项式为 $1+x+x^3$，即 $p_k=\{1, 0, 1\}$。

通过交织器的生成方法，可得交织图案，即

$$\Gamma=\{2, 4, 1, 3, 5\}$$

根据式(7.26)，可得初始交织器为

$\pi\_\mathrm{init}=\{7, 17, 2, 12, 22, 9, 19, 4, 14, 24, 6, 16, 1, 11, 21, 8, 18, 3, 13, 23, 10, 20, 5, 15, 25\}$

删除其中大于 $N$ 的无效元素，得到主交织器 $\pi_{\mathrm{master}}$，即

$$\pi_{\mathrm{master}}=\{7, 2, 12, 9, 4, 14, 6, 1, 11, 8, 3, 13, 10, 5, 15\}$$

步骤 2，循环移位 $\pi_{\mathrm{master}}$。

该步骤所述循环移位 $\pi_{\mathrm{master}}$ 的过程借鉴了第三章所述部分的内容。假设 IDMA 系统中共有 $K$ 个用户，且每个用户所需交织器的长度均为 $N$，标示第 $k$ 个用户的交织图案为 $\pi_k$，那么 $\pi_k$ 由式(7.27)得到，即

$$\pi_k=f(\pi_{\mathrm{master}}, L\times k),\quad 1\leqslant k\leqslant K \tag{7.27}$$

其中，$f$(向量 $\boldsymbol{\beta}$，整数 $b$) 表示向量 $\boldsymbol{\beta}$ 循环右移 $b$ 个步长；$L$ 表示单位移动步长，$L=\mathrm{int}(N/K)$，$\mathrm{int}(x)$定义为不大于 $x$ 的最大整数；$N$ 表示交织器长度；$K$ 表示 IDMA 系统中总的用户数。

**例 7.17**　假设 $K=3$，$N=15$，并已知

$$\pi_{\mathrm{master}}=\{7, 2, 12, 9, 4, 14, 6, 1, 11, 8, 3, 13, 10, 5, 15\}$$

为得到三个用户的交织器，首先计算单位移动步长 $L$，即

$$L=\mathrm{int}(N/K)=\mathrm{int}(15/3)=4$$

然后利用式(7.27)，得

$$\pi_1=f(\pi_{\mathrm{master}}, 5\times 1)=\{4, 14, 6, 1, 11, 8, 3, 13, 10, 5, 15, 7, 2, 12, 9\}$$
$$\pi_2=f(\pi_{\mathrm{master}}, 5\times 2)=\{3, 13, 10, 5, 15, 7, 2, 12, 9, 4, 14, 6, 1, 11, 8\}$$
$$\pi_3=f(\pi_{\mathrm{master}}, 5\times 3)=\{7, 2, 12, 9, 4, 14, 6, 1, 11, 8, 3, 13, 10, 5, 15\}$$

2. 采用不同低阶交织图案 $\Gamma$ 的二维交织器设计

现在重点论述如何利用一个低阶的交织图案 $\Gamma$ 生成所需交织器组的过程。首先利用一个低阶的交织图案 $\Gamma$ 生成一个高阶的主交织器，然后通过循环移位的方法，生成所需的交织器组。与之相对应的是，采用 $K$ 个不同的低阶本原多项式，可生成 $K$ 个低阶的交织图案 $\Gamma$，进而得到 $K$ 个不同的高阶交织器。其中，每个高阶交织器的生成过程，均可以借鉴上文中所述主交织器 $\pi_{\mathrm{master}}$ 的生成步骤。

为了便于比较，我们将该类二维交织器标示为 Type B。比较这两类二维交织器的生成过程，显然 Type B 交织器需要存储 $K$ 个不同的低阶 $m$ 序列发生器，而 Type A 交织器需要存储一个 $m$ 序列发生器即可。因此，从存储资源消耗的角度

考虑，Type B 消耗的资源远远大于 Type A 的资源消耗。一般情况下，Type B 的资源消耗不低于 Type A 的 $K$ 倍。另一方面，对 Type B 交织器来说，系统所需的 $K$ 个交织器的生成过程是同时进行的，其生成时间的消耗等同于 Type A 交织器生成过程中 $\pi_{\text{master}}$ 的生成时间。因此，Type B 交织器的生成时间小于 Type A 交织器的生成时间。为了便于理解，下面提供 Type B 交织器的生成例子。

**例 7.18** 假设 $K=3$, $N=15$, $n$ 取值为 5。已知一个 $m$ 序列发生器{1, 0, 1}，通过 7.4.1 所述交织器的生成方法，可得交织图案，即

$$\Gamma=\{2, 4, 1, 3, 5\}$$

根据式(7.26)，计算可得初始交织器为

$\pi_1=\{7, 2, 12, 9, 4, 14, 6, 1, 11, 8, 3, 13, 10, 5, 15\}$

已知一个 $m$ 序列发生器{0, 1, 1}，通过 7.4.1 所述交织器的生成方法，可得交织图案，即

$$\Gamma=\{4, 1, 2, 5, 3\}$$

根据式(7.26)，计算可得初始交织器为

$\pi_2=\{4, 9, 14, 1, 6, 11, 2, 7, 12, 5, 10, 15, 3, 8, 13\}$

已知一个 $m$ 序列发生器{0, 0, 1, 1}，通过 7.4.1 所述交织器的生成方法，可得交织图案，即

$$\Gamma=\{1, 2, 4, 3, 5\}$$

根据式(7.26)，计算可得初始交织器为

$$\pi_3=\{1, 6, 11, 2, 7, 12, 4, 9, 14, 3, 8, 13, 5, 10, 15\}$$

显然，相对例 7.16，该类交织器需要存储三个 $m$ 序列发生器，即需要存储 10 比特。在例 7.17 中，系统只需要存储 3 比特。从生成时间的角度考虑，例 7.17 中所需要的生成时间明显小于例 7.16 中所需要的生成时间。

### 7.4.2 二维交织器距离特性的数学分析

IDMA 系统几类交织器设计方法，如随机交织器、嵌套交织器、移位交织器等一维交织器。在设计时主要考虑各交织器之间的弱相关特性，其目的在于区分用户。因此，对于交织器自身交织前后距离特性的变化并没有约束，其最小一阶互交织距离 MIN_DIST 一般情况等于 1。换句话说，该类交织器，存在交织前相邻的两比特交织后仍会相邻的情况。对于二维交织器而言，由于交织算法的改变，其最小一阶互交织距离 MIN_DIST 远大于 1，即交织前相邻的两比特交织后不相邻。因此，与其他交织算法相比较，二维交织器设计算法有更好的抗信道衰落的能力。下面从数学的角度进行二维交织器距离特性的分析。

假设初始交织器 $\pi\_\text{init}$，其交织深度为 $n^2$。交织后相邻两比特可表示为

$$\pi\_\text{init}(m) \text{和} \pi\_\text{init}(m+1)$$

其中，$1\leqslant m\leqslant n^2-1$。

对 $m$ 进行分解，有 $m=(j-1)\times n+i, 1\leqslant i, j\leqslant n$。由式(7.26)可知，该相邻两比特可分别表示为

$$\pi\_\text{init}(m)=\pi\_\text{init}((j-1)\times n+i)$$
$$\pi\_\text{init}(m+1)=\pi\_\text{init}((j-1)\times n+i+1)$$

那么，该相邻两比特的距离表示为

$$|\pi\_\text{init}(m+1)-\pi\_\text{init}(m)|$$

为了讨论该距离差值的取值范围，下面分两种情况进行讨论，第一种情况为 $m\neq kn$，第二种情况为 $m=kn$, $k=1,2,\cdots,n-1$：

情况 1，$m\neq kn$。

由 $m\neq kn(k=1,2,\cdots,n-1)$，及式(7.22)可得 $1\leqslant j\leqslant n, 1\leqslant i\leqslant n-1$，则

$$\begin{aligned}&|\pi\_\text{init}(m+1)-\pi\_\text{init}(m)|\\=&|\pi\_\text{init}((j-1)\times n+i+1)-\pi\_\text{init}((j-1)\times n+i)|\end{aligned}$$

由式(7.26)，可知

$$=|(\Gamma(i+1)-1)\times n+\Gamma(j)-(\Gamma(i)-1)\times n+\Gamma(j)|$$

化简后，得

$$=|(\Gamma(i+1)-\Gamma(i))\times n|=|\Gamma(i+1)-\Gamma(i)|\times n\geqslant n \tag{7.28}$$

当且仅当 $|(\Gamma(i+1)-\Gamma(i))|=1$ 时，等号条件成立，这时距离取到最小值 $n$。因而，当 $m\neq kn$ 时，相邻两比特 $\pi\_\text{init}(m)$，$\pi\_\text{init}(m+1)$ 的距离最小值不小于 $n$。

情况 2，$m=kn$。

由 $m=kn$ 和式(7.22)，可得 $1\leqslant j\leqslant n-1$ 且 $i=n$，则

$$\begin{aligned}&|\pi\_\text{init}(m+1)-\pi\_\text{init}(m)|\\=&|\pi\_\text{init}((j-1)\times n+i+1)-\pi\_\text{init}((j-1)\times n+i)|\end{aligned}$$

由 $1\leqslant j\leqslant n-1$ 并且由 $i=n$ 可得

$$\begin{aligned}&|\pi\_\text{init}((j-1)\times n+n+1)-\pi\_\text{init}((j-1)\times n+n)|\\=&|\pi\_\text{init}((j+1-1)\times n+1)-\pi\_\text{init}((j-1)\times n+n)|\end{aligned}$$

由式(7.26)可得

$$\begin{aligned}&|((\Gamma(1)-1)\times n+\Gamma(j+1))-((\Gamma(n)-1)\times n+\Gamma(j))|\\=&|((\Gamma(1)-\Gamma(n))\times n+\Gamma(j+1))-\Gamma(j)|\\\geqslant&|(\Gamma(1)-\Gamma(n)|\times n-|\Gamma(j+1))-\Gamma(j)|\\\geqslant&n-(n-1)\\=&1\end{aligned} \tag{7.29}$$

当且仅当 $\{\Gamma(1)-\Gamma(n)=1$ 且 $\Gamma(j)=n, \Gamma(j+1)=1\}$ 或者 $\{\Gamma(1)-\Gamma(n)=-1, \Gamma(j+1)=1, \Gamma(j)=n\}$ 时，等号条件成立，即交织前后该两比特的距离特性没有发生变化，仍为相邻关系。

由式(7.25)可知,当 $m=kn(k=1,2,\cdots,n-1)$ 时,有

$$\begin{aligned}&|\pi\_\mathrm{init}(m+1)-\pi\_\mathrm{init}(m)|\\&=|\pi\_\mathrm{init}((j+1-1)\times n+1)-\pi\_\mathrm{init}((j-1)\times n+n)|\\&=|M2(1,\ j+1)-M2(n,\ j)|\end{aligned}$$

由式(7.22)可知,矩阵 $\boldsymbol{M}2$ 中元素彼此不重复,可得

$$|M2(1,\ j+1)-M2(n,\ j)|\geqslant 1$$

当且仅当 $|M2(1,j+1)-M2(n,\ j)|=1$ 时等号成立。由式(7.24)可知,$M2(n,\ j)$ 表示矩阵 $\boldsymbol{M}2$ 中第 $n$ 行第 $j$ 列元素,$M2(1,\ j+1)$ 表示矩阵 $\boldsymbol{M}2$ 中第1行第 $j+1$ 列元素,当按照列位置索引 $\{1,\ 2,\cdots,n\}$,由第一列开始顺序读出矩阵 $\boldsymbol{M}2$ 中元素时,该两比特是相邻的。当且仅当 $\{\Gamma(1)-\Gamma(n)=1$ 且 $\Gamma(j)\ =n,\Gamma(j+1)=1\}$ 或者 $\{\Gamma(1)-\Gamma(n)=-1,\Gamma(j+1)=1,\Gamma(j)=n\}$ 时,该相邻比特的距离为1。当交织深度较大时,即 $n$ 取值较大时,该条件成立的可能性非常小,但是当 $n$ 取值较小时,有可能出现相邻比特距离为1的情况。

**例 7.19** 已知 $\Gamma=\{2,\ 1,\ 4,\ 3\}$,满足 $\{\Gamma(1)-\Gamma(4)=-1$ 且 $\Gamma(2+1)=4,$ $\Gamma(2)=1\}$ 的条件,由式(7.26)可得交织序列,如表7.10所示。

**表 7.10 长为 16 的初始交织器**

| 交织前 | 1 | 2 | 3 | 4 | 5 | 6 | 7 | 8 | 9 | 10 | 11 | 12 | 13 | 14 | 15 | 16 |
|---|---|---|---|---|---|---|---|---|---|---|---|---|---|---|---|---|
| 交织后 | 6 | 2 | 14 | 10 | 5 | 1 | 13 | 9 | 8 | 4 | 16 | 12 | 7 | 3 | 15 | 11 |

由该表可知 $\pi\_\mathrm{init}(8)=9$ 和 $\pi\_\mathrm{init}(9)=8$,即交织前相邻两比特交织后仍会相邻。

**例 7.20** 已知 $\Gamma=\{3,\ 4,\ 1,\ 2\}$,满足 $\{(\Gamma(1)-\Gamma(4)=1$ 且 $\Gamma(2+1)=1,$ $\Gamma(2)\ =4\}$ 的条件,由式(7.26)可得交织序列,如表7.11所示。

**表 7.11 长为 16 的初始交织器**

| 交织前 | 1 | 2 | 3 | 4 | 5 | 6 | 7 | 8 | 9 | 10 | 11 | 12 | 13 | 14 | 15 | 16 |
|---|---|---|---|---|---|---|---|---|---|---|---|---|---|---|---|---|
| 交织后 | 11 | 15 | 3 | 7 | 12 | 16 | 4 | 8 | 9 | 13 | 1 | 5 | 10 | 14 | 2 | 6 |

由该表可知,$\pi\_\mathrm{init}(8)=9$ 和 $\pi\_\mathrm{init}(9)=8$,即交织前相邻两比特交织后仍相邻。

**例 7.21** 结合例7.16和例7.17提供的两类交织器,计算两类交织器得一阶互交织距离值。

对 Type A 而言,由例7.16,有

$$\pi_{\mathrm{master}}=\{7,\ 2,\ 12,\ 9,\ 4,\ 14,\ 6,\ 1,\ 11,\ 8,\ 3,\ 13,\ 10,\ 5,\ 15\}$$

$$\pi_1=\{4,\ 14,\ 6,\ 1,\ 11,\ 8,\ 3,\ 13,\ 10,\ 5,\ 15,\ 7,\ 2,\ 12,\ 9\}$$

$$\pi_2=\{3,\ 13,\ 10,\ 5,\ 15,\ 7,\ 2,\ 12,\ 9,\ 4,\ 14,\ 6,\ 1,\ 11,\ 8\}$$

$$\pi_3 = \{7, 2, 12, 9, 4, 14, 6, 1, 11, 8, 3, 13, 10, 5, 15\}$$

这三个交织器中最小一阶互交织距离 DISTANCE 的值均为 3,因而对该类交织器而言,MIN_DIST=3。

对 Type B 而言,由例 7.17,有

$$\pi_1 = \{7, 2, 12, 9, 4, 14, 6, 1, 11, 8, 3, 13, 10, 5, 15\}$$

$$\text{DISTANCE}(1) = 3$$

$$\pi_2 = \{4, 9, 14, 1, 6, 11, 2, 7, 12, 5, 10, 15, 3, 8, 13\}$$

$$\text{DISTANCE}(2) = 5$$

$$\pi_3: \{1, 6, 11, 2, 7, 12, 4, 9, 14, 3, 8, 13, 5, 10, 15\}$$

$$\text{DISTANCE}(3) = 5$$

对该类交织器而言,MIN_DIST=3。

此外,由式(7.28)及式(7.29)可知,在初始交织器 π_init 中,一些大于交织深度 $N$ 的位置索引不会连续出现,因而这些位置索引的删除不会对最小一阶互交织距离的大小构成明显的影响。

综上所述,与随机交织器、嵌套交织器、伪随机交织器等一维交织器相比,基于 $m$ 序列发生器的二维交织器设计算法可以获得更好的一阶互交织距离特性。因此,与采用一维交织器的传统 IDMA 系统相比,采用二维交织器的 IDMA 系统具有更好的抗信道衰落的能力。

### 7.4.3　二维交织器的性能仿真

我们采用计算机仿真分析二维交织器的性能。为了便于分析,计算机仿真采用与第三章仿真部分相同的传统 IDMA 系统结构,并提供随机交织器的性能仿真进行比较。重复编码的码率为 1/16,数据帧长为 256,交织深度为 256×16=4096,低阶交织图案的交织深度 $n$ 为 127。当用户数为 16 时,迭代次数为 5 次,当用户数为 28 时,迭代次数为 20 次。为准确统计,在仿真过程中,系统需要统计 10 000 个帧的误码。Type A 交织器中采用一个 7 阶的 $m$ 序列发生器,其本原多项式为{1, 0, 0, 0, 0, 0, 1}。Type B 交织器采用 18 个 7 阶和 10 个 8 阶的 $m$ 序列发生器。

由图 7.8 可以看出,当系统用户数为 16 时,两类二维交织器的仿真性能非常接近随机交织器,即随着 $E_b/N_0$ 的提高,采用不同交织器的系统收敛速度比较接近。当 $E_b/N_0$ 大于 7dB 时,采用不同交织器的 IDMA 系统性能均趋近与单用户 IDMA 系统。

当用户数为 16 时,随机交织器需要的存储资源为 16×4096×12 比特。Type A 交织器需要 7 比特,Type B 交织器需要 7×16 比特用于存储本原多项式。二维交织器得资源消耗明显低于随机交织器的资源消耗。

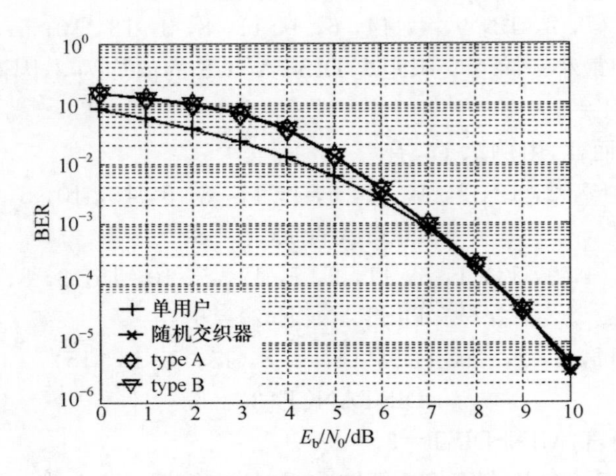


图 7.8　16 个用户的计算机仿真

由图 7.9 可以看出，当用户数为 28 时，采用二维交织器的 IDMA 系统，其收敛速度明显优于采用随机交织器的系统。当 $E_b/N_0$ 小于 7dB 时，采用不同交织器的 IDMA 系统性能比较接近；当 $E_b/N_0$ 大于 7.5dB 时，与采用随机交织器的 IDMA 系统相比较，采用二维交织器的 IDMA 系统性能以相对较快的速度趋近与单用户 IDMA 系统的性能。

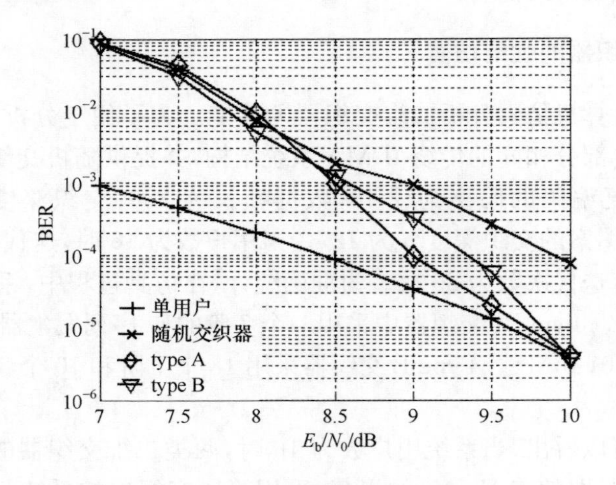


图 7.9　28 个用户的计算机仿真

当用户数为 28 时，随机交织器需要的存储资源为 28×4096×12 比特，Type A 交织器需要 7 比特，Type B 交织器需要 7×16＋8×10 比特用于存储本原多项式。显然，与随机交织器相比较，二维交织器设计方式需要的存储资源远远小于随机交织器的资源要求。因此，二维交织器更易于 IDMA 系统的实现。

此外，与移位寄存器相比较，Type A 二维交织器需要的存储资源更少。由于少了循环移位的过程，Type B 二维交织器的生成速度明显快于移位交织器算法的交织器生成速度。

为便于数据的分析，采用与误码率分析相同的 IDMA 系统模型，且相关性峰值的数值计算仍然采用 1/16 码率的重复编码，帧长仍为 256。为简化运算，仅列出前 5 个用户的互相关性峰值及自相关性峰值。此外，在表 7.12 提供随机交织器的相关性峰值，在表 7.13 提供移位交织器的相关性峰值以便于比较。表 7.14 及表 7.15 分别表示 Type A 和 Type B 二维交织器的相关性峰值。

**表 7.12　随机交织器的相关性峰值**

| 峰值 | 1 | 2 | 3 | 4 | 5 |
|---|---|---|---|---|---|
| 1 | 4096 | 864 | 908 | 892 | 894 |
| 2 | 832 | 4096 | 860 | 856 | 856 |
| 3 | 904 | 892 | 4096 | 856 | 884 |
| 4 | 864 | 864 | 880 | 4096 | 896 |
| 5 | 900 | 872 | 840 | 900 | 4096 |

**表 7.13　移位交织器的相关性峰值**

| 峰值 | 1 | 2 | 3 | 4 | 5 |
|---|---|---|---|---|---|
| 1 | 4096 | 856 | 860 | 896 | 908 |
| 2 | 840 | 4096 | 856 | 860 | 896 |
| 3 | 872 | 840 | 4096 | 856 | 860 |
| 4 | 832 | 872 | 840 | 4096 | 856 |
| 5 | 884 | 832 | 872 | 840 | 4096 |

**表 7.14　Type A 交织器的相关性峰值**

| 峰值 | 1 | 2 | 3 | 4 | 5 |
|---|---|---|---|---|---|
| 1 | 4096 | 832 | 804 | 824 | 816 |
| 2 | 796 | 4096 | 832 | 804 | 824 |
| 3 | 876 | 796 | 4096 | 832 | 804 |
| 4 | 824 | 876 | 796 | 4096 | 832 |
| 5 | 848 | 824 | 876 | 796 | 4096 |

**表 7.15 Type B 交织器的相关性峰值**

| 峰值 | 1 | 2 | 3 | 4 | 5 |
|---|---|---|---|---|---|
| 1 | 4096 | 900 | 848 | 848 | 832 |
| 2 | 788 | 4096 | 896 | 720 | 976 |
| 3 | 860 | 960 | 4096 | 856 | 828 |
| 4 | 760 | 816 | 792 | 4096 | 856 |
| 5 | 904 | 776 | 916 | 796 | 4096 |

在表 7.12～表 7.15 中,对角元素表示的是自相关峰值,由于采用的重复编码方式,其值与交织深度相等,本例均为 4096。非对角元素代表的是某所在行对应的交织图案与其所在列对应的交织图案之间的相关性峰值。可以看出,表 7.12～表 7.15 所列的几类交织器均具有较弱的互相关性,且二维交织器的相关性峰值与随机交织器,移位交织器等交织算法的相关性峰值非常接近。因此,与上述几类一维交织器设计算法相比较,二维交织器设计方式可以获得与之相似的互相关性能。

根据式(7.20)及式(7.21),计算各类交织器 MIN_DIST 值,如表 7.16～表 7.18 所示。

**表 7.16 几类交织的 MIN_DIST 值**($N=4096,K=16$ 和 $28,n=127$)

| 交织器类型 | 伪随机交织器 | 随机交织器 | 嵌套交织器 | 移位交织器 | Type A | Type B |
|---|---|---|---|---|---|---|
| MIN_DIST | 1 | 1 | 1 | 1 | 127 | 63 |

**表 7.17 几类交织的 MIN_DIST 值**($N=4096,K=16$ 和 $28,n=90$)

| 交织器类型 | 伪随机交织器 | 随机交织器 | 嵌套交织器 | 移位交织器 | Type A | Type B |
|---|---|---|---|---|---|---|
| MIN_DIST | 1 | 1 | 1 | 1 | 90 | 45 |

**表 7.18 几类交织的 MIN_DIST 值**($N=1024,K=16$ 和 $28,n=60$)

| 交织器类型 | 伪随机交织器 | 随机交织器 | 嵌套交织器 | 移位交织器 | Type A | Type B |
|---|---|---|---|---|---|---|
| MIN_DIST | 1 | 1 | 1 | 1 | 60 | 13 |

从表 7.16～表 7.18 可以看出,伪随机交织器、随机交织器、嵌套交织器和移位交织器等一维交织算法的一阶最小互交织距离为 1,即这几类交织器存在交织前相邻的两比特交织后仍相邻的情况。与之相比,Type A 交织器与 Type B 交织器两类二维交织器可以获得较好的一阶互交织距离,即避免了交织前相邻的数据交织后仍相邻的情况。因此,与一维交织器相比,这两类二维交织器有较好的抗信道衰落的能力。

## 7.5 小　　结

本章从交织器的设计原理出发，从矩阵的角度建立交织器的数学模型，并在该数学模型的基础上分析交织器的有关性质。例如，分析了 IDMA 系统的结构特点，在分析 IDMA 系统中交织器的设计准则的基础上，介绍了几类典型的 IDMA 系统交织器设计方案。

其次，在 IDMA 系统结构的基础上，分析了 IDMA 系统的简化模型以及交织器在该系统中的作用，并抽象出正交交织器的相关概念。由于正交交织器受到编码长度的制约，其支持的用户数有一定的制约，因此在实际应用中选择非正交的交织器更容易满足系统的需求。本章基于 $m$ 序列设计了一种 IDMA 系统交织器的实现算法，即移位交织器设计。移位交织器是在一个主交织器的基础上采用循环移位的方式产生多个交织器以满足系统的需要。仿真表明，移位交织器可以以较小的资源消耗获得与随机交织器近似的仿真性能。

由于现有的几类交织器设计方式往往着重于各个交织器之间的相关性，而每个交织器自身的距离特性对系统性能也有非常重要的影响。因此，本章又提出了另外一种 IDMA 系统交织器设计算法，即二维交织器设计。二维交织器将数据按行写入矩阵中，在按列读出数据前，采用一个低阶交织图案分别交织该矩阵的行索引或者列索引，然后按列读出数据。二维交织器有两种实现方案，一种是采用不同的低阶交织图案，另外一种是采用一个低阶交织图案得到一个交织器后，将该交织器作循环移位便可得到满足系统需求的交织器组。此外，本章还分析了二维交织器的距离特性，分析结果表明二维交织器的一阶互交织距离特性明显优于其他交织器。

### 参考文献

[1] Andrews K, Heegard C, Kozen D. Interleaver design methods for turbo codes//IEEE Int. Symp. Information Theory, 1998, 1: 420.

[2] 刘文明，朱光喜，何亚军. 一种新的短帧交织器设计. 通信学报，2005，26(11)：62-67.

[3] Li P. Simulation package for IDMA. http://www.ee.cityu.edu.hk/~liping/test/IDMA.zip[2014-7-3].

[4] Wu H, Li P, Perotti A. User-specific chip-level interleaver design for IDMA systems. IEE Electron. Lett, 2006. 42(4): 233-234.

[5] Pupeza K A, Li P. Efficient generation of interleavers for IDMA//Proc. IEEE Int. Conf. on Commun, ICC06, 2006, 4: 1508-1513.

[6] 啜钢，等. 移动通信原理与应用. 北京：北京邮电大学出版社，2002：144-147.
[7] 严添明，吴乐南. PN码性质特点及其应用. 西部广播电视，2005,1 ：15-21.
[8] 吴明捷，田小平，胡鑫. 用递推法查找伪随机码和本原多项式. 辽宁工程技术大学学报，2005，24(1)：89-92.

# 第八章 结 束 语

作为 CDMA 技术的特殊形式，IDMA 技术自 2002 年提出以来，以迭代信号处理为核心技术，在消除用户端 ISI、CCI、MAI、最大编码增益和多径增益等方面表现出优异的性能。同时，其迭代检测的复杂度较传统方法大幅度降低，IDMA 多用户检测的计算复杂度随用户数量呈线性增长，而不是 CDMA 系统或 BICM 系统中的指数增长，易于实现。因此，IDMA 作为一种新兴的无线多址接入技术和迭代信号检测技术，在无线移动通信系统中具有广泛的应用前景。

本书较为系统地介绍了交织多址技术中的迭代信号检测技术、快速收敛的 TDR-IDMA 传输检测技术、基于 IDMA 的混合多址接入技术及有关频偏的估计和补偿机制、IDMA 系统中的信道估计及功率分配技术、IDMA 系统中的同步技术以及交织器的设计及优化等关键技术和基本原理。其中迭代信号检测技术在 Turbo 码、LDPC 码和无线通信信号检测中都有着广泛的应用，这也是 Turbo 码和 LDPC 码能够获得逼近香农极限性能的主要原因之一。迭代信号检测技术是对抗各种干扰与衰落的一种有效途径，也是未来移动通信系统的关键技术之一。通过相关理论的介绍，使读者可以从 IDMA 迭代检测的基本原理入手，较为全面和系统地认识 IDMA 系统各项关键技术和设计分析方法，进而在无线通信信号处理及工程实践中使用 IDMA 的基本设计思想和关键技术，解决信号检测及工程中的具体问题。

本书介绍和提出的设计方法和系统结构是目前国际相关领域的最新研究成果，也是作者五年多来系统研究的结果，有些研究工作是具有开拓性的，如快速收敛的 TDR-IDMA 传输技术、非数据辅助的时间同步技术、二维交织器的设计方法和 SC-FDMA-IDMA 系统架构等。这些研究成果可以为有兴趣在交织多址技术及其工程应用领域从事研究工作的读者起到抛砖引玉的作用。例如，时间反转技术，由于其具有空间和时间的聚焦特性，在节约能耗和定位方面具有潜在的优势，也是未来绿色通信的关键技术之一，目前已引起无线通信领域科研人员的广泛关注。

本书涉及部分交织多址系统的研究热点，不可能面面俱到。例如，对于时间反转技术中快速时变信道的估计问题，还需要做进一步的开拓。同时，由于作者学识浅薄，也未能在理论上做更多的深入，如何从信号处理理论中发掘出更多的能够解决 IDMA 应用的根本问题及方法还有待进一步研究和探讨。相信在更多科研人员的共同努力下，通过深入细致的研究工作，IDMA 应用的基本问题将得到逐一解决，IDMA 迭代检测的思想将更加广泛地应用于信号处理领域，进而促进我国在这一新兴无线及移动通信领域的发展。